Prof. Dr. Wilhelm Wolff / Dr. Herbert-Lothar Heck:

ERDGESCHICHTE UND BODENAUFBAU SCHLESWIG-HOLSTEINS

Erdgeschichte und Bodenaufbau Schleswig-Holsteins

von

Prof. Dr. WILHELM WOLFF
Abteilungsdirektor
der Deutschen Geologischen Landesanstalt, Berlin

und

Diplom- und Landesgeologe
Dr. HERBERT-LOTHAR HECK
Direktor
der Landesanstalt für Angewandte Geologie, Kiel

Dritte, völlig neu gestaltete Auflage

Mit 15 Abbildungen und 2 Karten

CRAM, DE GRUYTER & CO., HAMBURG
1949

Druck:
Stader Zeitungs- und Verlags-Druckerei G. m.b. H.
Stade/Elbe, Poststraße 11/13

Inhalt

Seite

Vorwort 9

A. **Die äußere Gestaltung des Landes** 11
Formen des Landes — Formen des Meeresbodens — Zonen der Landschaft

B. **Die Erdgeschichte** 13
I. **Der versunkene Gebirgsuntergrund** 14
Der Stein im Acker — Wie alt ist die Erde?
1. **Das Erd-Altertum** 16
Die ältesten Zeugen
a. **Die Vor-Rotliegendzeit** 18
Das Ur-Festland
b. **Die Rotliegendzeit** 19
Das tiefste Bohrloch Europas bei Heide! — Haselgebirge — Der Rotliegendtrog
c. **Die Zechsteinzeit** 21
Das Kupferschiefer-Meer — Das Salzgebirge — Entstehung der Salzlager — Die Schwelle von Heide-Osterby — Beweglichkeit des Salzgebirges — Altona-Langenfelde — Segeberg — Lieth bei Elmshorn — Eiderstedt — Entstehung des Erdöls — Erdölgebiete von Heide und Reitbrook — Erdgasquelle von Neuengamme
2. **Das Erd-Mittelalter** 31
a. **Die Buntsandsteinzeit** 31
Klima der Buntsandsteinzeit — Die Saurier von Helgoland — Verschleppter Buntsandstein in Eiderstedt
b. **Die Muschelkalkzeit** 34
Die Lebewelt im Muschelkalk-Meer
c. **Die Keuperzeit** 36
200 m Keupersalz im Untergrund
d. **Die Liaszeit** 37
Vordringen des Jura-Meeres — Ein nordisches Massiv — Jura-Geschiebe bei Ahrensburg sind „Ausländer"
e. **Die Dogger- und Malmzeit** 38
Durch eine Schwelle bedingte Festlandszeit — 1. Aufstieg der permischen Salzmassen
f. **Die Unterkreidezeit** 39
Oolithische Eisenerzlager — Entstehung der Eisenerze — 2. Aufstieg der Salzmassen

Seite

g. **Die Oberkreidezeit** 41

Entstehung der Kreide — Kreide von Itzehoe-Lägerdorf — Feuersteinbildung

3. **Die Erd-Neuzeit** 44

a. **Die Alttertiärzeit** 45

Paläozän und Eozän — Vulkanausbrüche bedecken Schleswig-Holstein — Der Tarras — Das Meer des Septarientons

b **Die Jungtertiärzeit** 49

Die Urnordsee (Unter-Miozän) — Braunkohlen — Lag das Bernsteinland der Alten a. d. Nordsee? — Das Glimmerton-Meer — Pliozän von Bredstedt — Sideritische Erze in Nordfriesland — Das Morsumkliff — Skandinavische Flüsse quer durch Schleswig-Holstein — Abkühlung des Klimas

II. **Die oberen Bodenformationen** 55

1. **Das Eiszeitalter oder das Diluvium** 55

Klima und Inlandeis — Zahl der Vereisungen — Wärmere Zwischeneiszeiten — Absolute Zeitrechnung — Pollenanalyse

a. **Die erste Eiszeit** 59

Sylt und Nordfriesland — Hamburgs altdiluviale Täler

b. **Die ältere Zwischeneiszeit** 61

Ältere diluviale Nordsee — Ein Haff bei Bredstedt

c. **Die mittleren Eiszeiten** 63

Saaleeiszeit — Tätigkeit des Inlandeises — Eisdruck und Eisschub — Interstadial — Periglazial — Brodelboden — Warthеglazial

d. **Die jüngere Zwischeneiszeit** 68

Das Eem-Meer — Ein alter Eider-Fjord? — Süßwasser-Ablagerungen

e. **Die letzte Eiszeit** 73

Die Ostsee-Gletscher — Grenze des Eises — Junge „Grundmoränenlandschaft“ des Ostens — Drumlins und „Kames“ — „Toteis“ — Fördentäler und Rinnenseen — Wallberge („Oser“) — Endmoränen — Geschiebe — Zungenbecken des Inlandeises — Die große Vorsandebene (schleswig-holsteinische Mittelheide) — Urströme — Der Elburstrom — Der Lübecker Eissee — Renntierjäger am Eisrand — Beziehungen zwischen Förden und Urstromtälern — Die Alte Geest des Westens — Verschiedene Verwitterung in der jungen und alten Landschaft — Bodenbewegungen — Deutung der Landschaftsformen

Seite

2. **Die Nacheiszeit und Gegenwart oder das Alluvium** . . . 86

Die Späteiszeit — Einwanderung der Vegetation — Wandlungen in der Tierwelt — Verlandung der Seen — Entstehung der Moore — Ausbildung der Ostsee — Vordringen der Nordsee — Versunkene Moore — Nachlassen der Landsenkung; Bildung der Marschen — Junge Hebung Jütlands — Zerstörung des Meeresgrundes vor den Nordsee-Inseln — Anschwemmung hinter den Inseln — Die Inseln wandern nach Osten — Die Landgewinnung — Umgestaltung der Ostsee-Küste — Blick in die Zukunft

C. **Die Lagerung der Schichten** 97

Tektonik — Salinar-Strukturen — Horstreihen — Diluviale Basis — Erdbeben

D. **Die Bodenschätze** 101

Wert der Nutzbarkeit

I. **Die nutzbaren Gesteine** 102

1. **Erze und Brennstoffe** 102

Wiesenerz — Titaneisen — Siderit und Turgit — Oolithisches Eisenerz — Braunkohlen — Torfe

2. **Erdöl, Gas und Salze** 104

Leichte und schwere Erdöle — Erdgase — Steinsalz und Kalisalze

3. **Bau- und Ziegelstoffe** 108

Steine — Kies und Sand — Kreide — Kieselgur — Ziegelton

4. **Bodenverbesserungsmaterial** 111

Blausand — Seesand — Wiesenkalk und Moormergel — Kalktuff — Geschiebemergel — Mergelsand — Seekreide und Gyttja — Schreibkreide

II. **Das Grundwasser** 113

Entstehung des Grundwassers — Wassergehalt des Untergrundes

1. **Vorkommen** 115

Grundwasser-Stockwerke — Brunnen — Süßes und salziges Grundwasser — Wasserführung der verschiedenen Horizonte — Das Grundwasser in den einzelnen Landschaftszonen — Östliches Hügelland und Fehmarn — Der Heiderücken — Die alte Geest — Die Marschen — Die Halligen — Die Geestinseln — Tiefste Grundwasserstockwerke

2. **Beschaffenheit** 121

Brauchbarkeit — Chemische Beschaffenheit — Härte des Grundwassers — Kalktuff als Quellenabsatz — Eisengehalt — Salzgehalt — Solquellen

Seite

3. **Versalzung** 125

Verbleib des Grundwassers — Einfluß des Salzuntergrundes — Meereseinwirkung auf das Grundwasser — Die unterste Grenze der Grundwasser-Erschließungsmöglichkeit

4. **Vorrat** 127

E. **Der Boden** 129

„Boden“, „Bodenart“ und „Untergrund“ — Bodengefrornis — Tundrazeit und Waldgeschichte — Pflanzengemeinschaft und „Bodenprofil“, Horizonte — Wirkungen des Sickerwassers — Kreislauf der Stoffe — Düngung der Krume — Rohboden, Veränderungen seiner Struktur — Frischboden — Grundwassereinflüsse — Künstlicher Wirtschaftsboden

I. **Die Böden der jung-eiszeitlichen Moränenlandschaft** . . 137

1. **Lehmböden** 137

Kornbestandteile — Chemische Beschaffenheit — Profilaufbau

2. **Tonböden** 145

3. **Sand-, Kies- und Steinböden** 145

Mergelung — Heideboden — Raseneisenerz

II. **Die Böden der altdiluvialen Geestlandschaft** 149

Lehmböden — Sandböden — Brodelstrukturen — Auslaugung — Eichenkratt-Boden

III. **Die Marschböden** 155

Flußmarschen und Seemarschen — Reifung und Alterung der Böden — Melioration durch Blausand

IV. **Moorböden** 158

Hochmoore — Niedermoore — Anmoorige Böden — Moorerde — Darg

V. **Der schleswig-holsteinische Boden in der Reichs-Bodenschätzung** 160

F. **Ergänzungen und Hinweise** 169

G. **Rückblick** auf Erdgeschichte und Ablagerungen von Schleswig-Holstein (Tabellen I—VIII) 183

Vorwort

Seit der Bearbeitung der zweiten Auflage dieses Buches im Jahre 1921 hat die geologische Erforschung Schleswig-Holsteins große und damals kaum erwartete Fortschritte gemacht. Daß die Oberflächengebilde des Landes eine sehr viel feinere Zergliederung und eine vertiefte und in mancher Hinsicht richtigere Deutung erfahren würden als zuvor, war zu erhoffen und mit Gewißheit vorauszusehen; aber unerhört aussichtsreich gestaltete sich dank der Ausbildung der geophysikalischen Untersuchungsmethoden die Aufklärung des Untergrundes und seines tektonischen Baues, und als noch wohlüberlegte staatliche Tiefbohrungen hinzukamen, wurden der Landeskenntnis nicht nur ein, sondern gleich zwei Stockwerke hinzugefügt bis hinab zu mehr als 1000 Metern Tiefe: Das Stockwerk der mesozoischen Gesteinsflur und das ganz tiefe der alten kristallinen Kerne und Gebirgsstrukturen.

Auch die beschreibende Bodenkunde hat sich in den letzten zwei Jahrzehnten unter dem befruchtenden Vorbild der russischen, der rumänischen, der ungarischen und der nordamerikanischen Bodenuntersuchungen und -Darstellungen lebhaft entwickelt und gewandelt, in unserem Lande noch besonders bereichert durch die Watten- und Marschenforschungen, die mit dem großen staatlichen Landgewinnungsvorhaben an der Nordseeküste in Verbindung standen. Sie hat auch das gewaltige Unternehmen der neuen Reichs-Bodenschätzung befruchtet, die der Krieg leider unterbrochen hat, die aber unter neuen Verhältnissen zum Wohle der Landwirtschaft wieder aufgenommen und zu Ende geführt wird.

So war es denn nötig geworden, dieses Buch von Grund auf neu zu gestalten; nur wenige Abschnitte konnten aus der alten Auflage herübergenommen werden. Um Raum zu schaffen, wurde nicht nur dank dem Entgegenkommen des Verlages der Gesamtumfang und die Ausstattung des Buches mit Bildern bedeutend vermehrt, sondern es wurden auch einige Abschnitte ausgeräumt, die im Zeitalter des in alle Winkel dringenden Kraftwagens überflüssig geworden waren — „Landesbeschreibung in drei Fahrten“ — oder die nach außerhalb führten und keine unbedingt im Stoff gegebene Verbindung zum Darstellungsgegenstand einhielten, ohne doch durch hinreichende Ausführlichkeit befriedigen zu können („Das Nachbarland jenseits der Elbe“). Dem Leser stehen dafür andere Werke zu Gebote.

Dem ersten Verfasser fehlte infolge seiner Maßregelung durch die nationalsozialistische Regierung der Zugang zu den neuen Stoffen, um allein der Aufgabe einer Neubearbeitung gerecht zu werden. Er ist darum Herrn Dr. H.-L. HECK aufrichtig dafür dankbar, daß er sich zur Mitarbeit bereit erklärt und dank seiner langjährigen führenden Forschungsarbeit im Lande die Neugestaltung der gesamten geologischen Darstellung übernommen hat. Die Darstellung der Bodenverhältnisse ist aus der alten Feder.

Der Stoff ist zu groß, um in der durch die Zeitumstände gebotenen Zusammendrängung mit jener Behaglichkeit gestaltet werden zu können, die seine Verständlichmachung für jedermann eigentlich erfordert. Der Leser findet uns aber bestrebt, ihm das Verständnis nach Möglichkeit zu erleichtern; für die gleichwohl notwendige Aufmerksamkeit und Gedankenarbeit dürfen wir bei ihm die nötige Liebe zum Gegenstand voraussetzen.

Wie schon vorher, wendet sich das Buch an jeden ernsthaften Liebhaber der heimatlichen Geologie, an Lehrer und Studenten und besonders auch an den gebildeten Landwirt und Besucher der Landwirtschaftsschule, ferner an den Tiefbau-Ingenieur, Brunnen- und Wasserwerksbauer und Nutzer der heimatlichen Bodenschätze. Möge es ihnen allen ersprießliche Dienste leisten!

Berlin-Frohnau

WILHELM WOLFF

A. Die äußere Gestaltung des Landes

Wer in früheren Jahren einmal Gelegenheit gehabt hat, die große Reliefkarte von Schleswig-Holstein im Altonaer Museum (eine wundervolle Schöpfung OTTO LEHMANNS) zu betrachten, der wird überrascht gewesen sein über die geringe Erhebung des Landes aus den umgebenden Meeresflächen. Obwohl diese Karte in 1 : 50 000 der natürlichen Landesgröße hergestellt wurde, so war doch noch eine fünffache Übertreibung der Höhen nötig, um dieselben dem Beschauer mit all ihrer zwerghaften Mannigfaltigkeit deutlich erkennbar zu machen. Diese Übertreibung ist aber auch deshalb gerechtfertigt, weil der Mensch in der wirklichen Natur von seiner winzigen Augenhöhe aus stets gewaltig übertriebene Eindrücke von den Höhen und Tälern empfängt, die ihn umgeben. Schrumpfen diese Höhen und Täler auf einmal zur Reliefkarte zusammen, über die er nun gleichsam als ungeheurer Riese frei hinwegblickt, so würden die Unterschiede ohne das Hilfsmittel der Übertreibung jegliche Eigentümlichkeit verlieren.

Noch mehr würde der Beschauer staunen, wenn er von den umgebenden Meeren nicht den ebenen Wasserspiegel, sondern den unebenen Boden erblicken könnte (1)*). Dann aber würde die Achtung vor den Landhöhen und ihrer Mannigfaltigkeit steigen. Denn die ganze gewaltige Nordsee zwischen Nordschleswig und dem südlichen Schottland, mehr als zwölfmal so breit wie das Land, ist fast überall nur 40 bis 60 Meter und nirgends über 80 Meter tief. Der 164 Meter hohe Bungsberg in Ostholstein mißt also in die Höhe mehr als doppelt soviel wie die mittlere Nordsee in die Tiefe. Dazu kommt die ebenere Form des Meeresgrundes, dem die zahllosen steilen Buckel und tiefen Mulden des Landreliefs vollkommen fehlen, obwohl auch er gewisse Abstufungen erkennen läßt. Die Nordsee ist in der Tat eine große flache Pfütze, die vom tieferen Ozean her über das Festland hinwegleckt. Flacher noch als die Nordsee ist die Ostsee zwischen unseren und den dänisch-schwedischen Küsten. Große Teile der dortigen Gewässer messen weniger

*) Die Nummern in () weisen auf Ergänzungen sowie auf aus der Fülle des Schrifttums gewählte Aufsätze, Buch- oder Kartenwerke hin (Kap. F).

als 20 Meter Tiefe, und im allgemeinen wird die 40-Meter-Grenze nicht überschritten. Wie aber das schleswig-holsteinische Ostsee-Küstengebiet weit formenreicher ist als die Marsch und die sanft geböschte Geest an der Nordsee, so ist auch der Ostseeboden unruhiger und weniger ausgeglichen als der Nordseeboden. Namentlich kommen darin deutliche talförmige Rinnen vor, z. B. im Kleinen Belt, Großen Belt und Langeland-Belt, und man gewinnt bei näherer Betrachtung den Eindruck, daß das ganze Ostseegebiet zwischen Schleswig-Holstein, den dänischen Inseln und Schonen nur ein überschwemmter Teil des Festlandes ist, der seine ursprünglichen Bodenformen noch ziemlich deutlich bewahrt hat. Die geologische Untersuchung hat gezeigt, daß tatsächlich vor etwa 15 000 Jahren hier überall Festland war, in dem die Belte tiefe Flußtäler darstellten (2). Seither sind die Fluren dieses alten Landes samt Flußläufen und Seebecken unter den Meeresspiegel getaucht oder zu Buchten, Sunden und Förden geworden, während die größeren Höhenlandschaften als Inseln und Küstenzone noch hervorragen.

Im großen und ganzen erstreckt sich unsere heimatliche Halbinsel als leicht gekrümmtes Gelände parallel zu der fernen südwestlichen Küste von Schweden. Die dänischen Inseln liegen als unregelmäßig begrenzte Flächen dazwischen. Das Rückgrat Schleswig-Holsteins verläuft verhältnismäßig nahe der Ostsee um die Binnenzipfel unserer Förden. Daran schließt sich als breite, etwas niedrigere Mittelzone des Landes eine große, sandige Ebene, die viele Moore trägt und ehemals zum größten Teil armselige Heide war. Dann tauchen im Westen wieder Höhengelände empor, die von breiten Talebenen umzogen sind, so z. B. die Höhen von Lügumkloster, Bredstedt, Stapelholm, Norder- und Süderdithmarschen, die buckelige Gegend von Itzehoe und Hohenwestedt und die Blankeneser Berge. Auch die Mittelkörper der Insel Sylt und Amrum gehören zu diesem westlichen Höhengebiet. Zu seinen Füßen breiten sich dann die jungen Marschen der Nordsee und der Niederelbe aus. Die friesische Inselwelt ist der gegenwärtige Landbestand eines Gebietes, in dem Land, Meer und Menschenkraft seit 1000 Jahren um die Herrschaft ringen, nachdem mehrere Jahrtausende die Naturkräfte dort allein gestritten hatten.

Alle diese Formen sind der Ausdruck der geologischen Geschichte unseres Landes. Schleswig-Holstein ist ein jugendliches Land, dem erst die allerjüngsten Perioden der Erdgeschichte, nämlich die Eiszeit und die Nacheiszeit, das Gepräge gegeben haben. Es würde zusammen mit einem großen Teile Norddeutschlands und fast ganz Dänemark Meeresboden sein, wenn nicht diese neuzeitlichen Perioden seinen Aufbau zu sehr erhöht hätten. Unter dem jungen Boden liegt aber ein älterer

Untergrund ganz anderer Art verborgen, ein Untergrund fester Gesteine und versunkener Gebirge, der die Brücke bildet von den mitteldeutschen Gebirgsländern zu den Felshöhen Skandinaviens. Der Segeberger Gipsberg erhebt sich mitten im Lande als Wahrzeichen dieses Untergrundes, den unscheinbare Vorkommnisse auch an anderen Stellen verkünden; außerdem sind verschiedene über das Land verteilte Tiefbohrungen in den festen Gebirgskern eingedrungen. Endlich ragt als einsame, von den Meereswogen herausgeschälte Gebirgsinsel das trotz mannigfaltiger Zerstörung teilweise noch steilwandige Helgoland aus der Nordsee, das wir als geographischen Vorposten unserer engeren Heimat betrachten dürfen. Es stellt zugleich die geologische Verbindung zwischen den deutschen und den englischen Gesteinen her.

Von diesem alten Untergrund wird also zunächst zu reden sein.

B. Die Erdgeschichte

Uber viele Hundertmillionen Jahre blickt die Erdgeschichte zurück, ohne einen Anfang zu finden. Soweit wir auch das Buch der Gesteinsschichten durchblättern, immer wieder gewahren wir auf unserem Planeten nur Dinge und Vorgänge ähnlicher Art wie in der Gegenwart. Kühles und warmes Klima, Vulkanausbrüche, Gebirgshebung, Bodensenkung und Meeresüberflutung, Flußanschwemmung, Küstenzertrümmerung, Verwitterung der Gesteine, Wüstenbildung im Innern der Kontinente, Korallenbauten im Ozean, Wanderungen und Umgestaltungen der Tier- und Pflanzenwelt, all die tausend Dinge, die heutzutage das Antlitz der Erde bewegen, hat es schon in uralten Zeiten gegeben. Ja, selbst jene harten kristallinen Gesteine, die Gneise, Glimmerschiefer, Granite und wie sie alle heißen, die man früher für die Erstarrungskruste eines anfangs feuerflüssigen Erdballs hielt, haben sich unter dem Mikroskop des Forschers als Umformungen alter Fluß- und Meeresanschwemmungen oder vorweltlicher Vulkanlaven enthüllt, die einmal den gegenwärtigen geglichen haben. Ein Anfang der Erdgeschichte ist noch nicht gefunden, sondern nur eine Zeitgrenze, über welche unsere Forschungsmittel nicht hinausreichen.

Der deutsche Boden (3) besitzt größere Mannigfaltigkeit als der vieler anderer Länder. Er ist aus Gebilden aller bekannten erdgeschichtlichen Zeitalter zusammengesetzt. Aus der Erd-Urzeit, und zwar aus dem Präkambrium, haben wir mächtige Schieferformationen in Sachsen, Schichten, die in anderen Teilen der Welt die ältesten Zeugen, wenn auch wohl längst nicht die Anfänge des Lebens, enthalten: Protozoen mit kieseligem Gitterskelett. Schwämme, Leibeshöhlentiere, hornschalige Brachiopoden, Napfschnecken, Spuren von Würmern und kohlige Reste von Krebs- und anderen Chitinpanzern. Aus dem Erd-Altertum stammen die kambrischen, silurischen und devonischen Gesteine des böhmisch-mährischen Hochlandes, der thüringisch-sächsisch-schlesischen Gebirge, des Harzes und des rheinischen Schiefergebirges, die Steinkohlenformationen Westfalens und Schlesiens und die permischen Gesteine mit ihren Kupferschieferlagerstätten in Mansfeld und ihren Gips- und Salzlagern in Hannover und Thüringen. Im Mittelalter der Erdgeschichte entstanden die Buntsandsteinberge und der Muschelkalk Mitteldeutschlands sowie der Insel Helgoland, die Keuperschichten im Lippischen, die Juraformation der schwäbisch-fränkischen Alb und des Harzvorlandes und endlich die weit verbreitete Kreideformation von Südschweden bis zum Harz und Böhmerwald, vom Kaspischen Meer bis tief nach Frankreich hinein und zu den Kreidegestaden von Calais und Dover hinauf. Der Neuzeit gehören die nord- und mitteldeutschen Braunkohlenlager sowie das Diluvium mit seinen vorweltlichen Gletschermoränen an, von dem eine Kette geringerer geologischer Gebilde bis in die Gegenwart führt. Die Ablagerungen der Neuzeit sind im großen und ganzen noch nicht zu Gesteinen verhärtet, während Altertum und Mittelalter der Erdgeschichte uns stark verfestigte, zusammengepreßte und in Gebirge gedrängte Bodenarten vor Augen stellen.

I. Der versunkene Gebirgsuntergrund

Die lockeren Bodenarten der schleswig-holsteinischen Landschaft (4) sind von Steinen und Findlingen durchsetzt. Obwohl im Laufe der Menschheitsgeschichte der ursprüngliche Steinreichtum infolge seiner mannigfachen Verwendung immer mehr zusammengeschrumpft ist, findet der Landmann alljährlich beim Pflügen neue Steine in seinem Acker. Es scheint ihm, als ob „die Steine wachsen", und vielfach trifft man auf die Vorstellung, daß diese Steine erst jetzt innerhalb der obersten Bodenkrume entstanden seien. All diese Steine aber gehören längst entschwundenen erdgeschichtlichen Zeiten an. Sie sehen auf Geschehnisse zurück, in denen es weder den Menschen noch die höheren Pflanzen, überhaupt zum Teil noch nicht einmal Anfänge des Lebens auf dieser Erde gab. Der Stein im Acker, ja, selbst das von der Brandung am Strande aufgeworfene Sandkorn legen Zeugnis von dem allgewaltigen Naturgeschehen seit undenklicher Zeit ab.

Erdgeschichtliche Zeittafel

		Geologische Formation	Zeitdauer (vermutet)	Alter (vermutet)	Ablagerungen in Schleswig-Holstein
			(Mill. Jahre)		
Neuzeit	Alluvium	Nacheiszeit und Gegenwart	0,018	0,018	als obere und oberflächennahe Bodenformationen in weiter Verbreitung vorhanden
Neuzeit	Das Eiszeitalter oder das Diluvium	jüngste Eiszeit (Weichseleiszeit)	0,262	0,280	
Neuzeit	Das Eiszeitalter oder das Diluvium	II. Zwischeneiszeit	0,142	0,422	
Neuzeit	Das Eiszeitalter oder das Diluvium	mittlere Eiszeiten (Saale-Wartheeiszeit)	0,305	0,727	
Neuzeit	Das Eiszeitalter oder das Diluvium	I. Zwischeneiszeit	0,018	0,745	
Neuzeit	Das Eiszeitalter oder das Diluvium	älteste Eiszeit (Elstereiszeit)	0,228	0,973	
Neuzeit		Jungtertiär (Miozän und Pliozän)	24	25	in Aufschlüssen (Gruben, Schächten und Bohrungen) nachgewiesen, den versunkenen Gebirgsuntergrund zusammensetzend
Neuzeit		Alttertiär (Paläozän und Eozän sowie Oligozän)	35	60	
Mittelalter		Obere Kreide	50	110	
Mittelalter		Untere Kreide	30	140	
Mittelalter		Jura (Lias, [Dogger und Malm])	35	175	
Mittelalter		Trias (Buntsandstein, Muschelkalk und Keuper)	25	200	
Altertum		Perm (Rotliegendes und Zechstein)	40	240	
Altertum		Karbon	70	310	unbekannt
Altertum		Devon	40	350	wohl erst in sehr großer Tiefe vorhanden, im übrigen aber als eiszeitliche Geschiebe aus Nordeuropa hergebracht
Altertum		Silur	100	450	
Altertum		Kambrium	90	540	
Erd-Urzeit		Präkambrium	1360	1900	
Erd-Urzeit		Archaikum	?	?	

Der Geologe ist bemüht, dem Stein ein wichtiges Geheimnis zu entlocken; zusammen mit dem Physiker und dem Chemiker ist er der Frage nach dem Alter unserer Erde nachgegangen. Dadurch wurden vertiefte Ergebnisse erzielt, und derzeit glaubt man bis zu den ältesten, spärliche Lebewesen enthaltenden Schichten, auf ein Alter von mindestens 1900 Millionen Jahren zurückblicken zu können (5). Die beste Möglichkeit, das Alter der großen, aufeinander folgenden irdischen Gesteinsbildungen zu ermitteln, beruht auf der Kenntnis vom Zerfall radioaktiver Stoffe, der mit gleichbleibender Geschwindigkeit unabhängig von Außeneinflüssen vor sich geht. So wurde diese bis in das Präkambrium zurückreichende Zeit errechnet, seit der sich die Erdgeschichte in den einzelnen Formationen verfolgen läßt; sie ist aber sicherlich nur ein weit kleinerer Abschnitt gegenüber dem lebenslosen Archaikum, dessen Anfänge bis in die vorgestellte Sternenzeit unseres Planeten zurückreichen.

1. DAS ERD-ALTERTUM

Die seit dem Präkambrium aus den Gesteinsfolgen und ihrem Inhalt an versteinerten Lebewesen abzuleitende geschichtliche Entwicklung unserer Erde bezeugt die grundlegenden Wandlungen, die sich in den einzelnen „Formationen" ereigneten. Diese Formationsabschnitte haben recht verschieden lange Dauer gehabt. Mit Ausnahme des diluvialen Eiszeitalters umfassen sie aber immer viele Millionen Jahre*). Nicht alle Gesteine aus diesen Abschnitten sind in Schleswig-Holstein beheimatet. In geologisch noch nicht allzuferner Zeit, während des Diluviums, sind jedoch durch riesige Gletschermassen mancherlei fremde Gesteinsproben zu uns gebracht worden und bekunden nun, daß die Schichten, aus denen sie stammen, im benachbarten Nordeuropa lagern. Wir wissen neuerdings auch, daß im tieferen Untergrunde Schleswig-Holsteins gewisse dem Auge unzugängliche Schichtenfolgen aus dem Altertum der Erde vorhanden sind. Schlummert doch unterhalb der lockeren Bodenmassen im norddeutschen Flachland ein versunkenes Gebirge, das in wechselnder Tiefe mit zum Teil hoch aufragenden, aber von Gletscherschutt zugedeckten Gipfeln und dazwischen gelegenen tiefen Tälern den festen Sockel Schleswig-Holsteins und somit eine Brücke von den mitteldeutschen Gebirgen her nach Skandinaviens Hochland bildet.

---

*) Vgl. die „Erdgeschichtliche Zeittafel", die den jetzigen Forschungsstand über das vermeintliche Erdalter, die Dauer der Formationen und die seit ihnen verstrichenen Zeitläufe zum Ausdruck bringt.

Durch verschiedenartige erdphysikalische Untersuchungen wurde während der letzten Jahrzehnte im Raume Schleswig-Holsteins (6) festgestellt, daß offenbar hochkristalline Gesteinsmassen den tiefsten Untergrund des Sockels bilden. So fand zunächst eine erdmagnetische Aufnahme statt, die im wesentlichen zu dem Ergebnis führte, daß sich unter Sylt, nordöstlich von Husum und in der weiteren Umgebung von Kiel besondere Störungen des erdmagnetischen Feldes zeigen (7). Die positiven Werte der Vertikalintensität des erdmagnetischen Feldes können auf eine tiefste, aus schweren kristallinen Gesteinsmassen bestehende Basis bezogen werden. Diese spezifisch schweren Gesteine treten als „Massive“ (vgl. Karte 1) auf und ordnen sich zu einer in geologischer Hinsicht bedeutsamen Schwelle an. Ganz andersartig aber als das Bild der magnetischen Störungen sind die Ergebnisse seismischer Forschungsmethoden, die erst vor wenigen Jahren im Rahmen der erdphysikalischen Reichsaufnahme beendet worden sind (8). Sie haben den Nachweis davon erbracht, daß sich sehr mächtige Schichtenfolgen harter und bereits verfestigter Gesteine als ein höheres Stockwerk über die kristallinen Massive lagern, wobei allein auf die Schichten oberhalb des unterpermischen Salzgebirges zusammengerechnet etwa 4800 m Mächtigkeit entfallen, und daß sich diese Gesteine zu engbegrenzten, aus großer Tiefe aufragenden, jedoch aus unserm Gesichtsfeld längst versunkenen Gebirgszügen mit dazwischengelagerten sehr tiefen Tälern zu langgestreckten, über viele Kilometer reichenden Horstreihen anordnen oder auch elliptische bis runde Einzelkörper, sogenannte Strukturen, bilden. Die Gipfelflur dieser Strukturen liegt in ganz verschiedenen Tiefen*); einige von ihnen durchragen sogar die Oberfläche, wie der aus Gips und Anhydritmassen bestehende „Kalkberg“ von Segeberg oder das rote Ton- und Kalkgebirge von Lieth bei Elmshorn. Viele Tiefbohrungen, vor allem die neueren zur Erforschung des Untergrundes ausgeführten Bohrungen, haben tief bis in die Schichtenfolge der Strukturkörper vorgetastet.

Bei der langen Dauer des Erd-Altertums ist es verständlich, daß die pflanzliche und tierische Lebewelt je nach der Formation, der sie angehört, recht unterschiedlich ist. Ganz allgemein aber läßt sich sagen, daß für die Pflanzenwelt das außerordentliche Überwiegen der Kryptogamen bezeichnend ist, und zwar riesiger Lepidophyten, zu denen in der oberen Hälfte des Zeitalters auch Koniferen hinzukommen. Laubhölzer jedoch fehlen gänzlich. Die tierische Lebewelt wird durch die große Entwicklung der Seelilien, der runzeligen und getäfelten Korallen, durch eine Fülle

*) Vgl. die beigegebene Karte 1.

eigentümlicher Brachiopoden, durch eine Unzahl von fernstehenden Verwandten unserer heutigen Tintenfische und anderer fremdartiger niederer Meerestiere sowie durch Panzerfische gekennzeichnet, zu denen sich im oberen Teil unter den Amphibien die Stegocephalen einstellen. Dazu treten noch einige Reptilien und Vögel; Säugetiere jedoch fehlen noch vollständig.

Von all diesem Lebensreichtum ist aber aus unserer engeren Heimat noch fast nichts zutage gefördert, weil größere unterirdische Aufschlüsse, wie Bergwerke, zur Durchsuchung der Gesteine bislang fehlen.

In ihrer Gesamtheit stellen die einzelnen Formationen des Erd-Altertums eine Schichtenfolge dar, die übereinander gepackt viele tausend Meter betragen würde. Doch trifft dieser Idealfall wohl nirgends zu, denn Hebungen und Senkungen der Erdrinde und ihre Einzelbewegungen haben dafür gesorgt, daß die Schichten bei der Verlagerung der Meeresräume nicht überall zugleich zum Absatz kamen. Im Erd-Altertum überwiegen G e s t e i n e wie Schiefer und Grauwacken, Sandsteine und Konglomerate, Kalksteine, Mergel und — in Schleswig-Holstein allerdings nicht nachgewiesene — Steinkohlen. Dazu kommen solche, die durch Eruptionen aus einer feurig-flüssigen Zone des Erdinnern entstanden, wie Granite, Diabase, Porphyre und deren Tuffbildungen. In Deutschland wurden außerdem vor allem während der jüngeren Abschnitte des Erd-Altertums mächtige Salzlagerstätten gebildet.

a. DIE VOR-ROTLIEGENDZEIT

Die Verhältnisse in vorsilurischer Zeit sind noch unklar. Während des Silurs aber ist das ganze Gebiet von Schleswig-Holstein sicherlich vom Meer bedeckt gewesen, das hier zur Zeit des Obersilurs überwiegend tonige Sedimente, darunter den Graptolithenschiefer ablagerte, einen dunklen Tonschiefer, der von sehr zarten, wie gezeichnet erscheinenden versteinerten Überresten horniger Polypenstöcke durchsetzt ist. Mit dem Ausgang des Silurs erfolgte in Nordeuropa die Aufrichtung des sog. kaledonischen Gebirges. Durch diese ausgedehnte Gebirgsbildung wurden alle damals vorhandenen Gesteine einschließlich der Schichten des Silurs hier so stark verfaltet, daß große Teile Norddeutschlands, Englands und Norwegens zu einem einheitlichen Block (9) zusammengeschweißt wurden. Unser Heimatraum wurde dadurch in ein großes Festlandsmassiv eingefügt, ein Land, das sich vom Devon bis heute zu allen geologischen Zeiten in unserem Raume in irgendeiner Form immer wieder bemerkbar gemacht hat, und dessen Überrest das heutige Skandinavien darstellt. In der Devonzeit war es ein dürrer Kontinent, auf dem in periodischen Gewässern rote tonig-sandige Gesteine zusammengeschwemmt wurden. Es gab auch große Salzwasserlagunen, in denen sich Steinsalzschichten ausschieden. Gepanzerte Fische bevölkerten damals die Gewässer. Als ältesten Zeugen wurden derartige rote und auch grünfleckige Ton- sowie teilweise auch Dolomitgesteine in der alten Ziegeleitongrube bei Schobüll nördlich Husum und auch in einer Bohrung in Rott an der Treene gefunden (10). Allerdings sind diese Gesteine nicht bei uns beheimatet sondern erst durch die eiszeitlichen Gletschermassen als riesige eingefrorene Bodenschollen von irgendwo her aus dem näheren Osten zu uns gebracht worden. Die darin gefundene Schuppe eines Panzerfisches und die Hohlabdrücke von Steinsalzkristallen bezeugen ihre Zugehörigkeit zu der als „Old-Red" benannten Devonbildung. Dieses devonische Festland stieß im Hannöverschen gegen das damalige Meer, das uns die versteinerungsreichen Schichten im Sauerland und Harz hinterließ. Darüber müßte das Karbon, die wichtigste Steinkohlenformation Deutschlands folgen; ob sie aber in Schleswig-Holstein überhaupt, und dann ebenfalls als kohlenführende Formation abgelagert wurde, ist noch nicht bewiesen. Es ist möglich, daß sich das alte Festland auch während der Karbonzeit noch über unseren Raum ausgedehnt hat und Schleswig-Holstein nur Abtragungsgebiet und Schuttlieferant für die im Meere zum Absatz gelangten Gesteine geblieben ist.

b. DIE ROTLIEGENDZEIT

Das älteste bei uns beheimatete, also anstehend und in vielen Gebieten nachgewiesene Gestein*) stammt aus dem Rotliegenden (11). Eine 3818 m tiefe Bohrung — das tiefste Bohrloch Europas bei Heide! — hat, ohne deren Sohle zu erreichen, allein 3400 m von diesen dort allerdings wohl stark aufgerichteten, also in söhliger Lagerung weit weniger mächtigen Rotliegendschichten durchsunken. Das Gestein ist ein eintöniges Gemenge von braunroten bis roten versteinerungsfreien Tonmergel- oder Tonsteinen mit meist klarem Steinsalz und wird „Haselgebirge" genannt. Das Verhältnis von Salz zu Ton ist sehr verschieden, meist überwiegt der Tonanteil. Gelegentlich finden sich rötliche, oft etwas tonige Anhydritknauer darin. In der Ziegeleitongrube „Roter Lehm" bei Lieth südlich von Elmshorn (Abb. 1) und im Gebiete von Stade sind derartige rote Tongesteine schon seit langem bekannt. Ihre Alters-

*) Die 8 Tabellen am Schluß des Buches mögen den Überblick auf die Schichtenfolge, Gesteine, Leit-Versteinerungen und erdgeschichtliche Begebenheiten vereinfachen.

stellung aber war bis vor kurzem ungewiß, und erst in neuerer Zeit wurde im Zusammenhang mit Reichsbohraufschlüssen ihr Alter als Rotliegendes erwiesen (12). Die uns bisher bekannte gesamte Schichtenfolge des Rotliegenden besteht zu unterst aus dem sehr mächtigen Haselgebirge, das also in mehreren tausend Metern bei Heide im verfalteten Zustand erbohrt worden ist und darüber aus einem roten Tonmergelstein bis zu 18 m Mächtigkeit. Dann folgt ein nur wenige Zentimeter betragender Bänderschiefer, in dem Fischreste erhalten sind, und wiederum rotes Tonmergelgestein oder Feinsand und toniger Kalksandstein bis zu 3 m Schichtstärke. Das Haselgebirge ist in zahlreichen Bohrungen Schleswig-Holsteins angetroffen worden, und es findet sich auch südlich der Elbe in Nordhannover. Nur 11 m unter der Oberfläche lagert es in der Marsch bei Oldenswort in Eiderstedt (22).

Offenbar ist das Haselgebirge in einem ziemlich flachen Wasser abgelagert worden, in dessen Becken fast nur sehr feinkörniges Verwitterungsmaterial in Form des roten Tones von den umgebenden Festländern her gelangt ist, während das Steinsalz des Haselgebirges wohl in seichten Steppen-Salzpfannen oder größeren Salzseen ausgeschieden wurde. Dadurch erklärt sich der innige Wechsel von Tonstein mit Steinsalz. Das flache Ablagerungsbecken der Rotliegendzeit befand sich aber in einem ständig sinkenden Zustand. Es bildete sich dadurch ein Trog heraus, dessen Tiefstes im Gebiete Schleswig-Holstein — Deutsche Bucht — Nordhannover gelegen hat. Dieser Rotliegendtrog ist ein Vorläufer des nachfolgenden, mit dem offenen Meere verbundenen Zechstein-Salzbeckens, ein großer Trog, der sich bis in jüngere geologische Zeiten als ein alt angelegtes Senkungsgebiet im Bereiche der Unterelbe oftmals wieder zu erkennen gegeben hat.

Zu gleicher Zeit, als bei uns das Haselgebirge abgelagert wurde, bestand vor allem im Gebiete des Thüringer Waldes eine lebhafte Eruptivtätigkeit größerer Vulkane, deren glutflüssige Laven (Porphyre und Melaphyre) sich weithin ergossen und dichte Wolken von Tuff-Staub den Himmel immer wieder verdunkelten.

Mit dem Ausklang der Rotliegendzeit hörte die Ausscheidung von Steinsalz auf. Es gedieh bei uns nunmehr im Wasser ein Tierleben, von dem man einige Fischreste im unteren Teil des Bänderschiefers von Lieth bei Elmshorn gefunden hat (13). Dieses Tierleben entwickelte sich allmählich immer stärker, und seine versteinerten Reste finden sich nun häufiger in den darüberlagernden Schichten.

c. DIE ZECHSTEINZEIT

Das im oberen Teil der Rotliegendformation reichlicher einsetzende Tierleben gelangte bereits im Wasser des unteren Zechsteinmeeres zu höchster Entfaltung. Während in Mitteldeutschland die Schichtenfolge des Zechsteins überall mit dem verhärteten Brandungsgeröll des vordringenden Meeres, dem „Zechsteinkonglomerat“ beginnt, ist dieses in Schleswig-Holstein durch einen etwa 1 m mächtigen feinkörnigen, tonigen Kalksandstein von grünlichgrauer Färbung vertreten. Das Zechsteinmeer dürfte bei uns also zunächst ein verhältnismäßig ebenes Gelände vorgefunden haben, das keinen Anlaß zu einer stärkeren Geröllbildung, wie weiter südlich gab. Es bildete ein enger begrenztes, von südlich Norwegen und Schweden nach Ostdeutschland und über Heidelberg bis England hinauf reichendes Becken, das in wechselnd starker Verbindung mit einem Meere des Nordens, dem Skandik (14), gestanden hat. Über dem tonigen Kalksandstein bzw. dem Zechsteinkonglomerat folgt der von Lieth bei Elmshorn weit nach Süden reichende und in seiner Verbreitung am ausgeprägtesten im Revier von Mansfeld — Eisleben vorkommende Kupferschiefer. Es ist das ein meist nicht mehr als einen halben Meter betragendes Schichtenpaket von dunklem, bituminösem Mergelschiefer, das bei Mansfeld mit durchschnittlich 2 % Kupfer- und einem kleinen Silbergehalt den Gegenstand eines seit mehr als 500 Jahren bestehenden wichtigen Bergbaues bildet (15). Hervorgegangen ist dieser Kupferschiefer aus einem mit winzigen Organismen erfüllt gewesenen Faulschlamm, der sich wegen seines Schwefelwasserstoffgehaltes am ehesten mit dem Bodenschlamm des Schwarzen Meeres vergleichen läßt. Den Kupfergehalt denkt man sich als aus warmen Quellen stammend, die als Nachwirkungen der vulkanischen Eruptionen aus der Rotliegendzeit am Grunde des Beckens aussprudelten; die Konzentration des ursprünglich fein verteilten Kupfergehaltes ist wahrscheinlich erst nachträglich im Zusammenhang mit der Verbiegung der Schichten bei Gebirgsbildung erfolgt, so daß das Kupfer nunmehr in Form dünnster Sulfidadern oft nur in Bruchteilen von Millimetern den Kupferschiefer durchzieht. Der in den Aufschlüssen von Lieth bei Elmshorn als Deutschlands nördlichster bekannter Kupferschiefer von rund 30 cm Schichtstärke ist ein dunkler, schwefelkieshaltiger, feinstgeschichteter Mergelstein, in dem man Fischversteinerungen (Paläoniscus- und Acrolepisarten) gefunden hat. Das Meer des Kupferschiefers hatte jedoch nicht das ganze Rotliegendbecken im Raume von Schleswig-Holstein bedeckt. Deshalb fehlt er weiter nördlich.

Über dem Kupferschiefer lagert der etwa 5 m mächtige Zechsteinkalk, ein meist graues, feinporöses und zum Teil löcheriges oder auch weiches Gestein, in dem Kalkgebilde mit nierenähnlicher

Oberfläche, sog. Stromatolithen, auftreten. Die bisher mit dem offenen Skandikmeer bestehende Verbindung verschlechterte sich zum Ende der Zeit des Zechsteinkalkes, so daß mit Beginn des mittleren Zechsteins neben der Ausscheidung von bezeichnendem Blasenkalk auch die Ausfällung von Kalziumsulfat in Form von kleinen Anhydritknötchen stattfand, deren spätere Herauslösung bei Verwitterung die Blasen des Schiefers hervorgebracht hat. Wir müssen hier eine kleine chemische Erläuterung einschalten, um die überaus interessanten Ablagerungsvorgänge im Meere der Zechsteinzeit verständlich zu machen. Der mittlere Salzgehalt unserer irdischen Meere beträgt in je tausend Gramm Wasser: Chlornatrium (Kochsalz) 27,2 g, Chlormagnesium 3,8 g, Magnesiumsulfat (schwefelsaures Magnesium) 1,66 g, Kaliumsulfat (schwefelsaures Kalium) 0,86 g, Calciumsulfat (schwefelsaurer Kalk, Gips) 1,26 g, Calciumcarbonat (kohlensaurer Kalk) einschließlich vieler anderer nur in winzigen Spuren vorhandener Salze 0,12 g, Magnesiumbromid 0,08 g. Der Gesamtgehalt an Salzen stellt sich auf 35 g im Liter. Wenn man nun eine derartige Flüssigkeit eindampft, so scheiden sich die darin enthaltenen Salze in der Reihenfolge ihrer Löslichkeit aus, zuerst die am schwersten, zuletzt die am leichtesten löslichen. Am schwersten in Lösung zu halten ist der kohlensaure Kalk, der hauptsächliche Bildner der Karbonatgesteine, nämlich des Kalksteins und des mit diesem nahe verwandten Dolomites, der außer kohlensaurem Kalk bis zu 45 % kohlensaures Magnesium enthält; von ihm löst 1 Liter Wasser nur einige Hundertstel Gramm, bei Anwesenheit von Kohlensäure (die nur selten fehlt) etwa 1 g, vom Dolomit sogar etwa 3 g. Etwas leichter löslich und deshalb erst nach dem kohlensauren Kalk ausfallend ist der schwefelsaure Kalk: 1 Teil in 380—460 Teilen Wasser, also ungefähr 2½ g im Liter. Er bildet als wasserhaltiges Mineral den Gips, als wasserfreies den Anhydrit, welch letzterer also dem sog. „totgebrannten" Gips gleichkommt. Leicht löslich — 260 g im Liter — ist das Kochsalz (Chlornatrium) und noch leichter sind es die sogenannten Mutterlaugensalze, die beim Salzsieden bis zu allerletzt in der dann als Mutterlauge bezeichneten Lösung verbleiben. Dies sind besonders das Chlorkalium, Chlormagnesium und schwefelsaure Magnesium, also die Bildner der so wertvollen Kali- und Magnesia-Düngesalze; sie können schon durch die Luftfeuchtigkeit zum Zerfließen gebracht werden. Ihre Auskristallisierung aus den unterschiedlichen Mischungen in den natürlichen Gewässerresten — Strandlagunen, Steppensalzseen usw. — ergibt je nach den Bedingungen von Temperatur, Wasserdruck, chemisch-physikalischem Aufeinanderwirken usw. gewöhnlich keine klar unterschiedenen einfachen Salze, sondern Mischsalze. Infolgedessen ist, wie hier nebenbei bemerkt sei, die Kunstdüngerindustrie genötigt, einen großen Teil der aus unsern deutschen Kalilagern geförderten Rohsalze für ihre verschiedenen Verwendungszwecke erst umzuarbeiten.

Infolge der nach diesen Lösungs- und Ausfällungsgesetzen fortschreitenden Zunahme der sulfatischen und Abnahme der karbonatischen Abscheidungen am Boden unseres durch starke Verdunstung immer salzreicher gewordenen heimatlichen Zechsteinmeeres bildete sich nun eine etwa 2 m starke Schicht von Anhydrit mit Kalkschlieren und alsdann eine etwa 9 m starke Lage von nahezu kalkfreiem, dichtem, reinem Anhydrit. Zur Zeit dieser schleswig-holsteinischen Bildungen kam es in Thüringen (Werragebiet) bereits zur Ausscheidung einer ersten Salzfolge. In Schleswig-Holstein weist der obere Teil des mittleren Zechsteins nur eine etwa 5 m mächtige Anhydritfolge mit karbonatischen Einlagerungen und Dolomitschlieren auf, die sog. Hauptdolomitregion. Darüber erscheinen 5—30 m Stinkschiefer als letzter stärker karbonatischer Absatz des Zechsteinmeeres. Sie heißen so, weil sie viel verhärteten Faulschlamm enthalten und beim Zerschlagen einen nicht angenehmen bituminösen Geruch von sich geben.

Danach hört der karbonatische Anteil fast ganz auf, und die sulfatische Ausscheidung eines etwa 4 m mächtigen „Basalt-Anhydrites" leitet nun zu einer sog. „salinaren Fazies", d. h. Salzgesteins-Entwickelung über. Zum ersten Male während der Zechsteinzeit kam es im Raume Schleswig-Holsteins zu einer ziemlich mächtigen Ablagerung von Salzen, die als ältere Salzfolge einer mitteldeutschen zweiten Salzfolge (Staßfurt-Serie) entspricht. Unsere ältere Salzfolge wird durch einen bis zu 4 m anschwellenden grauen Salzton abgeschlossen, der auch im Salzstock von Segeberg festgestellt wurde. Er wird von dem im Kalkberg vorliegenden stark vergipsten Hauptanhydrit überlagert. Dieser wiederum wird weiter nördlich durch einen Plattendolomit bis zu 30 m Mächtigkeit vertreten. Zum zweiten Male kam es in Schleswig-Holstein während des Zechsteins zu einer ziemlich mächtigen Ausscheidung von Salzen, der jüngeren Salzfolge, die als dritte Salzfolge Mitteldeutschlands unter dem Begriff der Niedersachsen-Serie bergmännisch abgebaut wird, deren Kalisalze im Holsteinischen allerdings nur geringmächtig sind (z. B. bei Marne-Meldorf etwa 0,5 m Sylvinit mit 16.76 % Reinkali = 26.52 % KCl). Abgeschlossen wird die jüngere Salzfolge durch die einige Meter betragende rote tonige Schichtenserie der oberen Zechsteinletten („Letten" ist ein zäher, etwas schiefriger Ton). Auf Helgoland leitet das jüngere Steinsalz durch rote, im tieferen Teil noch steinsalzführende Tonsteine allmählich in den Unteren Buntsandstein über.

Wiederholen wir diese überaus interessanten, aber für den Laien nicht ganz leicht zu erfassenden Vorgänge: Während das Meer des Zechsteins anfänglich noch reich an Tierleben war, wie übrigens auch die versteinerten Korallenriffe aus jener Zeit am Thüringer Wald bezeugen, trat allmählich bei dem warmen Klima infolge der starken Verdunstung eine immer mehr zunehmende Anreicherung seines Salzgehaltes ein, welche die Korallen, Muscheln, Fische und andere Meeresbewohner verkümmern und aussterben ließ. Da große Flüsse offenbar fehlten, so erhielt das Becken vom Skandik her immer nur Salzwasserersatz und wirkte so Jahrtausende hindurch als ungeheure natürliche Siedepfanne, genau wie in unserer Gegenwart die salzgeschwängerte Karabugas-Bucht am Kaspischen Meere wirkt. Nach chemischen Gesetzen schied sich am Meeresboden eine bestimmte Reihenfolge von Salzen aus. Zuerst diejenigen Salze, die viel Wasser gebrauchen, um in Lösung zu bleiben, nämlich kohlensaurer Kalk (Kalkstein) und schwefelsaurer Kalk (Anhydrit und — wenn chemisch wasserhaltig — Gips). Deshalb finden wir als älteste Absätze des deutschen Zechsteinmeeres die kalkigen Schichten und die großen Gipslager. Dann folgten die leichtlöslichen Salze, nämlich das gewöhnliche Steinsalz (Chlornatrium), das sich bereits in 2 bis 7 Teilen Wasser auflöst, und die Kali- und Magnesiasalze, die zum Teil kaum das Anderthalbfache ihrer Menge an Wasser gebrauchen, um gelöst zu bleiben. Über dem Anhydrit des Zechsteinmeeres bildete sich also zunächst ein Steinsalzlager von mehreren hundert Metern Dicke und endlich ein Lager von Kali- und Magnesiasalzen. Als dies vollendet war, war auch der letzte Meeresrest verdunstet, wahrscheinlich, weil eine Hebung den Zustrom frischen Meereswassers vom Skandik her über eine Barre hinweg unmöglich gemacht hatte, so daß das Zechsteinmeer zu einzelnen größeren Lagunen und Salzseen eingeschrumpft war. Dieser Vorgang hat sich im mitteldeutschen Salzgebiet dreimal nacheinander abgespielt, und es sind auch die Vorgänge der Salzbildung selbst viel verwickelter gewesen, als hier dargestellt werden kann. Die Temperatur des Meereswassers zu verschiedenen Perioden und Jahreszeiten, der in der Tiefe herrschende Wasserdruck und viele andere Ursachen brachten es mit sich, daß nicht einfache Salze, sondern vorwiegend Salzgemenge entstanden. Auch spätere Umkristallisationen im Zusammenhang mit Gebirgsbildungen und Erdkrustenbewegungen haben dazu geführt, daß die so wertvollen Kalisalze mit gewöhnlichem Steinsalz innig gemischt und nur teilweise gehaltvoll genug sind, um im rohen Zustand als Düngesalz dienen zu können. Ein großer Teil muß in den zu den Bergwerken gehörigen Fabriken aufgelöst, gereinigt und angereichert werden, ehe er verkaufsfähig ist (16).

Aus dem Fehlen eines Zechsteinkonglomerates und auch des Kupferschiefers in den Gebieten nördlich von Lieth bei Elmshorn sowie aus der Feststellung, daß in diesem Gebiet erst der Zechsteinkalk das Rotliegende überlagert, wie auch aus anderen geologischen Gegebenheiten geht hervor, daß seit Anbeginn der Zechsteinzeit im Raume von Heide-Osterby (bei Eckernförde) bis zum Anfang der dritten Salzfolge ein Schwellengebiet (17) bestanden hat. Ob diese Bodenschwelle auch noch während der ganzen dritten Salzfolge bis zum Beginn des Buntsandsteins vorhanden war, ist noch unbekannt. Die Entwicklung des gesamten Zechsteins von Schleswig-Holstein entspricht im übrigen aber vollkommen den Verhältnissen in den anderen Teilen Deutschlands. Schleswig-Holstein gehörte somit zum Bereiche des deutschen Zechsteinbeckens im Gebiet eines großen Senkungstroges, der durch eine ruhige aber ständige Ablagerung von feinkörnigen, karbonatischen, sulfatischen und salinaren Schichten gekennzeichnet ist. Dieser Senkungstrog wanderte allmählich in südöstlicher Richtung.

In späteren Zeitaltern haben die Salzlagerstätten im Innern der Erde mannigfaltige Umbildungen und sogar gänzliche Auflösungen erfahren, die bis zur Gegenwart andauern. Davon zeugen die Salzquellen, die es auch in unserer engeren Heimat gibt, zum Beispiel in den Badeorten Bramstedt und Oldesloe und nahe der Kirche von Hütten (18). Die merkwürdigsten Umgestaltungen aber sind durch Bodenbewegungen hervorgebracht, und es gibt nichts Verwickelteres als die Form solcher Salzlagerstätten, wie wir sie durch den Kalibergbau kennengelernt haben (19). Die spezifisch ziemlich leichten und verschiebbaren Salzmassen entwickeln nämlich, wenn sie dem Druck gebirgsbildender Kräfte ausgesetzt sind, ähnliche Eigenschaften wie Gletschereis. Sie nehmen eine gewisse innere Beweglichkeit und Schmiegsamkeit an, lassen sich in entstehende Hohlformen aller Art hineinpressen und steigen, die durch Risse, Klüfte und Verwerfungen geschwächten Stellen der darüberlagernden Gesteinsschichten beinahe lavaartig durchdringend, oft aus sehr großen Tiefen bis nahe an die Oberfläche. Dort werden sie dann vom Grundwasser abgelaugt, und die in ihnen enthaltenen dünnen Gipsschnüre, die dem Wasser besser widerstehen, schließen sich zu einem unterirdischen „Gipshut" zusammen, während die dicken Anhydritmassen ansehnliche, emporragende Gesteinsköpfe bilden.

Ein solcher „Gipshut" war aller Wahrscheinlichkeit nach der klotzige Gips am Grund der jetzt leider zugefüllten Kallmorgenschen Tongrube zu Langenfelde bei Altona, und ein Gipsstock, in dessen Innern noch frischer, härterer Anhydrit steckt, ist der Segeberger „Kalkberg". Der Gips von Langenfelde fällt allseitig steil in die Tiefe ab, so daß Brunnenbohrungen im benachbarten Eidelstedt nichts mehr von ihm erreicht haben, ja sogar die 376 m tiefe Wasserbohrung, die das Altonaer Stadtbauamt an der Ecke der Langenfelder Straße und Paulinenallee, kaum 1300 m von der Tongrube entfernt, hat niederbringen lassen, steht ganz und gar in jungen, losen Bodenarten des Diluviums und Tertiärs; nur in der Richtung nach Ottensen ist auf dem Gelände der Wachsbleiche, etwa 1 km von der Grube, der Gips erbohrt, und zwar in 88 m Tiefe. Daß unter diesem Gips Steinsalz lagert, wurde schon längst vermutet; aber erst eine 466 m tiefe Brunnenbohrung in Bahrenfeld hat den steinsalzführenden Zechstein angetroffen.

Die weithin bekannteste zutage stehende Ablagerung aus der Zechsteinzeit ist der 91 m hohe „Kalkberg" bei Segeberg (Abb. 2). Unter der Stadt Segeberg und ihrer östlichen Umgebung bis zum Kagelsberg sind mächtige Salzlager schon in der alten fiskalischen Bohrung von 1869 unter dem mehr als 140 m starken Gipshut erbohrt worden, und man hat dabei auch Spuren von Kali- und Magnesiasalzen festgestellt. Unter dem Hauptanhydrit liegt der Salzton, worunter bis 170 m Tiefe 20 m Steinsalz und dann ein kalireiches Salzlager mit 16,73% Chlorkalium folgen. Wiederum lagern hierunter 100 m Steinsalz bis 270 m Tiefe, sodann 43 m Anhydrit und nochmals ein kalireiches Salzgestein mit 18,65% Kalisalzen. Die bergbauliche Gewinnung der Salzmassen wurde durch ungewöhnlich große Wasserschwierigkeiten vereitelt. Der angelegte Schacht ersoff. Seitdem wurde das Salz in einer künstlichen konzentrierten Sole mit einem Salzgehalt von zunächst 27,3% abgepumpt. Allmählich aber nahm der Salzgehalt der Sole bis auf 4% ab, so daß der Kurbetrieb nur durch die Auffindung einer reichhaltigeren Salzlauge sichergestellt werden kann. Ursprünglich entfiel die Hauptmenge des gelösten Salzes mit 25,85% auf Kochsalz, 1,07% auf Magnesiumsulfat, 0,09% Magnesiumchlorid und 0,07% auf Chlorkalium. Der hochragende Gips von Segeberg ist durch das in alle Klüfte und Risse einsickernde Regenwasser bis hinab zu dem ungefähr die Höhe der benachbarten Seen einhaltenden Grundwasserspiegel innerlich arg zerfressen. Man hat in ihm ein ganzes Gewirr von Gängen und Höhlen aufgefunden, dessen äußerste Verzweigungen niemand kennt (20). Noch viel größere Hohlräume an den Seiten des Berges und unter der Stipsdorfer Feldmark sind in geschichtlicher und vorgeschichtlicher Zeit eingestürzt und haben „Erdfälle" erzeugt, d. h. trichterförmige Einsenkungen der Erdoberfläche. So ist der Segeberger See nichts anderes als ein in der Nacheiszeit durch starke Salzablaugung entstandener, nun mit Grundwasser erfüllter Erdfall. Neuere Bohrungen in der engeren Umgebung von Segeberg haben den Nachweis davon erbracht, daß das Salzgebirge aus sehr großer Tiefe aufsteigend und, Schichten der Trias, Kreide, des Tertiärs und Quartärs durchbrechend, auf eine schmale Zone beschränkt ist. Der Gipsberg von Segeberg hat schon während des Eiszeitalters Vorläufer gehabt, die jedoch durch die Gletschermassen beseitigt wurden. Der heutige Felsen, der sonst wie seine Vorgänger durch das Gletschereis ebenfalls zerstört wäre, muß daher jünger sein. Er wurde durch den fortwährenden Salzaufstieg erst geschaffen, als der letzte Eisvorstoß nicht mehr bis in die Segeberger Gegend reichte. An Hohlkehlen, die ehemalige Wasserstandsmarken im Innern der Segeberger Höhle darstellen, läßt sich ermitteln, daß der heutige Berg in der Nacheiszeit durch das aufsteigende Salz herausgehoben worden ist.

In der Hoffnung, unter der Permformation Steinkohlenlager des Karbons zu erreichen, wurden in früheren Jahren zwei Tiefbohrungen bei Lieth, südlich Elmshorn, ausgeführt. In Ziegeleitongruben werden hier rote Tone abgebaut, die von bituminösen Kalksteinen, dem erwähnten Kupferschiefer und Gipsschichten begleitet werden. Von diesen alten Bohrungen hatte die eine bis zur Endtiefe von 1338 m nur festen roten Ton mit Gips und Steinsalzeinlagerungen vorgefunden. Früher glaubte man diese Schichtenfolge insgesamt dem Zechstein zurechnen zu müssen. Neuere Untersuchungen jedoch haben klar erwiesen, daß es sich bei den roten Gesteinen um das Haselgebirge der Rotliegendzeit handelt, das zusammen mit unterem und mittlerem Zechstein in nahezu senkrecht stehenden, in Schuppen angeordneten, mehrfach wiederkehrenden Schichtenfolgen aus großer Tiefe bis zur Oberfläche vorgedrungen ist (21). Salzfolgen des Zechsteins sind bei Lieth nicht mehr vorhanden. Statt ihrer finden sich Auslaugungsprodukte des Anhydrits, die sogenannte Asche, eine dunkelgraue, lockere, ungeschichtete, kalkige und zum Teil schwach tonige Masse, die aus feinkristallinen Körnchen oder aus Staub von kohlensaurem Kalk mit wechselndem Bitumengehalt besteht. Diese Asche wird zu Düngekalk verarbeitet.

Für das Gebiet der ebenen Marschen bedeutete die vor einigen Jahren gemachte Feststellung, daß das permische Gebirge in Eiderstedt schon wenige Meter unter der Oberfläche ansteht, eine geologische Überraschung. Im Jahre 1932 wurden bei einem Brunnenbau in O l d e n s w o r t - Osterende (22) zunächst rote Tone angeschnitten, die völlig denen von Lieth bei Elmshorn entsprechen. Alsbald hier angesetzte Tastbohrungen führten zu dem Ergebnis, daß dieser rote Ton an seiner höchsten Stelle in 11 m Tiefe beginnt, und daß seine Oberfläche allseitig starkes Gefälle hat. Überlagert wird er von Geröllen, unter denen Zechsteinkalke und Kreidegesteine in großen Mengen vorhanden sind. Es war also sicher, daß hier das permische Gebirge bis dicht an die Oberfläche heraufreicht. Um die Lagerungsverhältnisse näher festzustellen, wurden inzwischen mehrere Bohrungen, zum Teil bis über 1100 m Tiefe ausgeführt. Sie ergaben das Bild eines durch Gebirgsbewegungen und Salzaufstieg stark veränderten Untergrundes, an dem außer dem permischen Gebirge auch Schichten des Keupers und der Kreide sowie des Tertiärs beteiligt sind. Der Zechstein besteht aus Anhydrit, unter dem auch hier mächtiges Steinsalz lagert. Diese permischen Gesteine erstrecken sich als schmaler unterirdischer Gebirgszug auf viele Kilometer im Raume zwischen Tönning und Husum (23).

Seit langem bekannt war das alte Gebirge in der Gegend von Hemmingstedt in Dithmarschen. Hier bedeutete das in früheren Jahren ausgeführte 1664,5 m tiefe Bohrloch Jahrzehnte hindurch das tiefste in Schleswig-Holstein (24). Es war zur Erforschung des Erdöl- und Salzgebirges der Örtlichkeit „Hölle" angesetzt worden. In neuerer Zeit ist diese alte Tiefbohrung durch die benachbarte 3818 m tiefe Bohrung übertroffen worden, die derzeitig (1948) das tiefste Bohrloch Europas und das zweittiefste der Welt ist. In zahlreichen anderen Bohrungen wurde der Verbreitung des schon seit 1850 bei Hemmingstedt entdeckten Erdöls nachgegangen. Wir kommen damit auf einen nicht seltenen und wirtschaftlich so höchst wertvollen Begleiter des Salzes, das Erdöl, zu sprechen, das in unserem Lande nunmehr schon an verschiedenen Stellen nachgewiesen worden ist. Die Fragen, warum das Erdöl in manchen Ländern so reichlich, bei uns aber nur in engbegrenzten Bezirken gefunden wird, und woraus und auf welche Art es entstanden ist, erzeugt noch immer lebhafte Auseinandersetzungen in der geologischen Wissenschaft. Zweifellos ist sicher, daß das Erdöl ein Bitumen (d. h. ein natürlicher, vorwiegend aus Kohlenstoff und Wasserstoff zusammengesetzter brennbarer Stoff) ist, dessen Entstehung auf die Verwesung von Organismen zurückgeführt werden muß (25). Man darf sich die Sache vielleicht folgendermaßen vorstellen: Unter gewissen Umständen können die Fette sowohl der Fische und sonstigen großen Meerestiere, wie auch des allerfeinsten tierischen und pflanzlichen Planktons teilweise in Öl umgewandelt und im Meeresschlamm erhalten werden. An Korallenriffen des Roten Meeres sind solche Bildungen wirklich beobachtet worden. Ungeheure Mengen aus dem lebensreichen Ozean herbeigetriebener Organismen sind gerade in der heißen Salzpfanne unseres Zechsteinmeeres zugrunde gegangen und haben verschiedenen darin gebildeten Gesteinen, zum Beispiel den Stinkschiefern, Kalken, Dolomiten und Anhydriten flüssige und gasförmige Kohlenwasserstoffe beigemischt. Diese sind dann bei den späteren Gebirgsbewegungen aus ihrem ursprünglichen Muttergestein in poröse Nebengesteine und Gesteinsspalten gequetscht worden und haben dort im Raume ihrer höchsten Aufstiegsmöglichkeit Öl- und Gasansammlungen erzeugt, die durch Bohrungen erschlossen werden können.

Natürliches Erdöl ist eine braune Flüssigkeit, die durch fraktionierte Destillation in eine ganze Stufenfolge niedermolekularer und schwererer Kohlenwasserstoffe zerlegbar ist. Im allgemeinen überwiegen Methanöle der Paraffinreihe, doch kommen auch Naphthenöle vor. Andere organische Verbindungen sind nur in geringer

Menge vorhanden. Unter ihnen haben Abkömmlinge des Blattgrüns und des Blutfarbstoffes besonderes Interesse, da gerade sie darauf hinweisen, daß sowohl Tiere als auch Pflanzen an der Bildung des Erdöls beteiligt waren. Die von den unterirdischen Salzgebirgspfeilern ausgehende Sole scheint lösend und umbildend auf jüngere Faulschlammlager eingewirkt zu haben, wobei es zur Umwandlung des Faulschlamms in Ölschiefer kam. Derartige bituminöse Schiefer finden sich auch in jüngeren Formationen, zum Beispiel im Lias und in der Unteren Kreide (bituminöse Schiefer im Skitgatt bei Helgoland). Durch weitere unter Gebirgsdruck erfolgte Umwandlungen mag späterhin dann auch ein Teil unserer Erdölvorräte entstanden sein.

Der Zufall einer Brunnengrabung in der Mitte des vorigen Jahrhunderts ließ das Erdöl südlich Heide bereits in 7 m Tiefe entdecken. Hier kam es aufgespeichert als erdpechhaltige träge schwarze Masse im Sand vor.Die darauf zunächst veranlaßten Bohrungen und Schürfe ergaben, daß unter lockeren, mehr oder minder ölhaltigen Bodenarten in 30 bis 50 m Tiefe die Kreideformation beginnt. Die Kreide war bis zur Mächtigkeit von mehr als 30 m derart mit Erdöl getränkt, daß sie statt der weißen eine dunkelbraune Farbe zeigte. Der Erdölgehalt wurde damals auf 16,64% ermittelt (26). In großer Tiefe nimmt der Ölgehalt ab, ist aber noch bis 300 m Bohrtiefe deutlich erkennbar. Schon die alte Tiefbohrung hatte unter der Kreide bei 504 m das Zechsteingebirge erreicht, das bis zur Endtiefe von 1664,5 m aus Steinsalz, Gips und Haselgebirge besteht. In der großen Zahl der in neuerer Zeit ausgeführten Bohrungen, von denen mehrere ölfündig wurden, ist zudem Steinsalz des Zechsteins in großer Mächtigkeit nachgewiesen. Darunter aber lagert das (wohl infolge seiner Aufrichtung aus der Tiefe an dieser Stelle mehr als 3400 m mächtig scheinende) Haselgebirge der Rotliegendzeit. Der unterirdische Kreiderücken von Hemmingstedt-Heide mit seinem Salzgebirgskern erstreckt sich als engbegrenzte, steil abfallende Struktur auf mehr als 30 km Länge bis über die Eider hinaus. Könnte man ihn bloßlegen, so würde er einen Berg darstellen, der höher und kaum weniger steil als der Harz bei Goslar ist. Es müssen gewaltige Verbiegungen oder gar Brüche der Erdrinde sein, die diese Höhe begrenzen, und so ist es nicht zu verwundern, daß dort eine ansonsten ungewöhnliche Bildung, wie das Erdöl, auftritt. Dieses hat von Spalten aus die porösen Sand- und Kreideschichten durchtränkt.

In der Hölle bei Heide entstand in den sechziger Jahren des vorigen Jahrhunderts ein kleiner aber erfolgreicher Ölgewinnungsbetrieb, in dem man die Ölsande über der Kreide ausgrub und erhitzte. Die ersten Versuche, das Öl aus der Kreide selbst durch

Austropfenlassen in Zapflöchern zu gewinnen, mißlangen, weil es von der feinporigen Kreide wie von einem Schwamm festgehalten wurde. Als dann das billigere amerikanische Petroleum auf den deutschen Markt kam, ging der Betrieb ein. Auch die Bohrversuche zu Anfang dieses Jahrhunderts hatten ihm zunächst keine neue Lebenskraft einzuflößen vermocht, obwohl dabei wiederum einige tausend Faß produziert worden sind. Dann versuchte man es mit dem bergmännischen Abbau von einem Schacht aus. In neuester Zeit wurde der Betrieb in der Hölle bei Heide erheblich vergrößert, so daß sich die Öltürme und Förderpumpen nicht mehr auf den Geesthügel bei „Hölle" beschränken, sondern sich jetzt auch nach Westen und Südwesten bis weit in die Niederungen der Marsch hineinziehen*). Dieses unserer Landschaft so ungewöhnliche Bild zeigt ein Industriegelände, das infolge seiner mannigfaltigen Förderanlagen nun amerikanischen Verhältnissen ähnelt. Die hier angesetzten Mühen und Kosten haben sich wahrlich gelohnt! (s. a. S. 105)

Ganz neuer Auffindung auch ist das im Marschengebiet der Doven Elbe, im Gebiet bei Reitbrook erschlossene Erdölfeld. Bohrturm reiht sich hier an Bohrturm und Förderanlage. Auch hier ist das Erdöl aus tieferen Schichten aufgedrungen und lagert in Kreidegesteinen des Senons (27)*).

Mit dem Erdölfeld von Reitbrook möglicherweise im Zusammenhang stand auch die berühmte Gasquelle, die am 3. November 1910 aus der hamburgischen Wasserbohrung XV südlich Wulfshof in der Elbemarsch bei Neuengamme ausbrach, als man eine Tiefe von 247 m erreicht hatte (28). Das unter etwa 25 Atmosphären Druck ausströmende Gas, im wesentlichen Methan (Sumpfgas), war von schwacher Salzsole (1/5%) begleitet; es erfüllte anscheinend den First einer Aufwölbung von feinem, durch ein mächtiges Tonlager, vollkommen abgedichtetem Sand (Unteroligozän), in den es wohl auf Bruchspalten aus dem tieferen festen Gebirge gelangt war. Seit 1919 begann die Quelle allmählich zu versiegen, nachdem sie dem Hamburger Staat viele Millionen eingetragen hatte. Das Bohrloch mußte seitdem häufiger gereinigt werden; trotzdem traten immer von neuem Verstopfungen und Druckabnahmen ein, so daß sich seit 1928 die tägliche Gasförderung verminderte und schließlich zum Erliegen gekommen ist. Die neueren Aufschlußarbeiten an der Struktur des Erdölfeldes von Reitbrook haben allerdings nur ungewisse Zusammenhänge dieser Erdgasquelle mit den Erdölmantelschichten und den tiefer lagernden Mutter- bzw. Speichergesteinen des Erdöls dargetan.

---

*) Näheres vgl. in W. Schott: Erdöl und Erdölhöffigkeit in Schleswig-Holstein. — Z. Erdöl & Kohle 1, S. 221—231, Hamburg 1948.

2. DAS ERD-MITTELALTER.

Gegenüber den Ablagerungen des Erd-Altertums macht sich im Mittelalter der Erde eine wesentliche Zunahme der kalkigen Gesteine geltend, die von jetzt an eine Hauptrolle spielen. Anstelle der harten Tonschiefer kommen nunmehr weichere Schiefertone und Sandsteine zusammen mit Kalksteinen, Mergeln und Dolomiten in großer Verbreitung vor. Vulkanische Tätigkeit tritt dagegen zurück.

Im Hinblick auf die Tierwelt ist das Erd-Mittelalter durch das Erscheinen der ersten Säugetiere, Vögel und Knochenfische gekennzeichnet. Eine große Entwicklung erreichen Saurier, Tintenfische und die sechsgeteilten Korallen; die Pflanzenwelt wird von nun an vor allem durch die Laubhölzer bereichert.

a. DIE BUNTSANDSTEINZEIT

Wie im Hannöverschen, so liegt auch auf Helgoland der Beweis, daß die obersten Zechsteinablagerungen ohne merklichen Schichtwechsel in die Formation des Buntsandsteins überleiten. Altertum und Mittelalter der Erdgeschichte verknüpfen sich also auch in unserem Land. Zwischen beiden ist keine augenscheinliche Trennung. Es blieben vielmehr nach dem Schwinden des Zechsteinmeeres die klimatischen Verhältnisse zunächst noch bestehen, und der Charakter der Flora und Fauna änderte sich nur wenig und langsam. Norddeutschland blieb ein Steppenland mit Lagunen und Salztümpeln, vergleichbar etwa dem Innern des heutigen Kleinasiens oder des südlichen Algiers. Von Süden und Norden trugen die Flüsse roten, sandigen und tonigen Verwitterungsboden in ungeheuren Mengen von den kahlen, zerfurchten Gebirgshöhen herab, und in der heißen Jahreszeit trieben die Winde ihr Spiel mit dem Sande. So entstanden die gewaltigen Ablagerungen von Buntsandstein, die in Mitteldeutschland die jetzigen Gebirge des Sollings, des Spessarts und teilweise auch Thüringens zusammensetzen.

In unserer engeren Heimat kennt man den Buntsandstein bis jetzt nur von Helgoland (Abb. 3), wo er in seinem ganzen Profil neuerdings durch eine Tiefbohrung erschlossen wurde. Zweifellos aber ist er auch im Untergrund von Schleswig-Holstein selbst vorhanden und höchstwahrscheinlich sogar in derselben Gesteinsausbildung. Im Unteren Buntsandstein, der in der Hauptsache aus roten Tonsteinen besteht, sind dünne Feinsandlinsen eingeschaltet. In seinem obersten Teil enthält er sehr feinkörnige Rogensteine, d.h. Gesteinslagen, die aus lauter Kalkkügelchen von der Größe des Fischrogens zusammengesetzt sind. Der Untere Buntsandstein hat auf Helgoland eine Mächtigkeit von 290 m. Darüber lagert der 450 m mächtige Mittlere Buntsandstein, aus dem die sichtbaren Felsen von Helgoland bestehen. Diese Insel liegt etwa in der Mitte einer beulenartigen Aufwölbung (29) von Trias- und Kreidegesteinen, die im Südwesten durch einen großen Verwerfungsabbruch begrenzt ist und vom älteren Salzgebirge getragen wird. Eine Unmenge von Quer-, Längs- und Diagonalklüften durchziehen den Felsklotz als Folge der dehnenden Gesteinsbeanspruchung durch den wohl im Tertiär letztmalig bedeutsameren Aufwölbungsvorgang. Es entstanden Dehnungshorste und -gräben und somit im Verein mit der Meeresbrandung allmählich die reiche Küstenzergliederung, die je nach der Widerstandskraft der Gesteine verschiedenartig ist. Ursprünglich war es ein flachschildförmig gestalteter Berg inmitten einer wellenförmigen Landschaft. Als dann vor vier oder fünf Jahrtausenden die dem westlichen Schleswig-Holstein ähnliche Ebene infolge langsamer Senkung von der nahen Nordsee überflutet wurde, begann die Brandung das Felsgestade zu benagen und sein Gestein bis unter den Niedrigwasserspiegel fortzuschälen. So hatten wir denn nur noch einen steilwandigen Überrest vor Augen, der sich auf einer breiten Klippen-Schälplatte erhebt. Der Küstenrückgang war auf 5 Meter im Jahrhundert geschätzt; wenn nach diesem Maß die Insel ihrem natürlichen Ende auch noch sehr fern gewesen wäre, so hatte man sie doch durch gewaltige Mauern aus Granit und Basalt gegen den Brandungsfraß zu schirmen versucht, um so wenig wie möglich von ihrem wertvollen Boden einzubüßen. Die Folgen des verlorenen Krieges allerdings setzten diesen Hoffnungen ein jähes Ende: Helgoland mit seiner Düne wurde zerbombt — die Meeresbrandung hat wieder ungeschützt ihr altes Opfer!

Das Gestein ist ein milder, toniger Sandstein, dessen an der Westküste hervortretende tiefste Schichten nur von einigen Lagen weißen, festen Sandes („Katersand") durchzogen sind, während die oberen Schichten mit zahllosen Bänken von graugrünem, dolomitischen Mergelkalk abwechseln. Eigentümlich für ihn sind an manchen Stellen kleine Knoten von grünem Kupfererz (Malachit, Kieselkupfer) und zahlreiche, mit hübschen Kalkspatkristallen ausgekleidete Drusen (30). Bei verschiedenen Gelegenheiten hat man im Felsgestein des Unterlandes und Hafens auch Einlagerungen von Gips beobachtet. Der Obere Buntsandstein (das Röt) liegt ganz unter dem Meeresspiegel. Einige Anzeichen deuten sogar auf das Vorhandensein eines Rötsalzlagers hin (31). Die Mächtigkeit des Oberen Buntsandsteins wird auf 250 m geschätzt. Damit ist der Buntsandstein insgesamt etwa 1000 m mächtig. Diese starke Mächtigkeit zeigt an, daß das Gebiet von Helgoland und wohl auch des westlichen Schleswig-Holsteins noch immer im Bereich des seit dem

Rotliegenden her wirkenden großen Sedimentationstroges lag, wobei dieser Raum überwiegend Steppenlandschaft mit Salzpfannen und wandernden Dünen, zeitweilig aber auch vom Meere bedeckt war.

Wie in anderen Gebieten Mitteldeutschlands, so wurden auch auf Helgoland als Besonderheit Knochenfunde von Sauriern gemacht. Nachdem 1858 LUDWIG MEYN eine Saurierrippe gefunden hatte, entdeckte W. WOLFF 1910 in der Nähe der Südspitze der Insel im Gestein einer kleinen Klippe, des sogenannten Predigtstuhles, einen etwa 50 cm langen und 30 cm breiten Schädel, ähnlich dem eines Krokodiles. Der Unterkiefer fehlt leider; der Oberkiefer enthält ringsum eine Doppelreihe spitzer Zähne und außerdem vier starke Fangzähne. Das Tier, dem er angehörte, muß in Größe, Aussehen und Lebensweise einem kleineren Krokodil sehr ähnlich gewesen sein. Zu diesem als Capitosaurus helgolandiae (32) benannten Saurier kamen im Jahre 1931 weitere versteinerte Knochenfunde hinzu, die zu der Urechsengattung Mastodonsaurus gehören. Auch hierbei handelt es sich leider nur um mehrere Bruchstücke, die sich im abgestürzten Gesteinsschutt im Hintergrunde des Endabschnittes der Uferschutzmauer anfanden (33).

In der Südwestecke Eiderstedts, und zwar im Außendeichsvorland Süderhöft, waren schon wiederholt in früheren Jahrzehnten rote, tonige Sandsteine aufgesammelt worden, die als „Zechstein“ galten (34). Nachgrabungen führten zu der Feststellung, daß verschiedenartigste Buntsandsteinstücke, die so ziemlich alle mit den Helgoländer Buntsandsteinarten des oberen und unteren Systems übereinstimmen, und außerdem dünnplattige Sandsteine, die heute auf Helgoland unbekannt sind, in großer Menge etwa 2 m unter der Schlickoberfläche lagern (35). Es war also die Schlußfolgerung naheliegend, daß diese teilweise recht großen Buntsandsteingerölle bei Süderhöft von einem wohl weiter draußen in der See anstehenden Schelfrest herstammen (36), der noch im Alluvium der Nordseebrandung zugänglich war, wobei ein anderes „Helgoland“ zerstört wurde. Die neuerlichen erdphysikalischen Vermessungen gaben allerdings für das Bestehen irgendwelcher Strukturkörper harter Gesteine im südwestlichen Eiderstedt keine Anhaltspunkte. Man weiß deshalb nicht sicher, ob die Buntsandsteinfunde im Watt von Süderhöft wirklich aus dem benachbarten Untergrund stammen oder ob sie durch menschliche Hand vielleicht als Schiffsballast einmal dorthin verschleppt worden sind.

b. DIE MUSCHELKALKZEIT

Mit der zunehmenden Senkung des schon altangelegten Troges, in dessen Raum der Buntsandstein teils als Wüstenbildung, teils als Meeresablagerung zum Absatz kam, gewann das nunmehr vom Südosten her über Schlesien weit bis in den Nordseeraum vordringende Muschelkalkmeer die Oberhand. Das Verbreitungsgebiet des Muschelkalkes deckt sich in Deutschland deshalb nahezu mit dem des Buntsandsteins. Als stark abgeflachte Inseln überragten Teile des Rheinischen Schiefergebirges, der Vogesen sowie des Schwarzwaldes dieses Meer. Die Ablagerungsfolge des Muschelkalkmeeres besteht im unteren und oberen Teil aus hellgrauen, dünngeschichteten Kalksteinen mit dazwischengelagerten grünlichgrauen Mergeln, im mittleren Teil aus gips- und salzführenden Mergeln und Dolomiten. Bisher waren Ablagerungen in unserer Nachbarschaft nur von den Klippengebieten Helgolands und von der Lüneburger Gebirgsinsel her bekannt. Durch neue Erdölschürfbohrungen jedoch wurde der Muschelkalk nunmehr auch im Untergrund Schleswig-Holsteins an verschiedenen Stellen nachgewiesen, und zwar bei Segeberg, Westerhever im nordwestlichen Eiderstedt und bei Mildstedt südöstlich Husum. Dieser letzte Fundpunkt ist derzeitig der nördlichste. Eine Dreiteilung ist auch bei uns möglich, und die Gesteinsausbildung entspricht der aus den nördlichen Teilen des deutschen Mittelgebirges bekannten.

Der Untere Muschelkalk ist in unserem Lande als nur 5 m mächtige flaserige Wechsellagerung von grünlichgrauen bis hellgrauen Mergelstein- und Kalksteinlagen ausgebildet. Es ist der Wellenkalk, der in einem Flachmeer abgesetzt wurde. In ihm finden sich häufig zu Stein gewordene Wellenfurchen. Auf Helgoland beträgt seine Mächtigkeit etwa 100 m. Hier kommt der Muschelkalk im Osten und Nordosten der Insel in einiger Entfernung unter einem Teil der „Düne" vor, auf der man von der Brandung aufgeworfene Muschelkalkstücke finden kann. Das etwa 2 km von der Insel entfernte Witte Kliff soll früher „ebenso hoch wie heute die Insel" aufgeragt haben. Seine letzten Reste wurden 1711 von einer Sturmflut zerstört. Schon in vorgeschichtlicher Zeit wurde dort Gips und Kalk gebrochen, und die späterhin durch Hamburger Kaufherren vorgenommene Ausbeutung, die vom 15. Jahrhundert an lebhafter einsetzte, wird zur raschen Zerstörung dieser Klippe nicht unerheblich beigetragen haben. Bei Helgoland ist der gesamte Muschelkalk, nun von der Flut bedeckt, vertreten. Der Mittlere Muschelkalk ist im Untergrunde Schleswig-Holsteins als Anhydritgruppe mit einer unregelmäßigen schlierigen Wechsellagerung von grauem und bräunlichem Dolomit, Anhydrit sowie dolomitisch-anhydritischem Tonstein ausgebildet. In ihm kommt ein nicht ganz

30 m mächtiges Salzlager vor, das aus wasserklarem Steinsalz besteht; zum Teil wird es von eingeschaltetem grauem dolomitisch-anhydritischem Tonstein durchzogen. Außerdem kommen, wie auch in Helgoland und Lüneburg, rote Kalkgesteine vor, die als Anzeichen einer Verlandung zu deuten sind. Der Mittlere Muschelkalk hat in Schleswig-Holstein eine Mächtigkeit von 90 m. Im Lüneburger Gebiet sind an seiner Zusammensetzung etwa 60 m Gips beteiligt. Der Obere Muschelkalk besteht aus einer bis 50 m mächtigen Wechsellagerung von grauen Tonmergelsteinen mit feinkörnigen, zum Teil kristallinen und Glaukonit (grünes Eisensilikat) enthaltenden Kalksteinen, die gelegentlich rosafarbene Anhydritknollen führen. In dünnen Schlieren finden sich Feinsandlagen, die neben deutlichen Wellenfurchen Versteinerungen von Meeresmuscheln, Gehörknochen und anderen Resten von Fischen sowie Einschaltungen aus Knochenbruchstücken zusammengesetzter Schichten enthalten. Im obersten Teil wurde bei Segeberg ein versteinerter Tintenfisch-Ammonit (Ceratites sp.) gefunden. Der sogenannte Trochitenkalk des Oberen Muschelkalkes, der in Mitteldeutschland zahllose versteinerte Stielglieder von Seelilien enthält, fehlt in Schleswig-Holstein; er tritt erst südlich der Elbe auf.

Die F a u n a des Muschelkalkes ist artenarm, jedoch außerordentlich zahlreich. Sie trägt die Grundzüge einer verkümmerten Binnenmeerfauna, vergleichbar derjenigen der Ostsee oder des Schwarzen Meeres. Neben Zweischalern und Brachiopoden, welche die Gesteinsschichten oft ganz erfüllen, setzt sich die Fauna vor allem aus einigen Schnecken und massenhaft auftretenden Seelilien zusammen. Seeigel, Korallen und Schwämme, wie auch die Tintenfischarten, die freieres, normal beschaffenes Wasser lieben, sind nur spärlich vertreten. Jedoch kommen, besonders im Helgoländer Muschelkalk, nicht selten braune Knochenstücke von den kleinen Sauriern vor, die in jenem Meere auf Beute ausgingen. Überwiegend werden von ihnen Wirbel und Rippenstücke, vereinzelt auch Zähne, gefunden. Mit dunklen Pflasterzähnen ausgestattete Meerdrachen (Placodus) lebten in den seichten Meeresgründen und hatten es vor allem auf die üppigen Muschelrasen abgesehen; im tieferen Wasser stellten die bis 3 m langen, mit vielen spitzen Zähnen ausgerüsteten Notosaurus-Echsen den Fischen und Kopffüßern nach.

Zu Beginn des Muschelkalkmeeres bestand noch eine deutliche Verbindung mit dem offenen Ozean; zur Zeit des Mittleren Muschelkalkes jedoch hat diese Verbindung derart nachgelassen, daß es erneut zur Ausscheidung von Salzen kam. Das Fehlen des an Küstennähe und Bodenschwelle gebundenen Trochitenkalkes deutet allerdings darauf hin, daß Schleswig-Holstein zur Zeit des Oberen Muschelkalkes wohl inmitten eines wieder von offenem Meere erfüllten Beckens gelegen hat.

c. DIE KEUPERZEIT

In Schleswig-Holstein waren Ablagerungen des Keupers bis vor kurzem unbekannt. Nur bei Lüneburg waren schon früher gewisse Schichten des Keupers nachgewiesen worden. In Mittel- und Süddeutschland, vor allem in Franken und Schwaben, aber auch in Elsaß-Lothringen hat der Keuper seine oberflächenhafte Hauptverbreitung. Außerdem war Keuper vom Südende Schwedens, auf Schonen, bekannt. Bei den zahlreichen tiefen Aufschlußbohrungen wurde der Keuper nun auch verhältnismäßig häufig im Untergrund Schleswig-Holsteins angetroffen, so bei Westerhever, Tönning, Mildstedt, Flemhude, Marne, Krempe und anderen Orten, und es zeigte sich, daß er in seiner Ausbildung im allgemeinen völlig dem Keuper Mitteldeutschlands gleicht. Wiederum ist eine deutliche Dreiteilung vorhanden. Nach Bohraufschlüssen im nordwestlichen Eiderstedt besteht der Untere Keuper aus einer 75 m mächtigen Gesteinsfolge vorwiegend bunter Tonsteine, die Anhydritknollen enthalten und teilweise dolomitisch sind. In einigen Tonsteinen sind Bänke von Dolomit und graue, feinkörnige Sandsteine eingeschaltet, in denen gelegentlich verkohlte Pflanzenreste vorkommen. Es handelt sich um Vertreter der sogenannten Lettenkohle, die eine ausgesprochene Festlandsbildung unter zunächst feuchtem Klima darstellt. Reine Meeresablagerungen finden sich im Keuper nur in dessen unterer (Grenzdolomit) und oberer (Rät) Abteilung. Die Hauptmasse der Keuperschichten besteht aber aus festländischen Ablagerungen, die teils durch Flüsse, teils durch Sümpfe und brackige Seen gebildet wurden. Der Kampf des Meeres mit dem Festlande prägt sich nur in der übrigen Schichtenfolge, jedoch allenthalben, deutlich aus. Dies hängt damit zusammen, daß sich das Meer des Muschelkalkes weit zurückzog, wodurch große Gebiete seines Bodens trocken gelegt und in Sumpfniederungen und Salzwasserlagunen verwandelt wurden. Das Vorkommen großer Amphibien steht damit in Zusammenklang. Erst während der Rätzeit gewinnt das Meer neuen und nun lange Zeit fortdauernden Einfluß in unserem Gebiet.

Der Mittlere Keuper, der wegen seiner Beschaffenheit in Mitteldeutschland auch Gipskeuper genannt wird, beginnt mit bunten, oft dolomitischen Tonsteinen und Anhydritlagen. Darüber folgen sehr wechselreiche Schichten von Sandsteinbänken und Tonsteinen, die etwa 65 m mächtig sind. Hierin finden sich Fischschuppen und vereinzelte Muschelreste. In braunroten Tonsteinen kommen im nördlicheren Teil klare Steinsalzkristalle vor, wodurch die Ausbildung dieser Schichtenfolge teilweise dem Haselgebirge des Rotliegenden sehr ähnlich wird. Im südlichen Holstein war wohl als Rest aus der vorangegangenen Zeit ein salziger Binnensee verblieben, denn hier finden sich bei Marne und Krempe in der Tiefe S t e i n -

salzvorkommen, die jenseits der Elbe bei Krummendeich 200 m Mächtigkeit erreichen. Für den Mittleren Keuper muß man in unserem Lande mit einer Mächtigkeit von mehr als 400 m rechnen.

Der Obere Keuper, das Rät, ist bis jetzt nur südwestlich Lübeck in einer Tiefbohrung bei Bliestorf nachgewiesen worden. Er hat mit seiner wechselreichen Schichtenfolge hier eine Mächtigkeit von mehr als 46 m. Die darin vorkommenden schwarzgrauen schieferigen Tonsteine mit einer Salzwasserfauna bezeugen, daß im Oberen Keuper das Meer bis in unser Land von neuem eingebrochen war. Während der Keuperzeit, wie überhaupt während der ganzen Trias, war Schleswig-Holstein ein Ablagerungsgebiet geblieben. Es lassen sich sogar Zonen besonders starker Einschwemmung erkennen. Somit hat sich der alte Unterelbetrog aus der Rotliegendzeit auch noch während der Triasformation weiter und entscheidend bei uns ausgewirkt.

d. DIE LIASZEIT

Gegenüber der Triaszeit, die fast lückenlose Schichten aus der Buntsandstein-, Muschelkalk- und Keuperperiode in Schleswig-Holstein hinterlassen hat, war die Jurazeit hinsichtlich ihrer Schichtenanhäufung bei uns lückenhaft, so daß aus dem Lias, Dogger und Malm, den drei Formationsabschnitten der Jurazeit, nur wenige Gesteinshorizonte vorhanden sind. Über die Einzelheiten haben wiederum die tiefen Bohrungen Klarheit geschaffen. Es zeigte sich, daß südlich von Skandinavien zur Zeit des Lias-Meeres ein nordisches Festland gelegen hat, das Abschwemmungsmaterial in größerer Menge lieferte. So weist vor allem ein in der Tiefbohrung Bliestorf angetroffener teilweise sandiger Tonstein auf küstennahe Verhältnisse hin. Ein weiteres, allerdings kleineres Festland, das wohl als größere Insel aus dem Lias-Meer herausragte, hat im Bereiche von Belgien—Südost-England gelegen. An der Oberfläche finden sich im östlichen Stormarn und den angrenzenden Teilen von Lauenburg, genauer gesagt in dem Landstrich zwischen Sülfeld—Ahrensburg und Nusse, auffallend viele Juragesteine, die durch das nordische, und zwar das letzte Inlandeis dorthin gebracht worden sind. Diese ausgebreiteten Funde in einem bestimmten Landstrich, die man schon seit mehr als 75 Jahren kennt, hätten zu der Vermutung geführt, daß die Juraformation in der dortigen Gegend nicht allzu tief anstünde. Es handelt sich vor allem um Geschiebe, die aus eisenkarbonatischen Sandsteinen und Eisenoolithen, hellgrauen, festen Kalksandsteinen, Mergelkalken und Tonen der drei jüngeren Abteilungen der Liasformation bestehen. Dabei haben die unverwitterten Erzgeschiebe einen Gehalt von 33 bis 35 % Eisen (37). Es wurden daraufhin unlängst im Gebiete von Nusse—Bliestorf verschiedene erdphysikalische Untersuchungen und auch Tiefbohrungen durchgeführt. Diese Forschungen hatten zum Ergebnis, daß die als Geschiebe gefundenen Jura-gesteine nicht bei uns anstehend vorhanden sind, sondern daß sie irgendwo weiter im Osten außerhalb unseres Landes, wohl im Untergrund der Ostsee, ihre Heimat haben und erst im Diluvium vermischt mit dem übrigen Gletscherschutt in unsere Gegend gerieten.

Für den Geschiebesammler bilden aber die in der Ahrensburger Umgebung angehäuften Juragesteine eine wahre Fundgrube, denn sie bergen eine Fülle besonders gut erhaltener Versteinerungen. Vorwiegend sind es Geschiebe des höheren Lias. Es kommen sowohl eisenkarbonatische Sandsteine, sandige Mergelkalke, Kalksandsteine und Tone als auch schaumig-poröse Eisenoolithe vor. Zum Teil sind in diesen Geschieben prächtige Reste damaliger Lebewesen eingeschlossen (siehe Tabelle 6). Außer eingeschwemmten Stücken finden sich vielartige Muscheln, Schnecken und Kopffüßer sowie Knochen von Schmelzschuppenfischen, Haien und Sauriern. Oftmals umschließen die kugeligen Geschiebe wundervoll zarte Gehäuse mit perlmutterglänzender Oberfläche.

e. DIE DOGGER- UND MALMZEIT

Gesteine dieser beiden Formationen der Jurazeit, die als Dogger bzw. Braunjura und Malm oder Weißjura bezeichnet werden, sind in Schleswig-Holstein bis jetzt nicht bekannt. Ihre Ablagerungen finden sich erst weiter im Süden. In unserem Gebiet machte sich zu diesen Zeiten das nordische Massiv, das schon während des Devons in unserem Raume eine besondere Bedeutung hatte und dessen Vorhandensein auch während des Lias durch die Tiefbohrung von Bliestorf festgestellt werden konnte, geltend und stieg nunmehr aus dem Meere von neuem empor, um dabei weiter südwärts auch auf Schleswig-Holstein überzugreifen. Das Aufsteigen dieser L a n d - s ch w e l l e geschah auf eine Weise, durch die Schleswig-Holstein zu einem Gebiet wurde, in dem nun ein ständiger Kampf zwischen Land und Meer stattfand, so daß Zerstörung und Aufschüttung häufig wechselten. Während dieses Kampfes hatte jedoch eine kurzfristige größere Meeresüberflutung deshalb Bedeutung, weil sich durch sie im Bereiche der dänischen Inseln offenbar erstmalig die Dänische Bucht herausbildete. Danach aber, und zwar im höheren Weißjura, ist ganz Schleswig-Holstein zweifellos wieder Land gewesen. Dieses Land gehörte zu der großen Schwelle, die die Meeresteile Nordwest- und Nordostdeutschlands wiederholt in der Erdgeschichte trennte (38).

Auf dieser Schwelle fand während der jüngeren Jurazeit eine allgemein starke Verwitterung und Abtragung durch Flüsse statt. Der Boden in unserem Raume wurde durch eine starke Gebirgsbewegung, die sich in mehreren unterschiedlichen Vorgängen vollzog, lebhaft in Anspruch genommen. Vor allem führte diese Gebirgsbildung dazu, daß die Salzlager des Haselgebirges und des Zechsteins nun in Bewegung gerieten und dadurch ein erster Aufstieg der Salzmassen erfolgte. Bis in die Abtragungszone der damaligen Erdoberfläche ging dieser Salzaufstieg, so daß ein Teil der leicht löslichen Salzmassen alsbald der Verwitterung und Abtragung wieder zum Opfer fiel. Die Zeiten des Doggers und Malms hatten also für den Raum von Schleswig-Holstein gegenüber früheren Zuständen eine wesentliche Änderung verursacht.

f. DIE UNTERKREIDEZEIT

Die letzte unter den in unserem Lande so selten sichtbaren Formationen aus dem Mittelalter der Erdgeschichte ist die Kreideformation. Sie ist in ganz verschiedenen Mächtigkeiten zwischen 45 bis 1000 m und in sehr wechselnden Tiefenlagen durch Bohrungen erfaßt worden; stellenweise auch steht sie nahe der Oberfläche in Aufschlüssen an. So kennt man die Kreideschichten seit langer Zeit am vollständigsten von Helgoland, am schönsten aber bei Lägerdorf südöstlich von Itzehoe. Ihren Namen hat sie von ihrem reinsten und großartigsten Gebilde, der weißen Schreibkreide. Diese ist aber keineswegs die einzige Ablagerung aus der Kreidezeit (Vgl. Anhang V). Auf Helgoland finden sich als älteste Schichten der Kreideformation dunkelgrünlichgraue Tonmergelsteine auf dem Muschelkalk. Es sind das Schichten des Neocoms, in denen der Ammonit Lyticoceras noricum gefunden wird. Außerdem sind dort neben bunten Tonmergelsteinen dunkelgraue, feingeschichtete und bituminöse Mergelschiefer, sogenannte Fischschiefer (der „Töck" von Helgoland) und weißgraue sowie orangerote bis gelbliche Mergelkalke des Gaults vorhanden. In diesen Gesteinen, die hier nur etwa 50 m mächtig sind, sind allerhand versteinerte Muscheln, Ammoniten, wie Hoplitides weissi, Belemniten („Donnerkeile"), d. h. die versteint erhalten gebliebenen, fingerförmigen spitzen Enden des Schulps von Tintenfischen der Gattung Neohibolites, Fische und verkohlte Holzreste gesammelt worden. Die Holzreste muß man sich als fossiles Treibholz vorstellen, das damals im Schlamm des Kreidemeeres eingebettet wurde. Im südlichen Hannover war zu jener Zeit nämlich Land, und aus Urwaldsümpfen bildeten sich dort Torfschichten, die nunmehr als abbauwürdige Steinkohlenflöze im Deister und Osterwald lagern. Aus jener Gegend mag daher das Treibholz gekommen sein. Die erwähnten Schichten auf Helgoland schließen sich an der Nordseite der Düne unmittelbar an die Weiße Klippe an und nehmen den flachen Meeresboden des sogenannten Skitgatts zwischen dieser Klippe und den aus weißer Kreide bestehenden Seehundsklippen ein. Sie wurden auch bei den Buhnenbauten unter einem Teil der Düne gefunden. Alle diese Schichten sind durchweg nur unter Wasser zugänglich.

In den Schichten der untersten Kreide kommen verschiedentlich auch rogensteinartige (oolithische) Eisenerzlager in stark wechselnder Mächtigkeit vor. Sie finden sich besonders im Gebiet der Unterelbe, aber auch noch hinauf bis in den Bereich von Husum und Eckernförde (33). Außer diesen oolithischen Eisenerzen, bei denen sich die Eisenverbindungen als Eisenspat oder Limonit in vielschichtigen, dünnen Kugelhäutchen um einzelne Sandkörner geballt haben, die also auf chemischem Wege entstanden sind, ist es auch zur Zusammenschwemmung von aus der Jurazeit herstammenden, nun zertrümmerten Erzen in unserem Gebiet, z. B. bei Eisendorf, gekommen. (Die bekanntesten Eisenerze aus der Unterkreidezeit sind in der weiteren Umgebung von Salzgitter in Braunschweig, deren Vorräte auf wahrscheinlich 1700 Millionen Tonnen geschätzt wurden, und die somit zu den bedeutendsten Erzlagerstätten der Welt gehören.) Die oolithische Erscheinungsform der Erze findet sich vielfach im Grenzgebiet von Sand und Ton. Es scheint, als ob größere Eisenerzmengen an ehemalige flache Meeresbuchten geknüpft sind. Die chemischen, oolithischen Eisenerzausscheidungen sammeln sich in größerer Entfernung vom Strand, die Trümmererze hingegen in unmittelbarer Nähe der Küste. Innerhalb der Erdgeschichte läßt sich wiederholt feststellen, daß die oolithischen Eisenerzbildungen offenbar an die Zeiten der großen Meeresüberflutungen gebunden sind, während die Auskristallisation der Salzlager mit dem Rückzug des jeweiligen Meeres und besonders warmen Klimaverhältnissen in Verbindung stand. Der Zusammenschwemmung und der chemischen Ausfällung von Eisensilikat und Eisenoxydkolloiden ist in den meisten Fällen auf dem benachbarten Festlande und den Inseln eine starke Verwitterung vorausgegangen, so daß die Erztrümmer durch Flüsse zum Meer befördert und hier angereichert wurden. Die chemische Ausscheidung der Ooidkörnchen hängt von der Salzkonzentration des Meereswassers und der Zuführung von Humusverbindungen vom Ufer her ab. Nur wo derartige geographisch und klimatisch bedingte Zustände genügende Zeit hindurch geherrscht haben, finden sich während der erdgeschichtlichen Entwicklung größere Eisenerzausscheidungen. Die in der Gegenwart entstehenden Eisenoolithe sind daher am ehesten in den Randgebieten des klimatischen Trockengürtels zu erwarten.

Das Unterkreide-Meer drang ähnlich wie früher das Lias-Meer aus westlicher Richtung über unser Gebiet ein und wanderte ganz allmählich weiter nach Osten. Zunächst reichte dieses Meer wohl nur bis in die Gegend der Unterelbe und griff dann weiter bis Hamburg hinauf vor. Erst im oberen Teil der Unterkreide wurde ganz Schleswig-Holstein vom Meere bedeckt, wodurch die alte Landschwelle aus der Weißjurazeit nun wieder untertauchte. Gleichzeitig, wie sich einwandfrei aus den Bohrprofilen ermitteln ließ, fand eine neuerliche, 2. Aufpressung der alten Salzmassen statt. Es scheint, als ob infolge dieser Hochbewegung im Raume des Unterkreide-Meeres Untiefen verblieben, die immerhin so hoch herausgehoben waren, daß sie erst während der jüngeren Abschnitte der Unterkreidezeit vom Meer überspült und mit Ablagerungen überkleidet werden konnten. Dadurch erklären sich die gelegentlichen lückenhaften Schichtenfolgen im Raume der ansonsten vollständigen Unterkreide des westlichen Schleswig-Holsteins.

g. DIE OBERKREIDEZEIT

Ob die gesamte Oberkreide im Raume Schleswig-Holsteins zur Ablagerung gelangt ist, ist noch unbekannt. Ihr Hauptkennzeichen ist die Erscheinungsform der weißen Schreibkreide. Diese oft reinweiße Kreide ist ein sehr feiner Meeres-Kalkschlamm, der überall im nordeuropäischen Kreide-Meer, von Ostpreußen bis nach England und von Schonen bis nach Südhannover, angehäuft wurde, während der damalige Strand sandig war (Sandstein am Harzrande bei Blankenburg, Elbsandsteingebirge). Dabei kennen wir Mächtigkeiten der reinen Schreibkreide bis zu 550 m, worunter noch (als untere Abteilung der Oberkreidezeit) kalkige und mergelige Schichten bis zu 1200 m Mächtigkeit folgen.

In den Schichten der oberen Kreide stecken zahlreiche, wundervoll zart erhaltene Versteinerungen von Meerestieren (40). Neben austernartigen Muscheln (Gryphaea vesicularis, Inoceramus-Arten) findet man Armfüßer (Terebratula carnea), Seeigel (Cidaris, Ananchytes, Micraster, Galerites usw.), Korallen, Bryozoen (verwandt mit dem „Seemoos" unserer Nordsee) und Schwämme in den mannigfaltigsten Formen. Besonders massenhaft kommen die fingerförmigen, sehr harten und spitzen Belemniten vor, die im Volksmunde „Donnerkeile" genannt werden. Sie sind ein tierischer Skelettbestandteil, nämlich verhärtete, spitze Enden des Schulps von vorweltlichen Tintenfischen. Natürlich fehlen auch Überreste von echten Fischen nicht, soweit solche erhaltungsfähig waren (Wirbel, Gehörsteine, Zähne, Schuppen), und als Seltenheit sind in Lägerdorf auch Skelettstücke jener großen Meerechsen (Saurier — Mosasaurus) gefunden, die als letzte Nachkommen der Ungeheuer der Jurazeit das Kreide-Meer unsicher machten.

Prüft man ein Stück Kreide unter dem Mikroskop, so erblickt man neben chemisch entstandenen Körnchen eine Menge zierlicher Kalkschälchen von Infusorien ähnlicher Art, wie sie auch in den heutigen Meeren umherschwimmen (Globigerinen usw.); die poröse, erdige Beschaffenheit der Kreide beruht darauf, daß sie kein aus Kristallkörperchen gebildeter Kalkstein ist, sondern vielmehr ein feiner kalkiger Schlamm-Niederschlag, vermischt mit Infusorienschälchen, winzigen Schwammnadeln und Schwammteilchen.

Ganz rein ist die Kreide nicht. Neben einer stärkeren oder geringeren Beimischung von Tonteilchen enthält sie auch Kieselsubstanz, Schwefeleisen und andere Verunreinigungen. Die Kieselsubstanz tritt uns in Gestalt von Flint (Feuerstein) in ganz erheblichen Mengen entgegen. Besonders schön kann man das an den Wänden der Kreidegruben zu Lägerdorf (Abb. 4) betrachten. Die blendend weißen Wände sind in ungefähr Halbmeter-Abständen von lagenweise aneinander gereihten dunklen Flintsteinen durchzogen, die der schwachen Schichtenneigung einen deutlichen Ausdruck geben. Flintsteine haben oft die abenteuerlichsten knollen- und wurzelähnlichen Formen. Sie enthalten auch manchmal Hohlräume, deren Wandungen mit glitzernden kleinen Kieselkristallen (Quarz) bekleidet sind, haben aber selbst nicht ein kristallenes, sondern ein dichtes Gefüge. Unzweifelhaft sind sie aus gallertartiger, allmählich eingetrockneter Kieselerde hervorgegangen, welche durch Auflösung organischer Kieselsäure-Skelette der Schwämme entstand, und die sich zugleich mit dem frischen Kreideschlamm am Meeresgrunde, aber unter gleichzeitiger Fortlösung des Kalkes um abgestorbene Seeigel und andere Bodenkörper lagerte. Deshalb schließt der Feuerstein viele, äußerst zarte tierische Skelettbestandteile ein, darunter auch solche aus Hornsubstanz, die sonst verwest und nicht erhalten geblieben wären. Die Formen und die tierischen Einschlüsse des Feuersteins haben in der Wissenschaft lebhafte Erörterungen verursacht, die jetzt dahin gipfeln (40a), daß die Mehrzahl der Feuersteine wohl nahezu gleichzeitig mit der Ablagerung des Kreideschlammes durch frühdiagenetische Verkieselungen der am Meeresboden angesammelten Kieselgallerte entstanden. Hierauf weist jedenfalls der Erhaltungszustand der meisten Versteinerungen hin. Seltener finden sich Flintknollen mit Fossilien, die auf nachträgliche (spätdiagenetische) Verkieselungserscheinungen schließen lassen. In gewissen Kreideschichten, z. B. in der obersten Kreide bei Kronsmoor fehlen übrigens die Flintknollen und man glaubte deshalb, daß die Feuersteinbildung oftmals ein erst in landfester Zeit später eingetretener Verwitterungs- und Stoffumlagerungs-Vorgang gewesen sei, bis man neuerdings erkannte, daß die bei Kronsmoor anstehenden Schichten einer ein wenig jüngeren Stufe der Kreideformation angehören, die nicht so viele Flintlagen wie die bei Lägerdorf führt. Auf ähnliche Weise wie die Feuersteine scheinen auch die im Innern strahlenförmig beschaffenen Knollen und Kugeln von Schwefelkies, die außer in der Kreide auch in tertiären Tonablagerungen häufig vorkommen, durch chemische Vereinigung der im frischen Meeresschlamm fein verteilten Schwefeleisensubstanz entstanden zu sein.

Zum Ende der Schreibkreidezeit zog sich das Meer über unser Gebiet hinweg nach Norden zurück. Dies wird durch eine Sonderausbildung der Kreide angezeigt, die reich an Grünsand ist und sich vor allem im Süden außerhalb unseres Gebietes, besonders in der Umgebung von Reitbrook einstellt. Das Meer lag nun in der Umgebung der dänischen Inseln, wo die biogene Kalkschlammfazies der Schreibkreidezeit noch fortdauerte und bis in die dänische Stufe (das „Dan") hinauf reichte. Somit dürfte nach dem Rückzug des Schreibkreide-Meeres Schleswig-Holstein für eine Zeitlang wieder Land gewesen sein. Feuersteine, die das später eindringende Meer der ältesten Tertiärzeit (Paläozän) aus der Kreide ausgespült und mit einer grünen Rinde umkleidet hat, weisen auf diesen Wechsel der Dinge hin. — Es mag erwähnt werden, daß zu dieser Zeit einzelne Salzstöcke unseres Gebietes abermals eine, allerdings geringere, Aufwärtsbewegung durchgemacht zu haben scheinen.

Wie in Dänemark, so bildet auch in Schleswig-Holstein die Kreide nun in gewisser Tiefe fast überall den festen Sockel des Landes. Nur an einzelnen Stellen, und zwar dort, wo das ältere Gebirge in Form der Strukturen nahe bis an die Oberfläche dringt, fehlt sie. Aber die Tiefe, in der sie erreicht wird, ist sehr wechselvoll. Man kennt sie zutage anstehend, wie erwähnt, nur bei Helgoland, Lägerdorf und Kronsmoor, tiefer anstehend aus zahlreichen Bohrungen (40b), jedoch fast aus dem ganzen Lande. Bei Osterby in den Hüttener Bergen, etwa 8 km westlich von Eckernförde, wurde vor Jahren von einer Kieler Tiefbaufirma ein Schacht niedergebracht, dessen Zweck die Gewinnung von Kreide als Düngekalk und Rohstoff für technische Erzeugnisse war. Schon bald aber wurde dieses Unternehmen deshalb aufgegeben, weil der Schacht durch unfachmännischen Ausbau im Grundwasser ersoff, so daß nur wenige Kubikmeter Kreide bei der Schachtanlage aus dem Untergrund entnommen wurden. Die Schichten, die auch hier zu oberst aus Schreibkreide bestehen, enthalten vielerlei Versteinerungen (41). Bereits wenige Meter unter der diluvialen Oberfläche beginnen diese Kreidegesteine. Tiefbohrungen haben sie hier in der Mächtigkeit von über 500 m nachgewiesen.

3. DIE ERD-NEUZEIT

Durch das Zurückweichen des großen weltweiten Meeres der Oberkreidezeit und die damit verbundene Landwerdung weiter Gebiete, auch unserer engeren Heimat, fand das Erd-Mittelalter sein Ende. Mit deutlichem Schnitt wurde die Erd-Neuzeit eingeleitet, die sich nach ihren Wesenszügen in drei verschieden lange und klar umgrenzbare Zeitalter aufspaltet, nämlich in die Tertiärzeit, das Eiszeitalter (Diluvium) und die Nacheiszeit (Alluvium). Unter diesen war das Diluvium eine Periode gewaltiger klimatischer Veränderungen inmitten einer fast unabsehbar langen stetigen Fortentwicklung aller Dinge auf Erden. Schon am Ende der Tertiärzeit waren im Tier- und Pflanzenleben und auch im geographischen Weltbild viele der gegenwärtigen Zustände erreicht, allerdings mit der Einschränkung, daß der Mensch noch keinen bestimmenden Einfluß gewonnen hatte. Da trat vor etwa 1 Million Jahren die große Störung ein, die uns die nordische Vergletscherung mit all ihren Folgen ins Land führte. Die verhältnismäßig kurze Zeitspanne, kaum zwanzig Jahrtausende, die seit ihrem Ende in unserer Heimat vergangen ist, brachte auf dem neu bereiteten Boden zunächst eine Wiederkehr mancher spättertiärer Zustände und dann den ungeheuren Aufschwung des Menschentums über das ganze Naturleben.

Die neuzeitliche Formationsgruppe setzt sich im allgemeinen mit deutlicher Schärfe von den Kreideschichten ab. Während die vorangegangenen Zeitabschnitte hauptsächlich bereits verfestigte Gesteine bilden, bestehen die Sedimente der Erd-Neuzeit überwiegend aus lockeren und wenig verfestigten Bodenarten. Nur im älteren Tertiär finden sich in manchen Gegenden einzelne harte Ablagerungen. Im übrigen aber sind es zumeist mürbe Kalke, Mergeltone, fette schwärzliche Tone, Sande und Kiesschichten mit eingeschalteten organogenen Ablagerungen, wie zum Beispiel den Braunkohlen, nach denen die Tertiärformation auch als Braunkohlenzeitalter benannt wird. Die Neuzeit ist gegenüber den vorangegangenen großen Formationen eine Epoche, die durch die vielfach wechselnden Vorgänge zwischen Land und Meer eine Fülle von verschiedensten Ablagerungen hinterlassen hat. Hand in Hand damit entstanden gewaltige Faltengebirge unter Rißbildungen der Erdkruste, die den Ausbruch großer Massen von Eruptivgesteinen und deren Tuffen verursachten. Eigentliche Tiefseebildungen wurden kaum abgelagert. Die Meeresschichten der Neuzeit sind vielmehr ganz überwiegend in Flachmeeren zum Absatz gekommen, oder sie stellen Strandbildungen dar. Auf dem Festlande spielen See- und Flußablagerungen, auch ansehnliche Windstaub- und Gletscherschuttanhäufungen im Gegensatz zu früher nunmehr eine ganz wesentliche Rolle. Dabei hat im Laufe der langen Zeiträume der neuzeitlichen Erdgeschichte das Klima der einzelnen Gegenden außerordentlich gewechselt. Im ganzen aber läßt sich feststellen, daß seit dem Jungtertiär eine fortgesetzte Wärmeabnahme stattfand, die schließlich mit dem Beginn der Diluvialzeit zur Vereisung großer Teile der nördlichen Erdoberfläche führte.

Die starken klimatischen Veränderungen, die Gebirgsbewegungungen und das dauernde Ringen zwischen Land und Meer brachten es mit sich, daß sich die Tier- und Pflanzenwelt in der Tertiärzeit ganz erheblich änderte. So fehlen nunmehr die in der Kreide noch reichlich vorhandenen großen Saurier, die Ammoniten und Belemniten und die großen Korallen. Die Brachiopoden treten gegenüber den sich jetzt stärker entwickelnden Muscheln und Schnecken zurück. Knochenfische erleben einen bedeutenden Aufschwung, und erstmalig entwickeln sich Schlangen und normale Vögel. Vor allem aber erhält die Tierwelt der Erd-Neuzeit ihr Hauptgepräge durch die nun vorherrschenden Säugetiere, zu denen endlich noch der Mensch hinzu kam, dessen Urform wahrscheinlich schon im Jungtertiär wurzelt, dessen Verbreitung aber erst im Laufe des Quartärs ungeheuren Aufschwung erlebte. Wohl als Folge der bereits vorangegangenen großen Entwicklung in der Pflanzenwelt erreichen die Insekten im Tertiär ihre vielartigen Gestalten bei massenhafter Verbreitung. Die Pflanzenwelt des Tertiärs zeigt dabei bereits Anklänge an die heutige. Jedoch war die Verteilung der Pflanzengemeinschaften damals noch gänzlich anders. In unseren Breiten konnten sich im Tertiär lange Zeit manche fremden lorbeer-, zimt- und kaffeeartigen Gewächse und sogar einige Palmenarten halten. In weiteren Niederungen wucherten bald Moore mit ausgedehnten Beständen von Sumpfzypressen und Sequoien, Baumarten, die heute nur in wärmeren Erdteilen üppige Entfaltung zeigen. Überhaupt waren im einzelnen die Geschehnisse zur Tertiärzeit recht unterschiedlich.

a. DIE ALTTERTIÄRZEIT

Zu Beginn der Erd-Neuzeit, und zwar im ältesten Tertiär, dem sog. Paläozän, war Schleswig-Holstein ein wohl noch flaches Land. Es wurde von Flüssen durchzogen, die den festländischen Verwitterungsabtrag in das im Bereiche der dänischen Inseln gelegene schmale Restmeer aus der Kreidezeit brachten. Deshalb finden sich die ältesten Meeresablagerungen des Tertiärs auch nicht auf schleswig-holsteinischem Boden, sondern im nordöstlichen Jütland. Erst in den höheren Abschnitten des Paläozäns verbreitete sich dieses Meer über Schleswig-Holstein, Nordhannover, die Niederlande, Belgien, ja sogar bis über Paris und London hinaus und erfüllte im wesentlichen den heutigen Nordseeraum zwischen Schottlands und Norwegens felsigen Küsten. Die Ablagerungen des Paläozäns, die in Mächtigkeiten bis zu 160 m angetroffen sind, bestehen aus dunkelgrauen und grünlichgrauen, zum Teil ziemlich verfestigten Tonen und Tonsteinen mit wechselndem Feinsandgehalt und haben in Jütland an der Basis eine Geröllage aus grünberindeten Feuersteinen. Diese merkwürdigen Flinte waren auf der Landoberfläche der ausklingenden Kreidezeit verwittert und dabei zum Teil zunächst rostfarben geworden. Am Grunde des Tertiärmeeres wurden sie dann von dem darin entstandenen neu gebildeten Mineral Glaukonit durchtränkt und bekamen so die grüne Rinde, unter der vielfach noch die ältere rostfarbene Verwitterungszone vorhanden ist. Außer in Dänemark ist diese Grundgeröllage auch weiter im Gebiet der Ostsee vorhanden. Glaukonitmergel, Grünsandkalke und graugrüne Tone sind Schichten, die ebenfalls zum Paläozän gehören.

Im Alttertiär war das Gebiet des jetzigen Schleswig-Holsteins fast ununterbrochen Meer. Es lagerten sich vorwaltend Tonmassen und nur zum geringeren Teil auch feine Sandschichten ab; im Laufe der Zeit wuchsen die Schichten zu gewaltiger Dicke an. So besteht auch das Eozän vielfach aus Tonen, die von Mecklenburg bis nach Belgien und England — dort als Londonton bekannt — reichen. Diese Tone sind bei uns arm an Versteinerungen und nur spärliche Meeresschnecken, Nautilusgehäuse, Krebsschalen, kaum sichtbare Foraminiferen und mikroskopisch kleine Diatomeen sind darin enthalten. Auf Grund neuerer Forschungen ist es aber gelungen, die lange Zeit wissenschaftlich umstrittenen Schichten des Alttertiärs nach Alter und Ablagerungsfolge aufzuteilen. Man gliedert das Eozän in zwei Hauptabteilungen, von denen das Untereozän wiederum in vier Stufen zerfällt (42). In Schleswig-Holstein ist für das Untereozän eine Mächtigkeit bis zu 720 m, für das Obereozän bis zu 200 m nachgewiesen. Die reinen Tone finden sich im nördlichen und mittleren Schleswig-Holstein, eine Wechsellagerung von Sanden und Tonen hingegen vor allem in den südlichen und östlichen Teilen der Provinz. Das Eozän war ein Zeitalter, in dem der Bernstein, ein fossiles Harz, massenhaft in den Fichtenwäldern der unserem Meer benachbarten Festländer aus den Baumwunden quoll; er findet sich daher zuweilen auch in jenem alten Meereston Schleswig-Holsteins eingeschwemmt. Von besonderem Interesse aber sind innerhalb der mächtigen eozänen Schichtenfolge, und zwar in ihrer unteren Abteilung, die Zeugen einer regen vulkanischen Tätigkeit. Im kalkfreien Meereston sind hier „Tuffite" in vielen dünnen Schichten eingelagert. Es sind das vulkanische Aschen, die sich lagenweise jeweils zu unterst aus gröberen, nach oben aus feineren Körnchen zusammensetzen. Diese Körnchen von brauner oder auch schwarzer Farbe bestehen aus vulkanischem Glas, das um kleinste Teilchen von Eruptivmassen winzige Kügelchen bildet, die später zumeist zerplatzten. Über 50 solcher Schichten von Asche, also Zeugen von über 50 vulkanischen Ausbrüchen, hat man allein in dem Untereozänton Norddeutschlands gefunden, über 200 sogar im nördlichen Dänemark! Die Asche fiel, nachdem sie in der Luft durch den Wind bereits in gröbere und feinste Teilchen gesondert war, in das Meer, wobei die gröberen Teilchen rascher zu Boden sanken als die feineren; deshalb finden wir erstere immer zu unterst. Die vulkanischen Tuffmassen wurden am Boden des Meeres zu Tuffit-Schichten aufgehäuft. Ihr Verbreitungsgebiet reicht vom Limfjord in Dänemark bis in das südliche Oldenburg und bis nach Pommern hinein. So findet man zum Beispiel bei Havighorst und Schwarzenbek östlich von Hamburg, bei Hemmoor und Basbek bei Stade, Rensing bei Kellinghusen und im Tongrund von Fehmarn derartige, oftmals allerdings durch das diluviale Eis verschobene Schichten. Außerdem haben zahlreiche Bohrungen diese Tuffitschichten in zum Teil großer Mächtigkeit angetroffen. Kleine Lapilli-Stückchen im Ton sind von einem braunen Kontaktring umgeben, der uns anzeigt, daß diese festeren Tuffstücke in noch heißem Zustand ins Meer fielen und durch ihre Hitze den tonigen Schlamm (z. B. bei Meggerdorf) chemisch veränderten. Man vermutet als Herkunftsort der vulkanischen Tuffe ein Eruptionsgebiet zur damaligen Zeit im Skagerrak (43) und auf Schonen, wo es noch Vorkommen von Basalt- und Doleritlava gibt.

Die Tuffschichten sind von roten Tonen und Mergeln überlagert, die Mächtigkeiten bis über 80 m haben. Darauf folgt im höheren Untereozän eine bis 180 m mächtig werdende grünliche, aus kalkfreien Kolloidtonen bestehende Schichtenfolge, die unter dem Namen T a r r a s von der Insel Fehmarn her in Schleswig-Holstein allgemein bekannt ist. Dieser Tarraston ist so fein, daß die Hauptmenge, und zwar mehr als 90 % seiner Bestandteile, kleiner als 0,01 mm ist, und Teilchen, größer als 0,1 mm, überhaupt nicht in ihm vorkommen. Der Tarras ist also ein echter Kolloid-Ton. Oftmals mit anderen Alttertiär-Tonmassen verknüpft und weithin den Untergrund von Fehmarn und Wagrien bildend, aber auch im östlichen Angeln sowie im Binnenlande Schleswig-Holsteins zum Teil nahe der Oberfläche anstehend, hat der Tarras ein zweifaches praktisches Interesse. Einmal wegen seiner Verwertung zur Zementfabrikation, zur Ziegelbrennerei und zur Herstellung von Steingut — die alten Kellinghusener Kacheln und Steingutwaren verdankten ihren Ruf den vorzüglichen Eigenschaften des Tones. Einzelne Vorkommen, z. B. in der Gegend von Blumental zwischen Kiel und Nortorf, werden auch als Walkerde in den Tuchfabriken von Neumünster verwendet. Zweitens aber wegen seiner Bedeutung für Wasserbohrungen. Diese Bedeutung ist leider eine sehr üble: Noch niemals hat man in oder unter anstehenden mächtigen alttertiären Tonen ergiebige Grundwassermengen getroffen. Das ist dort, wo er große Ausdehnung in geringer Erdtiefe hat, recht verhängnisvoll. Manche vergebliche Bohrung auf Fehmarn, Alsen und im östlichen Angeln hat ihren Grund in dieser Bodeneigentümlichkeit, und Tausende von Mark wurden nutzlos ausgegeben, weil unerfahrene Brunnenbohrer die Tücken des eozänen Tones nicht kannten, oder weil die Auftraggeber dem Trug der Wünschelrute in solchen Gegenden folgten.

Erst im Obereozän treten Wechsellagerungen von Sand und Ton auf. Kennzeichnend sind ziemlich mächtige Kalksandsteinbänke und dicke Lagen von graugrünem sprödem Kieselgestein (am Strand und in Einschnitten bei Heiligenhafen sind derartige Schichten gut aufgeschlossen). Durch die Zunahme der Sandmassen verrät sich das Heranrücken eines bisher nördlich gelegenen Festlandstrandes für unser Gebiet.

Die nächste Abteilung der Tertiärformation, das O l i g o z ä n, ist in ihrem unteren Teil besonders als Neuengammer Gassand aus den Vierlanden südöstlich Hamburgs bekannt. Im Oligozän gewann das Meer wieder an Ausdehnung und in seinem mittleren Zeitabschnitt kam es auf dem vertieften Meeresgrunde zur Ablagerung einer mächtigen, nahezu sandfreien Tonschicht. Das ist der „S e p t a r i e n t o n", der seinen Namen von den eigentümlich zellenförmigen, durch honiggelbe Kalkspat-Scheidewände abgeteilten Tonsteinknollen, den „Septarien", trägt, die in ihm stecken. Der Septarienton hat in einzelnen Tagesaufschlüssen, zum Beispiel bei Innien und Itzehoe eine ziemlich reiche Ausbeute an Schalen von Meeresschnecken geliefert wie Leda deshayesiana und viele Fusus-Arten. Er erreicht bis zu 150 m Mächtigkeit, und ist in einem Meere abgelagert, zu dessen Beckeninnerstem nun Schleswig-Holstein mit gehörte, und dessen Uferränder erst hinter Stettin und am Nordrand der mitteldeutschen Gebirge gelegen haben. Aber schon im Oberoligozän, das vor allem in Hamburg in vielen Bohrungen und Mächtigkeiten bis zu 90 m festgestellt wurde, und dessen Schichten aus grauen, tonigen Sanden mit einer bezeichnenden Muschel- und Schneckenfauna bestehen, trat wieder eine deutliche Verkleinerung des Meeresbeckens ein.

Schleswig-Holstein war also nur zur Zeit des tiefsten Alttertiärs vorübergehend Festland; dann hatte durch das ganze Alttertiär hindurch das Meer die Herrschaft, wobei der Einfluß des benachbarten Festlandes verschieden stark wechselte. Im allgemeinen hat in diesem Alttertiärmeer eine fortlaufende Ablagerung stattgefunden. doch zeigt dieselbe im Bereiche der heutigen Salzstockstrukturen örtliche Unterschiede, die darauf hinweisen, daß sie dort zeitweise, vielleicht wiederum durch neuen Aufstieg der Salzmassen, kurz unterbrochen war.

b. DIE JUNGTERTIÄRZEIT

Der obere Abschnitt der Tertiärzeit, der als Jungtertiär die Formationen des Miozäns und Pliozäns umfaßt, bezeugt einen wiederholten Wechsel zwischen Land und Meer in unserem Gebiet noch klarer als je zuvor. Infolgedessen finden wir übereinander sowohl tonige Schichten mit einer ausgesprochenen Meeresfauna, als auch sandige und kiesige Ablagerungen, die auf dem Lande, in Seebecken, Sümpfen oder durch Flüsse entstanden, und darin eingeschaltet: Braunkohlen.

Zunächst hatte das diesmal wiederum von Westen hereingebrochene Meer weiterhin im Untermiozän die Herrschaft über unser Gebiet. Es setzte feinsandige Tone ab, die als Vierländerstufe in der Hamburger Umgebung Mächtigkeiten bis zu 130 m erreichen. Wir dürfen dieses Meer, das schon viele Muscheln und Schnecken von der Eigenart der heutigen, allerdings der subtropischen, Lebewelt enthielt, aber dabei auch noch stärkere Anklänge an das Oligozän zeigt, als die „Urnordsee" bezeichnen (44). Aus der Vierländerstufe stammt zum großen Teil der unter dem Namen „Holsteiner Gestein" bekannte muschelreiche Sandstein, von dem so viele Geschiebe in unseren Lehm- und Sandgruben gefunden werden. Es ist das ein durch Eisenkarbonat verfestigter Sand, der eine Fülle versteinerter und prächtig erhaltener Meeresmuscheln und Schnecken birgt, z. B. Nassa meyni und Turritella geinitzi. Grobsandigere Vertreter dieser Gesteinsart kommen vor allem im südöstlichen Schleswig-Holstein vor, während die feinsandigen bis tonigen Stücke des Holsteiner Gesteins besonders im Nordosten gefunden werden. Bei Schulau, Itzehoe, am Brodtener Ufer, bei Schmielau, Viert und anderen Orten, auch beim Bau des Kaiser-Wilhelm-Kanals, wurden große Mengen dieser für Sammler so interessanten Geschiebe bis zu Findlingsgröße angetroffen.

Das Meer hatte seit der Vierländerstufe im nördlichen Schleswig-Holstein noch während des ganzen Untermiozäns angedauert; unterdessen aber rückte von Süden der auf dem Festland entstandene und durch Flüsse herbeigebrachte sandige Schutt immer näher heran, und er wurde, wohl in großen Flußdeltas, zu den sogenannten, in der Hamburger Gegend bis 130 m mächtig werdenden Unteren Braunkohlensanden aufgehäuft. Diese küstennahen niedrigen Landstriche bewuchsen alsbald mit Sumpfzypressenwäldern, aus deren Moder zunächst mächtige Torflager entstanden, die sich im weiteren Verlauf der Erdgeschichte zu Braunkohlenflözen verdichteten. Das Klima war dem heutigen gegenüber immer noch außerordentlich viel milder und gestattete zahlreichen immergrünen Laubbäumen, Magnolien und Feigenbäumen ein üppiges Gedeihen. Aber auch uns vertrautere Gattungen, wie Eichen, Walnußbäume, Weinreben, Pappeln, Ahorn, Weiden und Ulmen mischten sich bereits dazwischen. So kam es zur Ablagerung der südholsteinischen Braunkohlenflöze jenes Zeitalters, die allerdings im allgemeinen geringmächtiger als 2 m und nur in der Hamburger Gegend bis zu 5 m dick sind, und zwischen die, infolge der starken Einspülung von Schuttmassen viele Schichten von feinem Glimmersand und braunem, humosem Ton eingelagert sind. Die meisten Braunkohlenflöze sind deshalb unrein. Aus diesem Grunde und auch, weil sie fast stets tief im wasserreichen Erdenschoß lagern, kommen sie für den Abbau vorerst nicht in Frage. Im Hamburger Gebiet werden die Unteren Braunkohlensande von einem besonderen Ton (Hamburger Ton) überlagert, der den Übergang zu den mittelmiozänen Schichten der fossilreichen Hemmoorer Stufe bildet. Auch dieser Ton ist wiederum im Meere entstanden, und dieses Meer hatte seine Ostgrenze etwa im Bereich von Lauenburg, Lübeck und dem Kleinen Belt. Der Ton ist teilweise recht fett. In ihm stecken viele wundervoll erhaltene Fossilien, Schnecken und Muscheln wie Nassa turbinellus, Turritellen, Cardien u. a. m. In seinen seichten Südostteil trugen vom Festlande herkommende Flüsse abermals mächtige Bänke hellen oder durch Humusstoffe auch braungefärbten Quarzsandes herein; das sind unsere „Oberen Braunkohlensande". Diese ständigen Anschwemmungen wurden unter allmählicher Zurückdrängung des Meeres schließlich so weit nach Westen vorgetrieben, daß die Braunkohlensande fast überall östlich der Linie Elmshorn — Breiholz — Süderstapel — Husum — Flensburg in den Bohrungen vorgefunden werden. Die Oberen Braunkohlensande haben zweierlei Interesse. Es kommen in ihnen vielfach und z. B. bei Flensburg und Kiel weit ausgedehnte, allerdings auch nur bis 5 m mächtig werdende Flöze einer schon besseren, weniger sandigen, fusitischen Braunkohle vor, vor allem aber bedeuten diese Oberen Braunkohlensande, die insgesamt bis zu 100 m Mächtigkeit anschwellen können, in manchen Gegenden einen vorzüglichen Grundwasserspeicher. Leider aber sind sie nicht überall von reinem und gleichmäßigem Korn, sondern es finden sich oftmals sehr feinkörnige humose und tonige Schichten eingeschaltet, die ihren Ursprung dem damals in nächster Nachbarschaft verbliebenen und auf die Deltagebiete immer wieder übergreifenden Meere oder den weithin über die Ufer tretenden Flüssen verdanken. So spiegelt diese, in den einzelnen Landesteilen Schleswig-Holsteins stark wechselnde Schichtenfolge den unaufhörlichen Wandel zwischen Land und Meer und die Verlagerungen des Ufers eindeutig wider.

Es ist nicht unwahrscheinlich, daß sich zusammen mit der Entstehung der miozänen Braunkohlen auch der Bernstein gebildet hat, den man seit uralten Zeiten besonders nach Sturmfluten im Vorland der Westküste Schleswig-Holsteins von der Nordspitze Sylts bis herunter in die Elbmündung findet. Ganz besonders häufig und in großen Stücken bis gelegentlich von einem Pfund Gewicht findet man diesen Bernstein, in dem eingeschlossene Insekten zu den interessantesten Seltenheiten gehören, auf der Sandbank beim Seebade St. Peter-Ording. Hier bringen die Fischer oftmals eine Fülle von glasklarem bis dunkelbraunem oder rotbraunem Bernstein in ihren Netzen herauf und verarbeiten ihn an den langen Winterabenden zu schönen Schmuckstücken, die bei den sommerlichen Badegästen regen Absatz finden. Die Häufigkeit des Bernsteins ist besonders an der Westküste Eiderstedts groß, und da er mit sehr viel Braunkohlenholzstücken zusammengeschwemmt am Ufer vorkommt, ist es sehr unwahrscheinlich, daß er vom diluvialen Eise aus weiter Ferne — etwa von den geologisch älteren Lagerstätten der samländischen Küste — hergebracht sein sollte. Es sprechen alle Anzeichen vielmehr dafür, daß dieser Bernstein tatsächlich an der Westküste Schleswig-Holsteins im Miozän entstand (45), und aus den verharzenden Wunden der Braunkohlenbäume abgeschieden wurde. Mit einigem Recht darf man auch annehmen, daß irgendwo zwischen Helgoland und Eiderstedt das alte Bernsteinland liegt, das schon in der frühen Bronzezeit seit etwa 2000 v. Chr. bekannt war und dessen Bernsteinstücke als kostbares Material auf Handelswegen bis zu den Völkern des Mittelmeeres gebracht wurden. Die Bernsteinlagerstätten des Samlandes waren damals noch nicht bekannt. So ist es auch nicht unwahrscheinlich, daß in diesem Raume die Bernsteininsel Abalus der Alten gelegen hat, die das Reiseziel der römischen Händler bereits vor der christlichen Zeitwende war.

Mit dem Ausklang des Mittelmiozäns senkte sich offenbar unser Boden von neuem, so daß von der Nordsee her das Meer abermals über den Hauptteil Schleswig-Holsteins bis tief nach Mecklenburg und Nordhannover vordrang. Es hinterließ in dieser Zeit, der sogenannten Reinbeker Stufe, bis zu 35 m mächtige feinsandig-tonige Schichten voller Muschel- und Schneckenschalen. Sein Ostufer lag damals etwa auf der Linie Flensburg—Missunde—Kiel—Lübeck—Hagenow. Diese Grenze verlegte das Meer allmählich weiter nach Osten, so daß es während des Obermiozäns seine größte Ausdehnung erreichte und sein Uferrand ungefähr von der Insel Alsen durch die Kieler und Lübecker Bucht nach Mecklenburg verlief. Eine vor allem im Westen bis über 200 m mächtige Schichtenfolge von dunkelgrauem oder auch braunem bituminösem Ton, der nach seinem Gehalt an feinen Glimmerflitterchen „Glimmert o n“ genannt wird, lagerte sich ab. Dieser Glimmerton tritt an vielen Orten Schleswig-Holsteins unter den jüngeren Gebilden zutage und liefert eine reiche Ausbeute an Schnecken und Muscheln, Fischzähnen und Gehörsteinen, Delphin- und Walknochen sowie Krebsen und als Seltenheiten: Meerschildkröten und Vogelknochen. Bekannte Fundpunkte hierfür sind Langenfelde bei Altona, Sönnebüll bei Bredstedt, das Morsumkliff auf Sylt und Gram. Hier findet man verschiedene Aquilofusus-Arten und das Leitfossil Dentalium badense. Unter dem Mikroskop gibt sich der Glimmerton als eine Wattenbildung zu erkennen, die ähnlich dem heutigen Meeresschlick von tierischen Exkrementen erfüllt ist. Winzige, von kleinen Schnecken und im Plankton treibenden Wesen stammende Kot-Ellipsoide (46a) sind darin enthalten.

Gegen Ende der Miozänenzeit begann das Meer sich nach Westen zurückzuziehen. Seine küstennahen Ablagerungen wurden gröber, so daß man zum Beispiel in der Gegend von Ütersen und Altona als oberste Schicht keinen Ton, sondern Glimmersand schon früher als weiter nördlich findet (46). Fern von unserer Küste hat es sich auf der englischen Seite sowie in einem Teil von Holland und Belgien noch lange Zeiträume hindurch mit schwankenden Grenzen gehalten. In unserem Lande können wir das Zurückweichen dieses Meeres Schritt für Schritt verfolgen. Seine Überflutung reichte bei uns bis in den jüngsten Abschnitt des Tertiärs, das P l i o z ä n, hinein, so daß wir seine Absätze, glaukonitreiche und daher grünlichgraue, tonige Feinsande und auch Tone, noch im unteren Pliozän westlich der Linie Apenrade—Glücksburg—Bredstedt—Friedrichstadt—Heide—Cuxhaven finden (47). Auf dem benachbarten, sich nun immer mehr heraushebenden Festlande der Pliozänzeit wanderten Säugetiere bis zum Ufer. Knochenreste ihrer zusammengeschwemmten Kadaver wurden bei Bredstedt (in Bohrungen) gefunden. Am Morsumkliff der Insel Sylt entdeckte man vom damaligen kleinen Urpferd (Hipparion gracile) einen Backenzahn, der offenbar in das Pliozänmeer eingedriftet wurde (48). Wenn auch seit längerem die Schichtenfolge des Pliozäns mit seinen darin eingeschlossenen rostroten Limonitsandsteinbänken am schönsten am Morsumkliff aufgeschlossen ist, so haben doch erst in jüngster Zeit b e i B r e d s t e d t ausgeführte Bohrungen die gesamte Schichtenfolge des Pliozäns in ihrer Vollständigkeit erschlossen (47). Aus diesen Bohrergebnissen läßt sich die Geburt unseres Landes aus den Fluten des obermiozänen Glimmertonmeeres bis zur endgültigen Festlandwerdung im Oberpliozän in ihren einzelnen Phasen ablesen. Über dem Glimmerton lagert eine Aufbereitungsschicht, ein von Schalentrümmern, Toneisensteinknollen und Kiesgeröllen durchsetztes Konglomerat von 0,9 m Stärke. Darüber folgt ein 3,1 m mächtiger vererzter grauer Sideritsandsteinhorizont mit Muschel- und Schneckenresten. Über diesem ziemlich festen Sandstein lagern 4,7 m grünlich-graue, sandige Tone, ebenfalls mit Resten der Meeresfauna, und wiederum folgen 0,4 m sideritische Sandsteinschichten mit Muschelresten. Den Abschluß bildet eine Schicht mit den schon erwähnten Knochen, die wohl von Walen und Delphinen, aber auch von anderen Wirbeltieren herstammen. Diese ganze Schichtenfolge von insgesamt 9 m Mächtigkeit ist im zurückweichenden Meer des Unterpliozäns entstanden. Außerhalb von Bredstedt wurden aber auch noch an anderen Stellen im nordfriesischen Gebiet vererzte Sandsteinhorizonte gefunden. So entstammen einer Bohrung auf der Insel Föhr im Pliozän auftretende Gerölle eines blutroten Roteisensteins, der chemisch aus wasserhaltigem Eisenhydroxyd besteht, Turgit genannt wird und wohl das Ausgangserz für die sideritischen bzw. limonitischen Sandsteine Nordfrieslands und des Morsumkliffs auf Sylt bildete. Diese sideritischen Sandsteine sind durch Spateisenstein (Siderit) verkittete Quarzsande, die außerdem einen gewissen Gehalt an Glaukonitkörnchen aufweisen. Ursprünglich sind die graugefärbten, sandigen Erze also bereits im damaligen Meere auf chemischem Wege entstanden; ihre Umwandlung zu braunem Limonit (einem wasserärmeren Eisenhydroxyd, auch Brauneisenerz genannt) hat sich indes erst späterhin unter dem Einfluß der Verwitterung vollzogen. Der Limonitsandstein vom Morsumkliff (Abb. 5) enthält die letzten Muschel- und Fischversteinerungen des Pliozänmeeres. Darüber stellen sich mächtigere Schichten von weißem Flußsand ein, der ziemlich viel Porzellanerde (Kaolin) enthält und darum Kaolinsand genannt wird. Gewisse versteinerungshaltige Kieselgerölle in ihm verraten, daß er weit von Nordosten aus dem schwedischen Ostseegebiet herbeigebracht ist, und der Kaolin entstammt offenbar den Verwitterungsvorgängen auf dem Festlande. Derartige Ablagerungen hat man in den letzten Jahren (49) in Schleswig-Holstein immer mehr gefunden. Stets handelt es sich um hellgelbe bis weiße Quarzsande oder Quarzkiese, denen weiße zersetzte Feldspatkörner und lavendel- bis taubenblaue Quarzgerölle vielfach beigemengt sind, um Kaolintone (sogenannten Pfeifenton) und gelegentlich auch um geringe Braunkohlenflöze z. B. zwischen Henstedt und Oldesloe, wo bis 1 m mächtige Flöze, z. T. in glanzkohlenartiger Beschaffenheit (bei Götzberg) erbohrt wurden. Diese Bildungen entstanden auf dem sich unaufhaltsam heraushebenden Festland bereits zu der Zeit, als das Unterpliozänmeer noch im nordfriesischen Raum lag. Die Kaolintone wurden in ruhigen Altwasserschlingen der Flüsse abgesetzt, und die Braunkohlen, von denen man mehrere dünne, jedoch unreine Flöze auch unweit Friedrichstadt erbohrt hat, und die in früheren Jahren einmal bei Keitum am Ostufer der Insel Sylt sogar in Tagesaufschlüssen zu sehen waren, wurden in ehemaligen Mooren abgelagert. Vor allem aber haben aus dem Raum der Ostsee und von Skandinavien her über das nördliche Schleswig-Holstein ziehende Flüsse die bis zu 75 m mächtigen kaolinischen Quarzsande und Kiese herbeigeschafft. Ihre aus Sand bestehenden Sinkstoffe schütteten sie in das immer mehr zurückweichende Pliozänmeer, bis sie es bei ständig zunehmender Landwerdung unseres Gebietes völlig und weit in den Nordseeraum hinaus verdrängt hatten. Deshalb finden sich die Quarzflußschotter an vielen Stellen Schleswig-Holsteins und in besonders schöner Erhaltung an dessen Westküste und auf den Inseln der Nordsee. In ihrem oberen Teil kommen darin mit zunehmender Häufigkeit Gerölle von skandinavischen Eruptivgesteinen vor; unterdes hatte die Kaolintonbildung gänzlich aufgehört. Aus dieser stofflichenWandlung der Schichten kann man ablesen, daß sich eine merkliche Wärmeabnahme des Klimas vollzog, und somit sind die nordischen Gerölle im obersten Pliozän die ersten Zeugen für ein neu heranbrechendes Zeitalter, das unter gänzlich anderen Verhältnissen verlief: Das Eiszeitalter.

Mit gutem Recht können wir die Ablagerungen der Tertiärformation noch zum versunkenen Gebirgsuntergrunde des Landes rechnen, denn auch sie sind von den Bewegungen der Erdkruste, welche die älteren Gesteine gehoben und auch versenkt haben, noch in ziemlich starkem Grade mit betroffen. Je älter die Gesteine sind, umso öfter und umso stärker sind sie bewegt worden. Der alttertiäre Ton zum Beispiel, der unter den östlichen Landesteilen nicht selten bis zur Höhe des Meeresspiegels und sogar darüber emporsteigt, ist im Westen oft erst in Tiefen von 500 m und mehr zu finden. Dagegen hat der viel jüngere Glimmerton seine Lage zumeist um kaum mehr als 200 m verändert. Allerdings ist das nicht die Regel, denn pliozäne, ja selbst noch jungdiluviale Schichten sind in einzelnen Gebieten, die wir bisher genauer kennen, durch Sondervorgänge bis zu 400 m in die Tiefe versenkt worden. Die Bodenverschiebungen sind in der Mehrzahl sicherlich äußerst langsam vonstatten gegangen, so langsam, daß ein Menschenalter nicht ausreichen würde, um eine sichtbare Veränderung festzustellen. Aber auch jetzt noch leben die Bodenbewegungen weiter und erst die ungeheure Größe der geologischen Zeiträume bringt ihre Wirkungen zur Erscheinung.

II. DIE OBEREN BODENFORMATIONEN

Ganz andersartig als der versunkene Gebirgsuntergrund sind nun die Formationen, die die Oberfläche und den nahen Untergrund unseres Landes zusammensetzen: Die Bodenformationen des Quartärs. Dieses Quartär wird in das Eiszeitalter oder das Diluvium (= Pleistozän) und die Nacheiszeit bis zur Gegenwart oder das Alluvium (= Holozän) gespalten. Beide Abschnitte ergeben zusammen nur einen Bruchteil von den Zeitspannen, welche die anderen Formationen der Erdgeschichte im einzelnen umfaßten, nämlich noch nicht 1 Million Jahre, und seit dem Verschwinden des letzten Gletschereises aus unserem Gebiet sind wohl kaum 20 000 Jahre vergangen (50).

1. DAS EISZEITALTER ODER DAS DILUVIUM

Erst nach der Tertiärzeit, unter dem Einfluß der umgestaltenden Kräfte der Eiszeit, hat sich das äußere Gepräge unserer Heimat entwickelt und schließlich in der Nacheiszeit seine gegenwärtige Reife erlangt. Wir haben gesehen, daß während des größeren Teiles der Tertiärzeit unser Land von Meer überflutet war und daß ein dauernder Kampf zwischen dem sich aus diesem Meer allmählich heraushebenden Lande mit der ständig von neuem hereinbrechenden See bestand. Als dieses Meer im letzten Abschnitt des Tertiärs, im Pliozän, gewichen war, hatte das neue Land ganz andere Grenzen und ein anderes Aussehen als jetzt. Es war noch keine Halbinsel, denn auch die Ostsee war damals Festland. Skandinavien war mit Deutschland verbunden, und die Nordsee lag fern im Westen, zeitweilig sogar erst jenseits der Linie von Skagen nach Schottland. Es gab keine Marschen, sondern unsere Heimat war samt den angrenzenden Landstrichen ein erhabenes, von tief eingekerbten und reich verzweigten Flußtälern durchzogenes Tafelland, das wohl 200 bis 300 m hoch lag, eingekleidet in dichte Nadel- und Mischwälder. Aber schon im obersten Pliozän machte sich eine allmähliche Abkühlung des Klimas bemerkbar, und es scheint, als ob von Norden her treibendes Packeis die ersten fremden Steine zu uns gebracht hat. Somit begann die Eiszeit, nicht urplötzlich, sondern langsam, im Schrittmaß von Jahrtausenden. Ihre wahren Ursachen kennen wir nicht; es gibt darüber nur mehr oder minder wohlbegründete Vermutungen, auf die wir nicht einzugehen brauchen. Vielleicht waren die Ursachen kosmischer Art. Wir wollen lediglich die Erscheinungen verfolgen, so wie die geologische Forschung sie enthüllt hat. Es genügt eine schlichte Darstellung, denn die Dinge reden ihre eigene Sprache für die Vorstellung des Lesers.

Das Klima wurde in Nordeuropa und somit auch in unserer Heimat rauh. Es mußte mindestens 4 oder sogar (wie man neuerdings berechnet hat) 11 Grad unter den gegenwärtigen Jahresdurchschnitt gesunken sein. Statt des Regens fiel mehr Schnee, und die Schneemassen der Gebirge wuchsen zu gewaltigen Firnfeldern an. Die seit langem schon vorhandenen Gletscher in den Hochgebirgen vergrößerten sich, und in Gegenden, in denen es vorher keine gegeben hatte, entstanden erstmalig Gletscher. Die Berge von Schottland, ja sogar Vogesen, Schwarzwald und Riesengebirge bildeten eigene Gletscher aus; von den Alpen und Pyrenäen reckten sich riesige Eisströme durch die Täler bis in die Ebenen herab und von Skandinavien bis über Finnland, über dem Ural, dem polnischen Mittelgebirge, Norddeutschland und Groß-Britannien entwickelte sich eine geschlossene Decke von Inlandeis in einer Art und Mächtigkeit, von der uns heute das grönländische Inlandeis nur eine ungefähre Vorstellung zu geben vermag. Dieses Inlandeis erstreckte sich schließlich bis ins Herz von Rußland, bis an die galizischen Karpathen und den Fuß der schlesischen Gebirge, umspannte den Harz im Norden, Osten und Westen, staute sich hoch an den Weserbergen empor, um über deren Pässe bis ins westfälische Land zu quellen, erreichte den Niederrhein, bog dessen Mündungslauf nach Westen um, blockierte die englische Küste und verschmolz dort mit dem Inlandeis der britischen Höhen. Ein Schneeschuhläufer hätte damals quer über das Nord- und Ostseegebiet von Norwich bis Petersburg und von Stockholm bis weit hinter Moskau auf zumeist mehr als 1000 m dickem, verschneitem Gletschereis laufen können. Unter dieser kristallenen Decke hat Schleswig-Holstein Zehntausende von Jahren hindurch den Himmel nicht gesehen.

Dieser, in der Erdgeschichte nicht erstmalige, aber für Europa und überhaupt die nördliche Halbkugel bedeutsamste Vergletscherungsvorgang war kein einheitliches Geschehen. Etwa 15 Millionen Quadratkilometer der nördlichen Erdhalbkugel wurden allmählich von Eismassen überzogen. Aber langsam, wie es gekommen war, zog sich das Inlandeis auch wieder zurück, als ein wärmer gewordenes Klima es in unzählige Schmelzgewässer auflöste und sie dem Meere, dem sie entzogen waren, zurückgab. Man hat berechnet, daß das Weltmeer dadurch um etwa 100 m angestiegen sein muß, nachdem es vorher um ebenso viel gesunken war. Dann kam das Inlandeis zwei- oder dreimal von neuem heran, so daß unser Land, wie es heute scheint, ebenso wie die Alpen während des Diluviums viermal unter riesige Gletschermassen geriet. Zweimal oder südwärts gar dreimal hatten Wärmeperioden die Eiszeit unterbrochen und einen völligen oder doch hoch nach Norden reichenden Schwund des Inlandeises bewirkt, aber hartnäckig erschien es wieder auf dem Plan. Es erreichte dabei Grenzen, die sehr verschiedenartig sind, und wir wissen, daß die zweite Vergletscherung die Hauptvereisung mit der größten Ausdehnung nach Süden und Osten war, während die erste, die Elstervereisung, die größte Ausdehnung nach Westen hatte. Die jüngste Vereisung hingegen kam entlang unserer Landesmitte zum Stehen und ließ den Westen und Süden frei. Die Wärmeperioden dazwischen, die sogenannten Zwischeneiszeiten (Interglazialzeiten) waren während ihrer klimatischen Höhepunkte mindestens ebenso mild wie unsere Gegenwart, von der wir wegen des schon überschrittenen Wärmehöchststandes nicht wissen, ob sie nicht vielleicht eine vierte Zwischeneiszeit ist, der in künftigen Jahrtausenden eine neue fünfte Vereisung folgen wird. Wenn wir also die gesamte Wechselfolge der Begebenheiten überblicken, so erkennen wir, daß es richtiger ist, sie nicht die Eiszeit, sondern das Eiszeitalter, oder mit einem Fachausdruck die Diluvialperiode zu nennen. Sie zerfällt in Eiszeiten und Zwischeneiszeiten; die Ablagerungen dieses gesamten Zeitraumes nennen wir das Pleistozän. Sie bestehen sowohl aus Gletscherschutt (Moränen usw.) wie aus Bodenschichten der Meere, Seen und Moorbecken, die in den Interglazialzeiten in unserem Lande bestanden haben.

Von besonderem Anreiz war es für den Forscher, die geologisch kurzen Zeiträume des Alluviums und des Diluviums ihrer Dauer nach näher zu ergründen. Dafür bot sich schon vor Jahrzehnten den schwedischen Geologen ein besonderer Anlaß durch gute Aufschlüsse in den Bändertonen. In einem von Süden nach Norden weit ausgedehnten Gebiet Schwedens hat nämlich das zurückweichende Gletschereis bzw. das Schmelzwasser die mitgeführte Gletschertrübe in einem großen Wasserbecken abgelagert, das der Vorläufer der Ostsee gewesen ist. Nun hat das sommerliche Schmelzwasser mehr Trübe und gröbere Teilchen als das winterliche, und es ist auf diese Weise zu tonigen, von feinschichtigen Sandlagen durchzogenen, im Anschnitt als „gebändert" erscheinenden Ablagerungen gekommen, deren Wechsel Sand + Ton jahreszeitliche Schichtungsvorgänge widerspiegelt. Aus der Abfolge dieser Bändertonschichten ist es dem genialen schwedischen Forscher de GEER in mühseliger Kleinarbeit gelungen, die Zeitspanne zu errechnen, die das Eis für sein Zurückweichen vom äußersten Süden bis zum hohen Norden des Landes gebrauchte. So erfuhren wir, daß die eisbildenden Vorgänge des Diluviums vor etwa 20 000 Jahren bei uns zu Ende gingen, daß aber das nördliche Europa noch viel länger von einem mächtigen Eiskuchen überdeckt wurde, der erst vor rund 7000 Jahren aufhörte, unsere Klima- und Lebensverhältnisse zu beeinflussen. Die sorgfältigen und sehr zuverlässigen geologischen Berechnungen begegnen nun solchen von astronomischer Seite, die rückwärts tief in die jüngere Erdgeschichte hinabreichen und das ganze Eiszeitalter umspannen. Sie gründen sich auf gewisse gesetzmäßige, periodische Veränderungen der Erdbahnelemente, insbesondere der Stellung der

Erdachse zur Sonne und des damit verbundenen Wärmeempfangs. Man hat die Minderungen und Wiederverstärkungen der winterlichen und sommerlichen Wärmezustrahlung für unsere Breiten in einer „Strahlungskurve" ausgedrückt, die zur Erklärung der Großvereisungen und Enteisungen dienen soll, die Nordeuropa (und Nordamerika) betroffen haben. Obgleich dabei manche Seiten des Eiszeitbildes dunkel bleiben und sich die „Strahlungskurve" keineswegs ohne Zwang mit den aus den Tatsachendokumenten gewonnenen geologischen Vorstellungen in Einklang bringen läßt, hat die astronomische Erklärung doch viele Anhänger gefunden. So wurden zunächst für die letzten 650 000 Jahre die eiszeitlichen und zwischeneiszeitlichen Schwankungen und ihre Dauer berechnet und graphisch dargestellt. Neueste Ermittlungen der tatsächlichen sommerlichen und winterlichen Bestrahlungen (51) weisen nunmehr darauf hin, daß das gesamte Eiszeitalter des Nordens wohl von noch längerer Dauer war und auf etwa 970 000 Jahre zurückreicht. Bei dieser Ermittlungsmethode schälen sich besonders kalte und wärmere Perioden heraus, die von ganz verschiedener Dauer waren. Die längste Vereisung soll demnach 143 000 Jahre, die bedeutendste Zwischeneiszeit 142 000 Jahre in Anspruch genommen haben. Diese Berechnung wurde für den 45. Breitenkreis durchgeführt. Die Zahlen geben immerhin eine Vorstellung von der Größenordnung der einzelnen Vereisungen und Zwischeneiszeiten, wenn auch das Schlußwort von verschiedenen wissenschaftlichen Seiten hierzu noch nicht gesprochen ist.

Im Zusammenhang mit der astronomisch-geologischen absoluten Zeitrechnung des Quartärs hat eine botanische Untersuchungsmethode immer mehr besondere Bedeutung erlangt. Die alljährlich von den Blütenpflanzen in verschwenderischer Fülle erzeugten und vom Winde weithin verwehten Blütenstaubkörner, die Pollen, haben sich vielfach in den Schichten, teilweise sogar schon seit dem Zechstein, erhalten. Deutsche Gelehrte haben zuerst diesen Umstand benutzt, unter dem Mikroskop die mengenmäßige Verteilung dieser fossilen Pollenkörner zu untersuchen, und daraus Vegetationsbilder zu gewinnen, und vor allem die Schweden haben sich späterhin der zu einem wichtigen Forschungsmittel ausgebauten P o l l e n - a n a l y s e bedient. Dadurch ist die Erkenntnis der Wandlungen von Pflanzengemeinschaften unter den Einflüssen vordringender und zurückweichender Vereisungen überraschend gefördert worden. Die Untersuchung auf den Pollengehalt bezweckt für möglichst viele verschiedene Horizonte einer Ablagerung den Prozentanteil der wichtigsten Bäume zu ermitteln. Aus diesen gewonnenen einzelnen „Spektren" läßt sich ein Pollendiagramm zusammenstellen, das die wechselnde Zusammensetzung des Baumbestandes innerhalb der erfaßten Schichtenfolge eines Gebietes anzeigt. Mit Hilfe dieser Methode ist es allmählich gelungen, nicht nur die nacheiszeitliche Waldgeschichte in den einzelnen Ländern, sondern auch den Ablauf der verschiedenen Interglazialzeiten über ganz Europa hinweg genauer zu erfassen, ja selbst in die Entwicklungsgeschichte der Braunkohlenbildung helleres Licht zu werfen.

a. DIE ERSTE EISZEIT

Von der ersten Vereisung der Elster-Eiszeit*), von der gemeinhin angenommen wird, daß sie mit der Mindel-Eiszeit des Alpengebietes zusammenfällt, haben wir in Schleswig-Holstein zwar nur wenige, aber immerhin sichere Anzeichen. Während sie in manchen südlichen Teilen des norddeutschen Diluvialgebietes mächtige Moränen hinterlassen hat, sind ihre Ablagerungen in Schleswig-Holstein in den meisten Fällen von Schichten der nachfolgenden Vereisungen überzogen. Gewißlich auch sind die Zeugen der ersten Vereisung nicht überall mehr erhalten, denn man muß bedenken, daß schon die zerstörenden Kräfte der gewaltigen zweiten oder Hauptvereisung vielleicht die Moränen der ersten in ganz erheblichem

*) Die Bezeichnungen der einzelnen Eiszeiten beziehen sich auf die glazialen Ablagerungen Norddeutschlands. Ob vor unserer ersten Eiszeit noch ältere Vereisungen, die vielleicht bis in das Obere Pliozän zurückreichen, stattfanden, ist ungeklärt. Möglicherweise sind die im Sylter Oberpliozän enthaltenen skandinavischen Gerölle auf das treibende Packeis einer „Baltischen Eiszeit“ zurückzuführen, die sich auf den nördlicheren Ostseeraum beschränkte. Auch hat man gewisse Geröllfunde zwischen Harz und Elbe auf eine besondere, ebenfalls noch vor unserer ersten Eiszeit gelegene „Elbe-Eiszeit“ bezogen. Mit Sicherheit haben sich im norddeutschen Raum bisher aber nur vier unterschiedliche Eiszeiten erkennen lassen, deren Namen wir hier noch anwenden wollen. Die Alpen hingegen, von deren Untersuchungen aus die Forschungen der nordischen Eiszeitverhältnisse befruchtet und angeregt wurden, bergen alte eiszeitliche Reste, die weit vor der Elster-Eiszeit abgelagert wurden. Als erster glazialer Vorstoß gilt dort neuerdings die „Donau-Eiszeit“. Die Gleichsetzung der nordischen Vereisungen mit den alpinen stößt auf wissenschaftlich begründete Schwierigkeiten. Um jedoch die geologischen Karten des Deutschen Reiches nicht weiterhin mit verschiedenen Bezeichnungen der einzelnen Eiszeiten zu belasten, sollen künftig die alpinen Benennungen auch in Norddeutschland den Vorrang erhalten. Die eiszeitliche Gliederung der Geologischen Landesanstalten ist deshalb:

Würm-(Weichsel-)Eiszeit
Warthestadium
Riß-(Saale-)Eiszeit
Mindel-(Elster-)Eiszeit
Günz-Eiszeit
Präglazial.

Maße abgeräumt haben. Immerhin finden sich in Gruben zutage anstehende Vorkommen der ältesten Moränen zweifellos auf Sylt und in Nordfriesland. Während der ersten, der „Elstereiszeit", wurde unser Land bis über Sylt hinaus zunächst von einem norwegischen und alsdann auch von einem baltischen Inlandeis überschritten. Die unterste Moräne, die aus sehr sandigem, ziemlich tonarmen Lehm besteht, lagert auf Sylt über den pliozänen Schichten an der Sohle des Kliffs bei Wenningstedt. Die diesem eiszeitlichen Schutt beigemengten Steine, die als „Geschiebe" durch das Eis mitgebracht wurden, zeigen ihren verschiedenen Ursprung an. Massenhaft findet sich der „Rhombenporphyr", ein dunkelviolettes Gestein mit helleren rautenförmigen Feldspatflecken, das aus der Gegend von Oslo durch jenes älteste Inlandeis zu uns gebracht wurde. Das etwas später aus Ostnordost eingetroffene baltische Eis der Elstervereisung brachte dagegen eine gänzlich andere Geschiebegesellschaft herbei, nämlich vorwiegend schwedische, westfinnische und Ostsee-Gesteine aus dem Raum zwischen dem schwedischen und finnischen Festland. Unter ihnen sind kennzeichnend die „Rapakiwi"-Geschiebe aus der Gegend der heutigen Aalandinseln. Das sind rötliche Gesteine mit eigentümlichen grauen, heller umrandeten Flecken aus zweierlei Feldspat. Das Gestein ist eine Art von Granit. Dazu gesellen sich eine ganze Reihe unterschiedlicher Porphyrarten und sonstiger Gesteine, die in Dalarne und anderen mittel- und südschwedischen Landschaften beheimatet sind. Man stelle sich vor, wieviele Jahrtausende sie, eingefroren in die Sohle des überaus langsam gleitenden Gletschereises, zu ihrer Reise von dort bis zu uns gebraucht haben!

Die Ablagerungen der ältesten Vereisung auf Sylt sind nur ganz geringmächtig. Anders hingegen in Nordfriesland. Hier stehen, und zwar bei Bohmstedt und Almdorf, in Sandgruben mächtigere, kiesige Sande an, deren Geschiebeinhalt eindeutig auf das elstereiszeitliche Alter hinweist (52). Beim Dammbau nach der Insel Nordstrand wurden ebenfalls elstereiszeitliche Schichten in der Sandentnahmegrube von Wobbenbüll gefunden. Öfter als zutage anstehend ist die Schichtenfolge der Elstervereisung in Bohrlöchern festgestellt. So wurde bei Bredstedt erst vor kurzem eine 57 m mächtige Schichtenfolge von Kiesen und Steinen, Ton- und Geschiebemergeln sowie mergeligem Sand erbohrt, elstereiszeitliche Schichten, die über Meeresabsätzen des Unterpliozäns lagern, und die wiederum von altzwischeneiszeitlichen Schichten bedeckt werden. Andere Bohrungen, zum Beispiel in der Umgebung von Leck, haben gezeigt, daß die elstereiszeitlichen Ablagerungen dort nur sehr geringmächtig sind. Die ersten zu uns gekommenen nordischen Gletscher haben also wohl ein von Tälern lebhaft zerspaltenes Relief der voreiszeitlichen Oberfläche angetroffen und die bestehenden

Senken und Mulden mit ihrem Schutt aufgefüllt. Ganz besonders deutlich tritt eine derartige Auffüllung unterirdischer Täler, die bis etwa 300 m unter dem heutigen Meeresspiegel eingesenkt sind, in der Gegend von Hamburg-Altona hervor (53). Diese Täler sind vollkommen mit Diluvium ausgefüllt; sie sind an der Erdoberfläche nicht sichtbar und haben nichts mit dem heutigen Elb- und Alstertal zu tun, sondern sie nehmen einen ganz anderen Verlauf. Eins derselben zieht zum Beispiel aus dem Untergrund von Billwärder durch Hammerbrook, Borgfelde, Hohenfelde, Harvestehude und Eppendorf nach Lokstedt. Ein anderes scheint unter Othmarschen, Nienstedten, Hochkamp, Dockenhuden, Sülldorf und Etz die Richtung auf Moorrege bei Ütersen zu nehmen. Teilstücke solcher Täler kennt man auch durch Bohrungen in Brunsbüttel, im Untergrund von Kiel, Flensburg und einigen anderen Orten. Als tiefste Ausfüllungsschicht enthalten sie zumeist einen groben Sand oder Kies mit Steingeröllen sowohl einheimischen wie skandinavischen Ursprungs. Außerdem aber kommt auch steiniger Lehm vor, der zum Beispiel in einem Lokstedter Tiefbohrprofil durchaus das Ansehen eines kennzeichnenden Moränenlehms, also einer Gletscherablagerung besitzt.

Über den alten Kies- und Lehmlagen am Grunde der unterirdischen Täler von Hamburg findet man als weitere Ausfüllung zunächst mächtige Schichten von sehr feinem Sand und Ton; derartige Schichten sind am Schluß der ersten Vereisung im Nordseeküstengebiet in großer Ausdehnung abgesetzt. Sie sind fossilleer und wohl von den trüben, sand- und schlammbeladenen Schmelzwasserströmen des zurückweichenden Gletschers, vielleicht bereits unter Mitwirkung der dem weichenden Eise unmittelbar nachfolgenden polarkalten Nordsee zusammengeschwemmt worden. Es sind das die zuweilen gebänderten Ablagerungen des „Lauenburger Tons“, der in den Gebieten der unteren Elbe und Weser bis nach Westfriesland weit verbreitet ist.

b. DIE ÄLTERE ZWISCHENEISZEIT

Erst die nächst höheren Schichten, nämlich Torf, Süß- und Brackwasserablagerungen und muschelreicher Meereston, bieten klarere Verhältnisse. An ihnen werden wir mit einem Male gewahr, daß nach der ersten Vereisung eine Interglazialzeit eingetreten ist, in der auf dem eisbefreiten Lande Wald und Moor sich ausbreiteten. So traf man über dem Lauenburger Ton eine dünne Lage von Torf bzw. Faulschlamm an, also Schichten, die an der Luft oder im Süßwasser entstanden. Bald, d. h. vielleicht 1000 oder mehr Jahre später, trat dann eine langsame Meeresüberflutung ein. Dies Meer war die Nordsee, die wirklich älteste uns vertrautere Nords e e, nicht mehr bevölkert mit fremdartigen südlichen Meerestieren wie zur Zeit des Miozäns, sondern mit Muscheln und Fischen genau solcher Art, wie sie noch jetzt in der Nordsee und im Atlantik leben. Da finden wir Miesmuscheln, Herzmuscheln, Austern und Wellhornschnecken, und selbst die mikroskopische Lebewelt der Foraminiferen und Diatomeen ist mit heutigen Formen vertreten. Wo die Schichtenfolge vollständig ist, lagern über dem Meereston zuweilen wieder Brackwasserschichten und als oberste Decke Moorbildungen, die uns lehren, daß das Meer sich schließlich zurückgezogen hat, und daß sein Boden zu einem versumpften Flachland wurde; wir können sogar an gut erhaltenen Torflagern jener Zeit nachweisen, daß die Moorbildung lange genug andauerte, um die üppigen Wald- und Wiesenmoore schließlich in öde, baumlose Hochmoore ausarten zu lassen, die unter dem Eise der zweiten Vergletscherung ihr Ende fanden. Deutliche Einblicke in diese erste Interglazialzeit, die ja von besonders langer Dauer war, haben die großen Zement- und Ziegeleitongruben zwischen Ütersen und Glinde und die Ziegeleigruben von Prisdorf, Hummelsbüttel und Lauenburg gebracht. Ältere, jetzt verschüttete Aufschlüsse gab es früher an mehreren Stellen in Blankenese. Dieses Meer, das auch als „H o l s t e i n - S e e" bezeichnet wird, beschränkte sich nicht auf vorhandene Talräume, die ja schon fast ganz zugeschwemmt waren, sondern es griff erheblich mit Weitungen, Buchten und Sunden darüber hinaus (54). So reichte von der Hamburger Gegend eine Bucht aufwärts bis über Boizenburg hinaus, wo das Wasser immer brackiger wurde. Vielleicht lag hier eine Flußmündung; aber dieser Fluß braucht nicht die Elbe gewesen zu sein. Möglicherweise bestand eine beltartige Verbindung über das Plöner Seengebiet hinweg in Richtung auf die Ostsee, denn bei Stöfs, im Gutsbezirk Waterneverstorf, ist eine kiesige Schicht aus jener Zeit vorhanden, die voller Austernschalen, aber auch anderer Meerestiere, zum Beispiel der Wellhornschnecke steckt. Die gleichen Schichten wurden auf dem Grimmelsberg bei Tarbek und in Bohrungen an seinem Westfuße gefunden. Die freieste Ausdehnung hatte das Meer der ersten Interglazialzeit jedoch im westlichen Holstein und Dithmarschen, und wir können seine Ablagerungen über Husum bis nach Sylt, wo sie als fetter Ton unter der Umgebung von Morsum anstehen, verfolgen. Ganz deutlich tritt der Faziesunterschied zwischen tonigen und sandigen Ablagerungen hervor: In der Nähe des alten Uferrandes finden sich Sande, zum Teil mit Muschelresten, wie bei Erfde und im Stapelholm, oder feinkörnige Sande, die in der Umgebung bei Husum nur mikroskopisch kleine tierische Reste enthalten. Westlich dieser sandigen Strandfazies jedoch findet sich überall nur Meereston. Man kann diesen grauen, zuweilen rötlichen Muschelton in den Ziegeleitongruben bei Rensing (Abb. 6), Wacken, Beringstedt, Innien und an vielen anderen Orten beobachten. Die dortige Fauna hat aber teilweise ein etwas nördlicheres Gepräge als bei Hamburg. Vielleicht machte sich bereits das Herannahen der zweiten Vereisung geltend.

Wenn wir auch im einzelnen den Verlauf der altinterglazialen Küste noch nicht kennen, so müssen wir doch annehmen, daß er vielleicht ebenso buchtenreich gestaltet war, wie unsere heutige Ostseeküste. Neuerdings wissen wir von einem solchen Gebilde Näheres, und zwar von einem mit Brackwasser erfüllten Haffsee, der mit 20 qkm Flächenausdehnung in der Umgebung von Bredstedt gelegen war (55). Dieses Haffseegebiet war durch eine seichte Barre vom offenen Meer getrennt. Die Barre, etwa in der Gegend von Bordelum gelegen, war anfangs so niedrig, daß regelmäßig Salzwasserzuflüsse vom Westen her in das Haff erfolgten. Zumindest zwei weitere Seen, die allerdings zu der gleichen Zeit von Süßwasser erfüllt waren, schlossen sich an das Haff an. Allmählich, wohl als eine Folge des Rückganges des Interglazialmeeres, ging die Verbindung des Haffwassers mit dem Meere verloren, die Barre schloß sich, und die vorhandenen Seen wurden durch Bäche von den Uferhöhen her mit Süßwasser aufgefüllt und vereinigten sich miteinander zu einem großen Binnensee. So kam es zur Schichtenfolge des Bredstedter Tones, eines grauen, aber auch bräunlichen bis rötlichen fetten Schlammes, der am Grunde des Haffs bzw. der einzelnen Seen zur Ablagerung gelangte. Dieser Ton ist zu unterst ein deutlicher Salzwasserabsatz, worauf eine üppige Diatomeenflora hinweist. In einzelnen feinschichtigen Lagen finden sich zahllose Schälchen frei schwimmender Schalenkrebse des Süßwassers (Ostrakoden) sowie blaue Ausscheidungen von Vivianit (wasserhaltigem, phosphorsaurem Eisenoxydul). Außerdem enthält der Ton, der im übrigen schon 1907 durch den im Stollberg angelegten Eisenbahneinschnitt gefunden wurde (56), massenhaft Pollenkörner, deren Artverteilung im Diagramm anzeigt, daß der Bredstedter Ton in die obere Hälfte der ersten Interglazialzeit gehört. Der Beginn der nächsten Vereisung macht sich durch die starke Temperaturabnahme in den höheren Schichten des Bredstedter Tones ähnlich wie durch die kühlere Fauna des Meerestones deutlich bemerkbar.

c. DIE MITTLEREN EISZEITEN

Mit der nächsten Vereisung, der „Saaleeiszeit", welche der Riss-Eiszeit des Alpengebietes zu entsprechen scheint, kam die tiefste klimatische Erniedrigung und das höchste Maß von Gletscherwirkung. Eine gewaltige Grundmoräne, die z. T. bis über 100 m Dicke angeschwollen ist (Geschiebemergel von Hohenwestedt), wurde über das Land gedeckt. Um dies zu verstehen, muß man

folgende Eigenschaften des Eises in Betracht ziehen:
1. Gletschereis ist nicht absolut starr, sondern es wird unter Belastungsdruck plastisch und bewegt sich dann schon bei leichtem Gefälle. Alle heutigen Gletscher in den Alpen usw. gleiten daher aus den Firngebieten, wo sie durch zusammensinternde Schneemassen gespeist werden, unaufhörlich talabwärts und schmelzen an ihrer Stirn in den wärmeren Regionen ab. Das Eis folgt dem Bodengefälle mit einer Geschwindigkeit, die in Ausnahmefällen fast 1 m in der Stunde erreichen kann. Auch die heute noch mehr als 2000 m dicke Inlandeiskappe von Grönland ist nicht völlig starr, sondern entsendet zahllose Eisströme in die Küstengewässer, wo die berstenden Gletscherenden als Eisberge zu schwimmen anfangen. In Norddeutschland war das Gefälle der Eissohle von Skandinavien herab schließlich gleich Null. Dennoch kam das Inlandeis nicht zum Stehen, sondern schob sich sogar um mehrere hundert Meter ins mitteldeutsche Hügelland hinauf. Zunächst staute es sich nur; dann aber glitten die oberen, überragenden Eismassen, getragen von den ruhenden unteren, über das Hindernis hinweg. Dies war solange möglich, wie die Dicke des Eises und also die Höhe seiner Oberfläche das vorliegende Bergland übertraf. Außerdem mußte der Nachschub den Schmelzverlust übertreffen. Die äußerste Eisgrenze befand sich dort, wo infolge klimatischer Wärme der Schmelzverlust den Nachschub völlig aufwog.
2. Die tiefsten Teile des Gletschereises sind erdfarbig von Schmutz und gespickt mit Steinen und Schutt. Bei den Verschiebungen des Gletschers oder Inlandeises kommen immer neue Teile mit dem Erd- oder Felsboden in Berührung, über den die Reise geht. Dabei setzen sich Steine und Erde in ihnen fest wie in einer schlechten, rissigen Schuhsohle. Die eingefrorenen Granitstücke, Quarzitblöcke usw. zerkratzen beim Fortschleifen den Untergrund. So wirkt die steinige Gletschersohle unter dem unaufhaltsamen Zwang der Fortbewegung und dem gewaltigen Druck der Eislast, einem Druck, der dreimal so stark ist wie der Dampfdruck einer Lokomotive, gleichsam als riesige Rauhfeile auf den Untergrund; im Laufe der Jahrtausende werden dicke Schichten von ihm abgeschabt. Auch Schmelzwässer, die sich durch Spalten und Löcher auf den Boden hinabstürzen, wirken dabei mit. Sie erzeugen tiefe Strudellöcher (sog. „Gletschertöpfe"), indem sie mittels bewegter Steine und scharfen Sandes den Grund ausbohren. Wenn einmal der Gesteinsuntergrund des Diluviums bloßgelegt wird, wie zum Beispiel in den Kreidegruben bei Itzehoe, so sieht man oft zahlreiche Gletschertöpfe oder Gletschermühlen, in denen noch die abgeschliffenen Steine liegen, die einst im Wasserwirbel, den Untergrund zermahlend, getanzt haben. Alles unterwegs aufgenommene Material schleppt das Eis in die Ferne und läßt es beim Schmelzen dort

liegen. Geht die Schmelzung ruhig vonstatten, so lösen sich die Eisteilchen zwischen den Fremdkörpern einfach auf, und die letzteren schließen sich zu einer dichten, ungeschichteten Masse, der Grundmoräne, zusammen. Abgeschliffene Steine aller Größen, Kies-, Sand- und Tonteilchen bilden dann ein ziemlich fettes, steiniges Gemenge, das wir, solange es kalkhaltig ist, Geschiebemergel, sonst aber Geschiebelehm nennen. In Schleswig-Holstein ist die Grundmoräne infolge ihres Gehalts an zermalmter Kreide und Kalksteinen ursprünglich stets Geschiebemergel gewesen. Erst durch spätere Verwitterung ist ihr Kalkgehalt teilweise verschwunden und der Mergel nahe der Oberfläche zu Lehm geworden.

Wo das Gletschereis stark zerklüftet und von sogen. Scherflächen durchsetzt war, die durch Bewegungsunterschiede in seiner Masse entstanden, da spiegelt sich dies sehr oft in einer gewissen Bankung und Klüftung des ausgetauten Geschiebemergels wider. Solche Erscheinungen sind an zahllosen Stellen der Steilküste an der Ostsee, z. B. bei Heiligenhafen, und auch auf Sylt im Kliff zwischen Westerland und Wenningstedt zu sehen.

3. Können die Schmelzwässer sich auf der Eisböschung, in Einschnitten oder in Wölbungen unter dem Eise frei bewegen, so spülen sie von dem auftauenden Moränenschutt alle feinen Bestandteile fort und lassen nur die schweren Blöcke (Findlinge) liegen. Indem sich die Gewässer im Vorlande verlaufen, lagern sie dort große Mengen von Steingeröll und Sand ab. Der feine Tonschlamm wird entweder bis fern zum Meere fortgetragen oder in den ruhigen Seen niedergeschlagen, die sich nicht selten zwischen dem Eisrande und benachbarten Anhöhen bilden (sog. Stauseen). So entstehen oft sehr ausgedehnte und mächtige Tonlager.

Als Ablagerungen der Vereisungen treffen wir also in unserem Lande sehr verschiedenartige Bildungen: Geschiebemergel, Steine, Kies, Sand und Ton in allen Graden der Feinheit (Abb. 7). Das Eis hat aber nicht nur aufbauend, sondern auch stark zerstörend gewirkt. Es hat gewaltige Massen des älteren Diluvialbodens und sogar des Tertiär- und Kreidegrundes abgeschabt. Nicht selten hat es Bodenmassen, die seinem Andrang Widerstand leisteten, von ihrer Unterlage abgequetscht und unter gewaltigen Verdrückungen und Zusammenfaltungen kilometerweit fortbewegt. Besonders oft verfiel tertiärer oder diluvialer Ton diesem Schicksal. Größere Hügeldurchstiche, die man im westlichen Schleswig-Holstein für Damm-, Kanal- und Bahnbauten ausgeführt hat, zum Beispiel bei Bredstedt, Wobbenbüll, Norderstapel, Burg und Itzehoe zeigten ein ganz unberechenbares Bodenprofil. Riesige Tonschollen lagen in mehrfacher Wiederkehr schräg auf zusammengestauchte Sandschichten aufgeschoben, unterbrochen von harten Massen graublauer, mit Kreidestückchen gespickter Grundmoräne;

als letzter Schmelzschutt lag darüber eine Rinde von sandigem Geschiebelehm oder Decksand, und die sanften Außenformen der Hügel verrieten nichts von dem verworrenen Innern. Durch diese Vorgänge haben natürlich diejenigen Ablagerungen, die unmittelbar vor der Hauptvereisung entstanden sind, am schwersten gelitten, also die weichen Interglazialgebilde, insbesondere der Meereston Seine ursprüngliche ebene Lage hat er nur an wenigen Orten bewahrt (zum Beispiel in der Tiefe unter Billwärder, Nienstedten, Farmsen und Volksdorf). Auf große Erstreckung ist er gänzlich zerstört, und an fast allen Orten, wo er jetzt in Ziegeleigruben sichtbar ist, ist er entweder aus der Tiefe emporgepreßt oder in ungeheure, verschobene Schollen (manchmal 10 bis 20 m dick und 50 oder 100 und mehr Meter lang) zerstückelt, zwischen denen Sandmassen oder Grundmoräne eingekeilt sitzen (so bei Lauenburg, Hummelsbüttel, Ütersen, Blankenese, Prisdorf, Wacken, Rensing, Burg, Beringstedt). Sehr schön und gut sichtbar sind die Verschiebungen des Tertiärs auf der Insel Sylt. Während an der Westküste, in dem lang ausgedehnten Westerländer und Roten Kliff, die Moränen der Eiszeit ganz eben und fast ohne Störung auf den horizontalen tertiären Kaolinsandschichten lagern, sieht man an der Ostküste, im Morsumkliff, alles verschoben. Dreimal kehrt dort der gleiche Glimmerton in großen, schräg auf Kaolinsand geschobenen Schuppen wieder. Neu angelegte Gruben im Bereiche der Archsumer Geest gestatten einen recht guten Einblick in die Lagerungsverhältnisse vom Diluvium und Pliozän. Deutlich zeigt sich hier, daß im Ostteil von Sylt ein Stauchmoränengebiet vorliegt, in welchem die Schichtenfolge der Archsumer Geest zu einem gegen Osten offenen Stauchendmoränenbogen zusammengeschoben worden ist. Von dieser alten Moräne, die spitzwinklig vom Morsumkliff und dem Eisenbahneinschnitt geschnitten wird, ist aber nur noch ein Rest vorhanden (57). Derartige Verschiebungen von Nordosten nach Südwesten herrschen allgemein im Westen Schleswig-Holsteins vor, wo die Moränen der Hauptvereisung in den Geestkuppen fast überall frei zutage liegen. Das Inlandeis bewegte sich also von Nordosten gegen Südwesten. Diese Beobachtung der Bodenlagerung ist wichtig für die Beurteilung aller größeren Erdarbeiten und auch der Wasserbohrungen. Regelmäßige Lagerungsformen wechseln in den einzelnen Landschaften mit unregelmäßigen. Kenntnis, Erfahrung und sorgfältige Untersuchung sind unbedingt nötig, wenn man folgenschwere Enttäuschungen bei der Nutzung dieser so verschieden gelagerten Böden als Baugrund vermeiden will.

Wir haben schon weiter oben davon gesprochen, daß Schleswig-Holstein sicherlich viermal von Gletschermassen während der Diluvialzeit bedeckt wurde. Auf die Ablagerungen der Saaleeiszeit lagern sich nämlich im Gebiete der Lüneburger Heide Kieselgurschichten, die nach ihrem Fossilinhalt, und zwar karpfenartigen Süßwasserfischen, Blättern, Samen und Früchten von Nadel- und Laubbäumen Zeugen wärmeren Klimas sind. Diese Kieselgurschichten sind nicht nur merkwürdig gestaucht, sondern sie sind zum Teil auch von Grundmoräne und großen Geschieben bedeckt (58), so daß man hier den Beweis dafür hat, daß die Kieselgurschichten nochmals von eiszeitlichen Gletschern überschritten wurden. Allerdings umfassen die Ablagerungen der Kieselgur keine vollständige Interglazialzeit, sondern sie sind nur innerhalb weniger (etwa 8—12) tausend Jahre als ein sich rasch aus Diatomeenschlamm bildendes Sediment zur Ablagerung gelangt und entsprechen daher einer bei gemäßigtem Klima entstandenen kurzfristigen „Interstadialzeit". Weiter nördlich jedoch sind derartige Interstadialablagerungen gleichen Alters noch nirgends gefunden worden. Statt ihrer machen sich Erscheinungen geltend, die zweifellos unter der klimatischen Kälteeinwirkung in einer Zone vor benachbarten Gletschermassen entstanden, einer sog. Periglazialzone. Wie es heute noch auf Spitzbergen (59) und in anderen Polargebieten der Fall ist, wirkt das kalte Klima, das die Gletscher und Inlandeis-Kappen hervorbringt, in weitem Umkreis unmittelbar auf den Boden ein. Dieser gefriert allmählich bis in große Tiefe und taut während des kurzen Sommers nur in seiner Oberschicht etwa $^3/_4$—2 m tief auf. Der häufige Wechsel von Gefrieren und Auftauen, besonders aber die sommerliche Auftauzeit bringt eigentümliche Bodenstrukturen hervor, unter denen sack- und taschenartige Gebilde die merkwürdigsten sind. Langsame Konvektionsströmungen im wasserreichen Auftauschlamm führen zu einer Sonderung des groben von dem feinen Bodenmaterial, derart, daß das letztere sich in das Innere der Taschen verlagert; man nennt solche Gebilde deshalb „Brodelkessel", das Ganze „Brodelboden". Die Brodelkessel sind im Querschnitt topfartig, im Längsschnitt elliptisch bis kreisrund. Solche Brodelböden findet man auch im Bereiche des westlichen Schleswig-Holsteins auf weite Flächen hin, allerdings nur auf dem verwitterten Boden der Saalevereisung (Abbildung 8) oder noch älteren Ablagerungen. So sind sie besonders schön in den Mausbergen bei Husum, bei Christiansholm und nördlich von Tellingstedt, aber auch an vielen anderen Orten derzeitig aufgeschlossen (60). In einzelnen Lehm- oder Kiesgruben kann man beobachten, daß diese Brodelböden, die auch als Würgestrukturen bezeichnet werden, von Grundmoräne oder Sanden und Kiesen überlagert werden. In diesen hangenden Schichten aber kommen Brodelböden nicht vor. Außerdem zeigt sich, daß die saaleeiszeitlichen Brodelböden enthaltenden Schichten infolge tief einschneidender Verwitterungsvorgänge 10, ja bis über 30 m tief völlig entkalkt und gealtert sind, während die über den Brodelböden lagernden eiszeitlichen Schichten nicht nur jugendfrisch aussehen, sondern aus der Zeit ihrer Entstehung noch den Kalkgehalt sogar innerhalb der oberen Bodenzone besitzen. Zugleich liegen aber die Schichten im Hangenden der Brodelböden soweit außerhalb der Grenze der jüngsten Vereisung, daß sie dieser nicht mehr zugerechnet werden können. Man begegnet also im westlichen Schleswig-Holstein zwischen dem klaren Gebiet der jüngsten Vereisung und dem sicheren Boden der Saalevereisung einer besonderen bis zu 30 m mächtigen Moränenbildung, die keiner von beiden zugehört, sondern eine selbständige, zeitlich und räumlich zwischen sie geschaltete Gletscherablagerung darstellt (s. Karte 2). Von den älteren Saalemoränen wird sie durch Periglazial- und weiterhin auch Interstadialbildungen geschieden, von den jüngeren Moränen, der sog. Weichselvereisung, durch bedeutende Meeres- und Süßwasser-, bzw. Torfablagerungen einer ausgeprägten Interglazialzeit. Diese, auch durch eine eigentümliche Geländegestaltung gekennzeichnete Moränenbildung wird „W a r t h e g l a z i a l" genannt. In ihrer Dauer und ihrem Umfang wirkte sich die Warthevereisung zwar nicht in dem Maße wie die Saalevereisung aus, wohl aber reichten ihre Grenzen erheblich weiter nach Westen und Süden als diejenigen der jüngsten Vereisung. Zum Wartheglazial gehören deshalb verschiedene in Schleswig-Holstein besonders markant ausgeprägte Höhenzüge, wie beispielsweise die höchsten Erhebungen der Klintumer Berge, der Stollberg bei Bredstedt, der Glockenberg bei Schwabstedt, der Zwieberg und die anderen Kuppen auf dem Stapelholm sowie Teile der Höhenzüge bei Albersdorf und Itzehoe, der Kisdorfer Wohld und die Boostedter Berge, die Blankeneser und die Schwarzen Berge der Hamburg-Harburger Umgebung. Der weitere Verlauf dieser Endmoränenlage läßt sich über die Göhrde, die Letzlinger Heide und durch die südliche Mark Brandenburg über Kottbus nach Glogau und bis ins Katzengebirge bei Breslau verfolgen.

d. DIE JÜNGERE ZWISCHENZEIT

Als die warthezeitlichen Gletscher abgeschmolzen waren, folgte eine neue milde Interglazialzeit. Der wüste Moränenboden gewann allmählich ein freundlicheres Aussehen, und über das Stadium einer von arktischen Moosen, Zwergweiden und -Birken bedeckten tundraähnlichen Landschaft breiteten sich späterhin Kiefernwälder untermischt mit Eichenwäldern aus, deren letztere immer mehr an Bedeutung gewannen. Grüne Waldungen und Wiesen lagen zwischen Flüssen und Seen. Lange, friedliche Jahrtausende gestatteten die Bildung von Torfmooren und allerhand Ablagerungen im Wasser.

Als alter Nachbar nahm auch in dieser Zeit wiederum die Nordsee von einigen Teilen unseres Landes Besitz; sie drang sogar nochmals weit bis ins Innere vor. Ihre aus Kiesen, grauen und grünlichen Tonen bestehenden, bis zu 25 m mächtigen Ablagerungen finden sich unter Listland (Sylt), unter den Marschen auf Föhr und bei Tondern, ja, im ganzen nordfriesischen Marschenbereiche, unter den Halligen, am Nordrande von Eiderstedt und von hier ab in einer schmalen, fördenartigen Ausbreitung im Tale der Eider bis unter das Reitmoor und kurz vor die Tore von Rendsburg. Sie verzweigen sich im Gebiete der Haaler-, Fuhlen- und Luhn-Au. Die Nordsee dieser Periode nennt man nach dem Eem-Flüßchen in Holland, wo sie zuerst an muschelreichen Ablagerungen studiert wurde, das „Eem-Meer". Im Norden entsandte dieses Meer einen weiteren Ausläufer in das Binnenland entlang der Lecker Au hinauf bis in die Umgebung von Stadumfeld. Die Eemschichten sind Ablagerungen, die durch eigentümliche Konchylienreste gekennzeichnet sind (61). Unter anderen kommen darin Muscheln und Schnecken vor, die heute nicht mehr in der Nordsee leben, sondern an Spaniens Küsten oder erst im wärmeren Mittelmeer. So findet man besonders große Verwandte von Tapes aureus, den Tapes senescens, ferner die hübsche kleine Lucina (Divaricella) divaricata, Gastrana fragilis und andere Charakterformen. Dazu gesellen sich Miesmuscheln (Mytilus edule und echinatum), Austern und verschiedene Schnecken (Litorina litorea und besonders Nassa reticulata sowie Bittium reticulatum). Insgesamt kennt man mehr als 120 Molluskenarten aus dem Eem. Die Tone des Eem-Meeres stecken voll von Diatomeen, die darauf hinweisen, daß das Eem-Meer zur Küste hin infolge der zuströmenden Flüsse brackig war, und daß es unter starkem Tidewechsel stand. Auch an Schleswig-Holsteins Ostküste, in der Gegend von Haffkrug, nördlich von Kiel, und im nordöstlichen Angeln, im Sundewitt sowie in den Kliffen der dänischen Inseln finden sich Ablagerungen aus dem Eem-Meer. Hierin kommt die große Muschel Cyprina islandica massenhaft vor, die im Nordatlantik und in der Nordsee lebt, im Tiefenwasser der nördlichen Ostsee heute aber nur in kleineren Exemplaren mit dünneren Schalen angetroffen wird. Nach ihr wird dieser Ton „Cyprinenton" genannt, dessen schönste Aufschlüsse im Gottsche-Kliff, nördlich des Dörfchens Steensigmoos auf Broacker vorhanden sind. Im Fuß dieses Kliffs steckt eine dünne Torfschicht mit Eichenresten, darüber folgt Brackwasserton mit Miesmuscheln und dann der reine Meereston mit Cyprinen. Über diesem liegt ein sehr muschelreicher Sand mit Tapes senescens, Macoma baltica, Divaricella divaricata, Nassa, Bittium usw. und zu oberst Geschiebemergel.

Man kennt weitere Ablagerungen des Eem-Meeres in West- und Ostfriesland, von einzelnen Orten Dänemarks, Rügens, Hinterpommerns, West- und Ostpreußens; ja, sie finden sich sogar im nördlichen Posen bis in die Gegend von Hohensalza. Der im Raume der Ostsee gelegene und von dem offeneren Nordseeteil durch Schleswig-Holsteins alte Geest getrennte Eem-Meeresteil hatte jedoch keine Gezeiten. So ist auch seine Diatomeenflora gänzlich anders. Dieses östliche Eem-Meer stand wohl nur um das Gebiet des Skagerraks oder über Dänemark in schmalen, flachen Meeresstraßen mit dem Eem-Meer des Nordseeraumes in Verbindung. Es waren offenbar ähnliche meeresgeographische Verhältnisse, wie sie noch heute zwischen der Nordsee und Ostsee bestehen. Die Ablagerungen des Eem-Meeres im östlichen Schleswig-Holstein und im Raume der Ostsee sind späterhin von den Gletschern und Moränen der jüngsten Vereisung überlagert und dabei gestaucht und verschleppt worden. Im Westen von Schleswig jedoch trifft man über den Absätzen des Eem-Meeres nirgends unmittelbare Ablagerungen aus dem Inlandeis; nur die Schmelzwasserabsätze aus der jüngsten Eiszeit bedecken sie. Das konnte genauer festgestellt werden, als der Nordostsee-Kanal den Untergrund des Reitmoores südwestlich von Rendsburg durchschnitt. Dort brachte der Bagger auf weite Erstreckung tonigen Tapes-Sand mit der ganzen charakteristischen Muschelgesellschaft des Eems zutage. Derselbe lag in etwa 10 m Tiefe, war von Sand und Moor bedeckt und hatte Geschiebemergel-Untergrund Etwas weiter westlich, nach Grünenthal zu, fand man Knochenreste eines Nashorns in den Eemschichten, und in den Zähnen waren unter den Futterresten sogar die Dornen von Wildrosen erhalten geblieben.

In Nordfriesland findet sich zumeist als tiefste Schichtenfolge des Eem-Meeres Tapes-reicher Muschelsand mit Kies und darüber ein grünlichgrauer Ton, der durch das massenhafte Auftreten der Schnecke Turritella communis ausgezeichnet ist. Hierauf folgen muschelarme tonige Schichten, die desto mehr von Pflanzenresten durchsetzt sind. Sie zeigen die allmählich zunehmende Verlandung des Eem-Meeres an.

Die Fauna des Eem-Meeres, die ein wärmeres Klima als das der gegenwärtigen Zeit in unseren Breiten erforderte, ist sicherlich vom Atlantik her durch den Ärmelkanal vorgedrungen. Dabei hat sie über Teile von Holland und an Ostfriesland entlang unser Gebiet offenbar über das nördliche Eiderstedt erreicht, so daß neues Salzwasser in der Gegend der jetzigen Hever-Priele bei jeder Flut eideraufwärts drang. Gestützt auf die Verteilung der westlichen Fundpunkte unter der nordfriesischen Marsch geht eine Ansicht nun dahin (62), daß das Eem-Meer in unserem Bereich nicht unmittelbar vom Westen, sondern vom Norden her zwischen Sylt und der dänischen Küste südwärts tief bis ins Innere des Landes vorgedrungen sei und hierbei ein fjord- oder beltartiges Gewässer dargestellt habe, in das die alte Eider einmündete. Durch die jüngeren, besonders jungeiszeitlichen und nacheiszeitlichen Erosionsvorgänge im Nordseebecken und durch sonstige Zerstörungen in diesem Gebiet sind allerdings so starke Umgestaltungen erfolgt, daß die Frage nach dem wirklichen Bestehen einer „Eem-Förde" noch nicht endgültig beantwortet werden kann.

Auch auf dem Lande gibt es vielfältige Zeugen aus dem letzten Interglazial. Berühmt sind die beiden Torflager vom Kuhgrund bei Lauenburg (63) und vom Elbufer bei Tinsdahl (Abb. 9) zwischen Schulau und Wittenbergen. Die dritte Vergletscherung hat sie beide nicht erreicht, aber sie verraten ihr hohes Alter doch durch die Menge von zusammengeflößtem, steinigem Sand, der auf ihnen lastet und durch die Reste einiger eigentümlicher Pflanzenarten. So findet man in ihnen zum Beispiel Fichtenzapfen. Die Fichte ist in unserem Lande nur während der Diluvialzeit heimisch gewesen; nach der letzten Eiszeit war sie zunächst verschwunden und hat sich alsdann in Nordwestdeutschland urwüchsig nur bis zur Elbe ausgedehnt. Nach Schleswig-Holstein, dessen einziger urwüchsiger Nadelbaum seitdem die Föhre war, ist sie erst durch Menschenhand verpflanzt worden. (Einige der ältesten Fichten stehen bei Rosdorf nördlich von Kellinghusen.) Infolgedessen findet man Fichtenzapfen und Fichtenholzreste niemals in unseren nacheiszeitlichen Torflagern. Selbst Pollenkörner der Fichte sind darin außerordentlich selten. Dagegen sind in den zwischeneiszeitlichen Schichten sowohl der ersten als auch der zweiten Interglazialzeit Fichtenreste, vor allem Pollenkörner, desto häufiger, zum Beispiel im friesischen sogenannten Tuul, einem Torf, der unter einem Teil von Westerland und vor dem Strande in der flachen See ansteht (64). Aus der zweiten Interglazialzeit stammen auch die alten Süßwasser-Seeablagerungen, die bei der Anlage des Stadtparkes zu Winterhude bei Hamburg aufgegraben sind, sowie verschiedene ähnliche bei Öjendorf und in der Gegend von Beldorf und Lütjen-Bornholt, die der Nordostsee-Kanal durchschneidet (65). Es sind Schichten von Faulschlamm (Mudde), Süßwasserkalk, Verlandungstorf und Sand voller Schnecken- und Muschelschalen, nur bedeckt von Kies und Sand und über diesem von jüngerem Torf. Ähnlich ist die Schichtenfolge im Untergrund des westlich Nortorf gelegenen Bargstedter Hochmoores. Unter mächtigem Torf lagert jungeiszeitlicher Staubeckenton und Schmelzwassersand mit Kies. Darunter aber folgen sandig-schlammige Muddeschichten von 12 m Mächtigkeit, in denen eine 1,20 m starke Sandschicht, übervoll an Muscheln (Dreissensia polymorpha, Pisidium-Arten) und Schnecken (Valvata piscinalis u. a. m.), bei 33 m Tiefe in einem interglazialen Süßwassersee abgelagert worden sind.

Anders sind die Verhältnisse im Osten Schleswig-Holsteins. Auch dort kommen Torflager aus der jüngeren Interglazialzeit vor, aber sie sind später zum Teil recht dick von Moränen bedeckt, welche die letzte Vereisung dort niedergelegt hat. Solche moränenbedeckten Torfschichten kennt man von Holtenau bei Kiel, von vielen Fundpunkten bei Flensburg, von Loopstedt am Haddebyer Noor bei Schleswig und von etwa 60 anderen Fundpunkten. Der Loopstedter Interglazialtorf ist im hohen Ostufer des Noores gut zu betrachten, wo er, tief unter Geschiebesand und Lehm entblößt, im Verband mit kalkigem Faulschlamm dicht über dem Wasserspiegel mehrere Meter mächtig ansteht.

Die Entwicklungsvorgänge im jungen Interglazial gehen aus den bisher gefertigten zahlreichen Pollendiagrammen klar hervor. Über einer zunächst unter noch kühlerem Klima zum Absatz gelangten, überwiegend tonigen Schichtenfolge mit Zwerghölzern, Gräsern und Moorpflanzen entwickelten sich Faulschlammudden und Torfe, die zu unterst und zu oberst hauptsächlich die Pollen und Holzreste von Koniferen, in der Mitte jedoch überwiegend die von Eichenmischwäldern, Erlen, Haselsträuchern, Fichten und Hainbuchen enthalten. Die darüber lagernde Schichtenfolge, Sande und Tone, birgt eine subarktische Flora, aus der sich auf einen geringen Vorstoß der in Skandinavien verbliebenen Eismassen schließen läßt. Wohl nur für kurze Zeit kam es in den höheren Abschnitten des Junginterglazials wiederum zum Absatz geringmächtiger Mudden und Torfe unter nochmals klimatisch günstigen Verhältnissen, wobei in den Seenlandschaften die Wassernuß (Trapa natans), das Brassenkraut (Brasenia purpurea) sowie eine Grasart (Dulichium spathaceum) und im übrigen nochmals die Eichenmischwälder weiter verbreitet waren. Von dann ab aber setzt eine deutliche und beschleunigte Abkühlung des Klimas ein, so daß die wärmeliebenden Pflanzen rasch verschwinden und das Interglazial bei subarktischem Klima mit Zwergbirkenresten enthaltenden Tonen abschließt. Diese vollständigen Schichtenfolgen, die den gesamten klimatischen Entwicklungsgang des Interglazials widerspiegeln, sind aber nicht überall vorhanden, sondern, ähnlich wie in der Gegenwart, wurde auch innerhalb der Junginterglazialzeit die Sedimentation häufig unterbrochen, und es kam daher zumeist nur zum Absatz einiger ihrer Glieder.

e. DIE LETZTE EISZEIT

Die jüngste und letzte Vereisung — die sog. „Weichsel-Eiszeit“ = „Würm-Eiszeit“ der Alpen — hatte einen durchaus anderen Charakter als die Hauptvereisung. Während nämlich die Hauptvereisung eine solche Mächtigkeit und Kraft besessen hatte, daß Norddeutschland ihr gar kein Hindernis bot und das Eis seinen Weg ziemlich grade von Norden und Nordosten gegen Mittel- und Westdeutschland verfolgen konnte, war die dritte Vereisung bedeutend schwächer und in so hohem Maße von den geringeren Bodenformen abhängig, daß sie sich schließlich zu einem reinen Ostseegletscher entwickelte. Das Eis folgte der weiten, flachen Ostseemulde, die, wie wir oben gesehen haben, sich im letzten Interglazial gebildet hatte, schabte sie tiefer aus und endete auf den Landhöhen im Süden und Westen des Meeres. Bei uns und im südöstlichen Jütland bewegte es sich also im großen und ganzen von Osten nach Westen, und im Gebiet von Fünen und Seeland strömte es sogar nach Nordwesten. Es kam von Schweden und den bottnisch-finnischen Höhen und beschrieb schließlich einen vollen Halbkreis. Man kann seine Endmoränen (66) vom westlichen Ausgang des Limfjords durch Mitteljütland in die Gegend von Woyen verfolgen; von dort ziehen sie über Rotenkrug, Bau, Flensburg, Weding, Idstedt, Lürschau, Dannewerk, Jagel, Brekendorf, Duvenstedt, Audorf, Nortorf, Einfeld, Kummerfeld, Volksdorf, Meiendorf, Rausdorf, Grande und Segrahn durch Schleswig-Holstein nach Mecklenburg und dann weiter durch die Mark, das nördliche Posen, Nordpolen, das südliche Ostpreußen bei Neidenburg und Litauen, immer durch Hügel und Seen gekennzeichnet, nach dem nordwestlichen Rußland bis zur Eismeerküste von Kanin. Ein großer Teil dessen, was man früher als uralisch-baltischen Höhenzug bezeichnete, ist Moränenanhäufung der letzten Vereisung. Es war also immerhin noch ein sehr ansehnlicher Raum, den dies Inlandeis während seiner größten Ausbreitung einnahm, und wir müssen daraus wiederum auf eine recht erhebliche Klima-Verschlechterung schließen, nur scheint diese von kürzerer Dauer als diejenige der Warthe- oder gar der Saale-Eiszeit gewesen zu sein.

Aus den Ablagerungen der Weichsel-Eiszeit ersehen wir so recht, daß es sich bei dieser letztmaligen Vergletscherung Nordeuropas nicht um einen einheitlichen Vorgang gehandelt hat, sondern daß der Eisrand über den Zeitraum von Jahrtausenden hinweg unter der gegensätzlichen Einwirkung des dem Gletscher nicht mehr zuträglichen Klimas im Süden und der Anhäufung der ihn nährenden Schneemassen in seiner Ursprungs- und Scheitelregion stand. Deshalb finden sich im östlichen Schleswig-Holstein mehrere Moränenstaffeln, die zumindest vier unterschiedlich großen Vergletscherungsphasen entsprechen. Die äußerste Randlage nach Westen bezeichnet man als „Brandenburger Stadium". Hierzu gehören die hohen Endmoränen und niederen Wälle von Flensburg, Schleswig, Jagel, Rendsburg, Nortorf, Bornhöved, Segeberg, Ahrensburg, Mölln, Zarrentin usw. (67). Zum „Frankfurter Stadium" rechnet man die nächsten weiter ostwärts gelegenen Endmoränen, die am markantesten in den Hüttener, Duvenstedter und Westenseer Bergen ausgeprägt sind. Noch östlichere Staffeln, zum Beispiel in der Umgebung der Eckernförder Bucht und der Kieler Förde, dem Bungsberggebiet und bei Travemünde, gehören dem „Pommerschen Stadium" an, sind also gleichaltrig mit dem berühmten Endmoränenbogen des „Odergletschers" bei Chorin nördlich von Berlin. Ablagerungen noch jüngerer Eisvorstöße kann man in den Höhenzügen des östlichsten Angeln, bei Heiligenhafen und selbst noch auf Fehmarn erblicken.

Die Ablagerungen, die beim Tauen dieser Eismassen in unserem Lande entstanden, waren die gewöhnlichen: Geschiebemergel, Stein-, Geröll- und Kieslager, Sand und Ton. Sie bieten geologisch kein besonderes Interesse. Wichtig und höchst mannigfaltig ist aber die Art, wie sie an der Gestaltung der schleswig-holsteinischen Landschaft und an ihrer Ackerkrumen- und Waldbodenbildung beteiligt sind. Mit Ausnahme der Marschen und alluvialen Ablagerungen hängt die heutige landschaftliche Gliederung (s. Karte 2), die Beschaffenheit des Bodens, seine Fruchtbarkeit, Nutzung und Besiedelung, aufs innigste mit der letzten Vereisung zusammen.

Der Osten des Landes ist eine schwach kuppige, oftmals ebene und einheitliche Grundmoränenlandschaft, der vereinzelte jüngere Endmoränenstaffeln aufgesetzt sind. Hier, in einiger Entfernung vom freien Vorland, taute das Inlandeis langsam und ziemlich gleichförmig ab, und die Tauwässer fanden nur mühsam Auswege zum Sammeln und Abfließen. Je dünner das Eis wurde, um so mehr verlor es seine Beweglichkeit und lag schließlich, wie man sagt, „tot". Die mitgeschleppten Steine, der feinere Schutt und der Lehm, der die unteren Partien durchsetzte, sammelte sich auf der immer mehr zusammensinkenden Oberfläche an, und diese bekam ein zerfressenes, hügeliges Aussehen. Besonders schöne „Toteis"-Landschaften befinden sich dort, wo die Endmoränenzüge nicht mehr zusammenhängend sind, zum Beispiel im Raume zwischen dem Haddebyer Noor bei Schleswig und der näheren Umgebung von Rendsburg im Vorfeld der Hüttener und Duvenstedter Berge, auch in der Umgebung des Schleidurchbruchs bei Missunde. Diese zwischen toten, stillgelegten Eis-Klötzen zustandegekommenen endmoränenartigen Gebilde bestehen aus horizontal geschichteten, nicht gestauchten Sand- und Kiesschichten, die wegen ihrer oft sargdeckelartigen Hügelform mit einem englischen Lokalausdruck als „Kames“ bezeichnet werden. In anderen Gebieten, zum Beispiel südlich Reinfeld-Oldesloe (68), finden wir in Richtung der Eisbewegung liegende elliptische Rückenberge in größerer Zahl. Sie werden — ebenfalls mit einem englischen (schottischen) Lokalausdruck — „Drumlins“ genannt und sind Aufschüttungsformen, die das mit Moräne übersättigte, aber noch fortströmende Eis an seinem Grunde geschaffen hat. Im übrigen mag das Bild ähnlich dem gewesen sein, das die toten Außenzonen der großen Gletscherfelder am Fuß der Gebirge Alaskas, zum Beispiel des Malaspinagletschers, dem Besucher darbieten, ein Gletscher, der größer als das Land Braunschweig ist. Er ist meilenweit mit einer dicken, lehmigen Kruste von Stein und Erdschutt bedeckt, auf der hoher Fichtenwald mit dichtem Unterholz gedeiht.

So günstig sind freilich die Vegetationsverhältnisse an unserem Ostseegletscher nicht gewesen, denn wir finden keine Baumreste in seiner Hinterlassenschaft an Moränenerde und Schmelzbach-Sand. Immerhin war es dem Menschen möglich, wohl schon bei beginnendem Zurückschmelzen des Eises in unserem Lande auf Jagd nach den in großen Rudeln das Vorland belebenden Renntieren zu gehen. Als schließlich alles Eis von der Erdoberfläche weggeschmolzen war, bildete der Geschiebemergel unzählige unregelmäßige Hügelhaufen, die hier und da von schlichterem Gelände oder auch von Ebenen aus zusammengeschwemmtem Sand unterbrochen waren. Noch erhielten sich aber im Inneren der Hügel und als Zwischenschichten der Sandbänke Eislagen und feines, das Bodenmaterial verbindendes Eisgewebe, und es dauerte Jahrhunderte, bis auch alles dieses von der Sonne nicht erreichte Eis forttaute. Dabei sanken Hügelgrate und steile Ufer zusammen, und halbflüssig gewordener Moränenlehm leckte über die Sandblößen hinweg. Alles rundete sich und strebte nach Ausgleich. Der tiefere Untergrund gewann allmählich seine Durchlässigkeit wieder, und das vordem an der Oberfläche zerstörend dahinflutende Wasser vermochte zu versickern und wieder in reicherem Maße Grundwasser und Quellen zu bilden und die Flüsse gleichmäßig zu speisen, so, wie es schon in den Interglazialzeiten gewesen war. Die Hügellandschaft des östlichen Holsteins, von Schwansen, Angeln, dem Sundewitt, Alsen, Loit, dem Neß und der Gegend zwischen Hadersleben und Kolding spiegelt in Form und Beschaffenheit allenthalben diese Vorgänge wider. Den Hügeln entsprechen ebensoviel kleine und große Bodenmulden. Darin sammelten sich später die Gewässer zu zahllosen Teichen und Seen, die alle denkbaren Umrisse und Tiefenverhältnisse haben. In gewissen Gebieten verschafften sich aber die Schmelzwässer einen geregelten Ablauf.

Auch kamen aus weiter Ferne vom hohen, reinen Eise gewaltige sommerliche Schmelzfluten herbeigeströmt; durch Spalten und Löcher fielen sie bis auf den Grund des Gletschers und nahmen hier in erweiterten Klüften und Tunnelwölbungen ihren Weg nach Westen. Es bildete sich ein tiefgreifendes, verborgenes Entwässerungsnetz, nicht unähnlich den unterirdischen Flüssen der Karstgegenden von Istrien; nur muß man sich anstelle des Kalkgesteines höhlenreiches Eis vorstellen und muß bedenken, daß das Wasser in unablässigem Kampf gegen die inneren Verschiebungen stand, durch die das Eis alle Hohlräume zu schließen trachtete. Im Randgebiete nun quollen aus den Tunnelöffnungen gewaltige Ströme hervor, die sich über die Mitte unseres Landes ergossen. Meilenweit stürzten auch wohl die Tunnelwölbungen ein; und die Ströme spülten sich breite Eistäler aus, an derem Grunde sie sich noch tief in den Erdboden eingruben. So sind die langen T a l r i n n e n u n s e r e r F ö r d e n, der Haderslebener, Flensburger, Kieler Förde und Schlei sowie des Alsensundes und vieler f l u ß f ö r m i g e r S e e n, zum Beispiel des Langsees bei Schleswig, des Wardersees, des Ratzeburger Sees, des Großen Sees bei Trittau und des Lüttauer und Drüsener Sees bei Mölln entstanden. Zuweilen verstopften sich die Eistunnel durch eingeschwemmten Sand und Kies; wenn dann das Eis ringsherum verschwand, blieben diese Tunnelöffnungen als wallförmige Hügel liegen. Derartige Hügel, die in Skandinavien sehr häufig sind und dort O s e r genannt werden (ås, der First), gibt es auch bei uns an zahlreichen Stellen. Einer der schönsten Oser verläuft entlang der Talung des Neuenkirchener Sees (Abb. 10) an der Grenze von Lauenburg und Mecklenburg. In der Nähe von Hamburg findet man Teilstücke eines Os in der Niederung südlich von Ahrensburg und östlich von Meiendorf. Ausgedehnte schöne Oser finden sich auch südlich Kiel, bei Heiligenhafen und Reinfeld. Bekannt ist ferner der leider zur Kiesgewinnung stark angegrabene Os bei Groß-Kummerfeld südöstlich von Neumünster, die sogenannten Klinkenberge, sowie der Os von Riesjarup zwischen Rotenkrug und Gjenner. Ein kleiner, aus fünf Teilstücken bestehender Os findet sich bei Norby in Schwansen, und ein sehr deutlich ausgeprägter bei Süderbrarup in Angeln. Der letztere, der mit einigen Kieshügeln bei der Kreisbahnstation Norderbrarup beginnt und als modellschöner Wallberg an der Flensburger Eisenbahn nördlich von Süderbrarup endigt, liegt gerade an der Stelle, wo nach unregelmäßigen Anfängen sich das Tal der Oxbek in vollendeter Form entwickelt, jenes der Schlei parallele Tal, das fast ganz Angeln durchschneidet, dem Langsee zum Bett dient und bei Lürschau die Endmoräne des Ostseegletschers durchbricht. Wenn man auf dem Wallberg bei Süderbrarup steht, so glaubt man im Geiste den einstigen mächtigen Strom aus der Eiswölbung hervorquellen und zwischen steilen Kristallwänden westwärts dem fernen, offenen Lande entgegenbrausen zu sehen. Mit ihm im Zusammenhang stehen mehrere kleine Oser in der Umgebung des Ahrenholzer Sees.

Am stärksten war die Spülwirkung der Schmelzgewässer natürlich an der Eisgrenze. Hier ist nur verhältnismäßig wenig Geschiebemergel abgelagert, weil aller feine Schutt, der aus dem Eis hervortaute, sofort weggeschwemmt wurde. Man findet deshalb niedrige Hügel, die größtenteils aus grobem, steinigem Sand bestehen oder auch förmliche Steinlager enthalten. In den Steinlagern ist Block auf Block geschichtet, und dazwischen sitzt eine Füllmasse von lehmigem Grus. Zuweilen erreichen solche Blockpackungen 10 m Dicke und mehrere hundert Meter Länge. Diese Steinlager sind für unser Land, dem Felsberge und Steinbrüche fehlen, außerordentlich wertvoll. Hunderttausende von Kubikmetern sind daraus zum Straßenbau, zur Böschung des Nordostsee-Kanals, zum Schutz der Küsten beim Deich- und Dammbau und zu anderen Bauzwecken gewonnen. Schöne Aufschlüsse in ihnen gibt oder gab es bei Flensburg, bei Tarp, bei Idstedt, am Königshügel bei Schleswig, in den Hüttener- und Duvenstedter Bergen, bei Haßmoor, an mehreren Stellen südlich von Kiel, in Vierbergen bei Ahrensburg und mancherorts in Ostholstein. Auch die Blockpackungen, die hier und da im Westteil des Landes sowie in den Hügeln von Bahrenfeld, Eidelstedt und Schenefeld zum Vorschein gekommen sind, haben gleiche Entstehung, gehören aber nicht der letzten, sondern den älteren Vereisungen an. Eine Vorstellung von der ursprünglichen Blockbestreuung unserer Moränenlandschaften vermitteln Abb. 11 und die zahlreichen Steinknicks Ostholsteins.

Es ist hier der Ort, eine kurze Musterung unter den vom Eise zusammengeschleppten Geschieben zu halten (69). Ein Teil derselben entstammt unserem einheimischen und dem benachbarten dänischen und ostbaltischen Boden. Dazu gehören in erster Linie die zahllosen, der aufgeriebenen Kreide entrissenen Feuersteine, die unseren Wegebaumeistern als schlechtes, scharfes und sprödes Material lästig sind, während sie von unseren steinzeitlichen Vorfahren als Stoff für Äxte, Schneide- und Schabewerkzeuge, Dolche, Sägen, Sicheln, Speer- und Pfeilspitzen hoch geschätzt wurden (70); ferner die gelblichen Faserkalksteine aus dem Alttertiär und die oft muschelreichen Sandsteine und Eisenerzschalen aus dem Miozän. Aus dem nordöstlichen Teil der Ostsee und ihren Küsten (Gotland, Öland, Estland usw.) sind zahlreiche Kalksteine der Silurformation herangeschoben, die oberflächlich fast spiegelglatt geschliffen und vielfach mit tiefen Gletscherschrammen gezeichnet sind. In ihnen ist eine reiche Versteinerungswelt von Korallen, Armfüßern, Krebsen (Triboliten), und Kopffüßern (Orthoceren usw.) eingeschlossen, an denen man alle Altersstufen dieser ostbaltischen Kalksteinformation nachweisen kann. Noch älter sind die aus Ostschweden gekommenen braunen, violetten und grauen harten Sandsteine der kambrischen Formation. Überaus mannigfaltig ist die Zahl der kristallinen, also altvulkanischen Gesteine des Nordens und Ostens. Manche derselben kommen nur in ganz bestimmten Bezirken der dortigen Länder vor, sonst nirgends auf der Erde. Sie dienen uns deshalb als „Leitgeschiebe", an deren Verbreitung bei uns man die Richtung der Gletscherbewegung feststellen kann. Dazu gehören zum Beispiel gewisse, im Westen unserer Provinz häufige, im Osten seltene Gesteine aus der Umgebung von Oslo (Rhombenporphyr), ferner Diabas vom Kinnekulle am Wenersee, Basalt aus Schonen, gewisse Porphyrarten aus Dalarne, andere Porphyrarten aus dem Grenzgebiet zwischen der eigentlichen Ostsee und dem bottnischen Meerbusen sowie Granitsorten (Rapakiwi) von den Aalandsinseln und aus Westfinnland. Zahllose andere Granite, Gneise, Diorite, Hälleflintgesteine und sonstige Geschiebe haben dagegen einen weniger ausgesprochenen Lokalcharakter.

Auf diese Weise und durch die unbegrenzte Transportkraft des Gletschereises sind ungeheure Mengen nordischer Geschiebe nach Deutschland gebracht worden. Sie haben dabei Wege von 1—2000 km zurückgelegt und sind zu riesigen Fächern durch das sich auf dem Wege verbreiternde Eis verteilt worden. So gibt es in Norddeutschland Geschiebe, die bis zu 600 cbm Inhalt haben (Abb. 12), und außer diesen Geschieben riesige Schollen von mehreren hundert Metern Länge. Unter solchen ist die Old Red-Scholle bei Schobüll mit 14 m Dicke schon recht beträchtlich. Während der Diluvialzeit muß Skandinavien durch den Abtransport des Geschiebeschuttes um mindestens 150 m erniedrigt worden sein.

Seit etwa zwei Jahrzehnten bedient sich die Wissenschaft ausgeklügelter Methoden, um aus der Herkunft und der mengenmäßigen Verteilung der einzelnen Geschiebe festzustellen, zu welcher Vereisungsperiode die bei uns hinterlassenen Ablagerungen gehören. In Dänemark wird das Verhältnis der Anzahl der Kreidefeuersteine zur Anzahl der kristallinen Geschiebe benutzt, und in Deutschland verwendet man das in Zehnerprozenten ausgedrückte Verhältnis der in vier regionalen Geschiebegruppen aufgeteilten kristallinen, nordischen Geschiebe. Man erhält so die quantitative Zusammensetzung der jeweiligen Geschiebegesellschaft, faßt das Ergebnis in einer Formel zusammen und kann es nun für die erdgeschichtliche Ausdeutung der diluvialen Vergletscherungen verwerten (71).

Man bezeichnet den steinigen Landstrich am Außenrand der Grundmoränenlandschaft als die „Endmoräne“, und er muß in der Tat längere Zeit die Schmelzgrenze des Eises gewesen sein. Indessen gibt es, wie wir bereits sahen, besonders in Ostholstein, noch andere Endmoränen-Staffeln. Der Eisrand hat dort stärkere periodische Schwankungen erlitten und sich etappenweise ostwärts zurückgezogen. Deshalb liegen dort verschiedene, mehr oder minder deutliche Züge von Stein- und Sandhügeln in gewissen Abständen hintereinander, zum Beispiel als Umrandung der Förden und bei Lübeck-Oldesloe sowie bei Ratzeburg-Mölln.

Einige unserer östlichen Buchten fallen durch ihre Weite und ihren großzügigen Umriß auf, so die Eckernförder und Neustädter Bucht. Sie können schwerlich ehemalige Schmelzstrombetten sein; dafür sind sie zu geräumig. Sie sind vielmehr „Zungenbecken“, d. h. Hohlformen, die nach ihrer ursprünglichen Ausbildung als schmales Tal unter dem Eise durch besonders bewegliche Zungen des Inlandeises nach und nach ausgeschabt worden sind. Vor der Eckernförder Bucht (mit dem Windebyer Noor) liegt, gleichsam als Aushub aus ihren Tiefen, die gewaltige Endmoränenlandschaft der Hüttener Berge, die zu ihrer Stirnseite aus zusammengestauchten Sandmassen mit darin eingeschlossenen Blockpackungen großer Geschiebe besteht, und auf die sich gegen Osten eine an Mächtigkeit immer mehr zunehmende Decke von Geschiebemergel legt. Die Große Breite der Schlei gehörte anfänglich mit zum Zungenbecken der Eckernförder Bucht, wurde dann aber durch neue Bewegungen des Gletschers abgeriegelt und von Schmelzwassersanden verschüttet. Die Masse der Duvenstedter Endmoräne entspricht etwa dem Inhalt der dahinter gelegenen Hohlform des Wittensees, nämlich 127 Millionen Kubikmetern.

An die große Endmoränenzone Schleswig-Holsteins schließen sich westwärts zunächst Geröllfluren an, die von den Schmelzwässern aufgeschüttet sind. Die großen Kieslager bei der Nordschleswigschen Weiche bei Flensburg, Owschlag usw. befinden sich in diesen Geröllfluren. Weiter hinaus folgt eine unabsehbare Sandebene, der verlassene Spielraum der tausend Wasseradern, die hier in immer wechselnden Windungen die Freiheit genossen. Aus der überspülten Sandebene sammelten sich die Gewässer am Rande der vorliegenden älteren Moränenhöhlen und bildeten, in breiten Talungen gefaßt, eine Reihe von Strömen (Urströmen) zur Nordsee hinaus. Die Grundwasserströme waren ja damals viel kleiner als heute, weil der Boden noch stark vereist und darum wenig aufnahmefähig für das Wasser war; um so größer waren die Oberflächengewässer. Wo die Nordsee damals begann, wissen wir noch nicht. Ein großer Teil ihres Gebietes war trockene Ebene. Sie wurde von einem sich ständig gegen Westen verbreiternden Urstromtal, wohl dem der Elbe, durchzogen. Dieses Elbeurstromtal während der letzten Eiszeit war zunächst die älteste Anlage, die von seiten Schleswig-Holsteins aus dem Gebiete der Bornhöveder Sandebene durch zahlreiche kleinere Schmelzwasserbäche Zufluß erhielt, und erst in einem jüngeren Stadium hatte wahrscheinlich dieses Elbeurstromtal die nördlicher gelegenen selbständigen Sanderschmelzwasserbäche der Eider- und Treeneniederung und vielleicht auch der Soholmer Au angezapft, so daß diese in kleineren Urstromtälern nunmehr unmittelbar nach Westen abflossen (72). Unter den gegenwärtigen Verhältnissen ist wohl die Wiedau in Schleswig unser kürzester „Urstrom", denn sie verzweigt sich bereits bei Tondern ostwärts zu einem breiten Fächer von Bachläufen, die aus dem großen Vorsand-Gebiet der Endmoräne zwischen der Gjenner Bucht und Norderschmedeby zusammenströmen. Dort, bei der Gjenner Bucht, befindet sich die einzige Stelle, wo die Sandflur mit einem Zipfel an die Ostsee reicht und unsere Halbinsel durchteilt. Ansehnlicher ist die Treene, welche die großen Sandgebiete bei Schleswig entwässert. Die heutige Eider ist dagegen eine widersinnige Flußbildung. Sie durchläuft das alte, von Kiel nach Südwesten gerichtete Eisstromtal, das einst seine Gewässer über die Neumünstersche Heide ausstieß, in umgekehrter Richtung, schlängelt sich aber dann, durch eine jüngere Moräne, den „Hornheimer Riegel", von ihrer mütterlichen Förde abgewehrt, durch die Grundmoränenlandschaft nach Rendsburg und eilt nun, wie ehedem im jungen Interglazial, den Stapelholm scharf bespülend, an der alten Geest Norderdithmarschens vorüber zur Nordsee.

Schön und klar entwickelte Urstromtäler findet man in Holstein. Da ist das Tal der Stör, die sich in Kellinghusen mit der Bramau vereinigt und zwischen den Höhen von Itzehoe und der Münsterdorfer Geestinsel ins Marschland eintritt. Die obere Stör entwässert mit einem Fächer von Quelläufen den großen Gletschervorsand zwischen Nortorf und Rickling, und die Bramau reicht mit ihren Anfängen hinauf bis in die Sandebenen im Westen und Südwesten von Segeberg. Die Täler beider Flüßchen sind überaus weiträumig und erfüllt von niederen Sandterrassen. Man sieht es ihnen noch an, daß sie einst in der Schmelzzeit riesige Wassermengen zum breiten Elbeurstrom befördert haben. Auch die Alster, deren malerisches Tal abgestufte Sandbänke über der heutigen Flußaue zeigt, war damals ein kalter, wasserreicher Strom. In Ostholstein ist übrigens die Grundmoränenlandschaft so breit, daß sich dort mehrere selbständige Flüßchen entwickelt haben, die nicht zur Nordsee, sondern zur Ostsee laufen, zum Beispiel die

Schwentine und die Trave. Die Trave durcheilt ein Tal, das teilweise wohl ein altes Gletscherstromtal mit ursprünglich gegen Südwesten gerichteter Mündung ist. Die Untertrave ist eine richtige Förde und besitzt den unebenen Boden aller Förden, der erst durch neuere Schlammablagerungen ausgeglichen ist. Das Travetal setzt sich aus älteren, unter dem Eis entstandenen Tunneltalzügen und einer Reihe von Aussparhohlformen zusammen, die nach und nach durch jüngere Erosionsvorgänge und Täler miteinander verbunden sind (73). Überhaupt scheint die Gegend von Lübeck, die der Mittelpunkt eines großen Bogens der Eisgrenze von der holsteinischen Südsüdostrichtung in die mecklenburgische Ostrichtung war, der Schauplatz besonders starker Schmelzströme gewesen zu sein. Der Ratzeburger See bezeichnet eine Stelle, wo die aus dem Eise hervorbrechenden Gewässer den Boden breit und tief ausgewühlt haben, und eine ganze Anzahl ähnlicher kleinerer Furchen, teils noch mit Wasser gefüllt, teils im Lauf der Zeit versumpft und vertorft, zeugt von den alten Gletschertoren in diesem Winkel. Das breite, mit Kies und Sand erfüllte Stecknitztal führte schließlich die unbändigen Fluten in das allumfassende Elbtal hinaus. Dieses riesige Randtal, das mit einer Anzahl großer Arme (Spree- und Havelniederung, Teile des Odertales, Warthe-, Netze- und Bugtal) bis weit nach Rußland ausholte, nahm zur Höhezeit der letzten Vereisung alle Schmelzwässer von Norden und alle von Süden entgegenkommenden Flüsse, denen das Eis die Ostsee verschloß, in seinen Schoß auf und führte sie hinaus zur Nordsee. Dutzende von breiten Sanddeltas der jetzt entschwundenen Eisströme reihen sich am Elbtalrande entlang. Als das Eis sich aus der Ratzeburger Gegend bis hinter Lübeck zurückgezogen hatte, war durch die frisch entstandene Moränenlandschaft den Gewässern der Ablauf zur Elbe erschwert. Sie sammelten sich in der weiten Lübecker Niederung, die eigentlich eine Fortsetzung der Neustädter Bucht über der Wasserlinie darstellt, zu einem großen Stausee an; dieser stieg so hoch, bis er einen Ausfluß nach der Stecknitz erlangte. Alte, hohe Wasserstandsmarken in den Gestaden des Ratzeburger Sees bezeichnen seinen Spiegel. Am Boden des Stausees bildeten sich aus dem Gletscherschlamm mächtige Tonlager. Wenn man diese in den Ziegeleigruben heute betrachtet, so sieht man, daß der Ton durch zahlreiche feine Sandschichten ganz regelmäßig gebändert ist. Man hat auch für diese Ablagerung die Ansicht ausgesprochen, daß jede dieser Sandschichten in einem Sommer abgesetzt sei, wo die Eisschmelze stärker und die Wasserbewegung lebhafter war, und jede Tonschicht in der stillen Winterszeit. Eine Sandschicht und eine Tonschicht zusammen würden dann ein Schmelzjahr bedeuten, und danach ist allein die obere Abteilung des Lübecker „Beckentones“ auf 90 Jahre Ablagerungszeit geschätzt worden. Der See hat wahrscheinlich gegen dreihundert Jahre bestanden, vielleicht mit einer Unterbrechung, in der er ablief und teilweise sandiger Flußboden wurde. Während seines Daseins hat sich dann ein zwar klimatisch anspruchsloses, aber doch ganz kräftiges Pflanzen- und Tierleben eingestellt, von dem an verschiedenen Orten, zum Beispiel bei Schlutup, Überreste im Ton und Seesand gefunden sind. Hechte, Teichmuscheln, Laichkraut, Froschlöffelkraut usw. fanden damals schon ihr Gedeihen. Renntiere weideten an den Ufern, und primitive Menschenhorden, bewaffnet mit Knochenspeeren und Bogen, jagten das Wild.

Umfangreiche Funde und ausgedehnte Ausgrabungen wurden vor einigen Jahren in der Umgebung von Ahrensburg gemacht. Hier entdeckte man (74), nach auffallend vielen oberflächlichen Vorkommen von Flintgeräten, die zuvor z. T. (Stellmoor) schon bei der geologischen Kartierung dieser Gegend gemacht und dem Kieler Museum gemeldet waren, zwei verschieden alte Wohnplätze aus der Renntierjägerzeit. Der tiefere bei Meiendorf festgestellte Fundpunkt, wird als Hamburger Stufe bezeichnet, deren Kulturabfälle vor rund 20 000 Jahren vom eisnahen Wohnplatz dort in einen Teich geworfen wurden und in dessen Schlamm erhalten geblieben sind. Der zweite umfangreiche Fundplatz liegt bei Stellmoor und stellt eine um 10 000 Jahre jüngere Kultur, die Ahrensburger Stufe, dar. Bei den Ausgrabungen fand man bei Meiendorf mehr als 100 und bei Stellmoor über 700 Renntiergeweihstangen und viele tausend Knochen. Die Menschen aus der Hamburger Stufe lebten in einer baumlosen, nur von niedrigen Kräutern bedeckten Tundra, unweit des Eisrandes. Sie ernährten sich zumeist von Renntieren, aber wie zahlreiche Knochenfunde (mit Blattschußlöchern bei den Renntieren) beweisen, jagten sie auch das Schneehuhn, den Wildschwan, Gänse- und Entenarten und gelegentlich erbeuteten sie Wildpferde, Kraniche, den Vielfraß, Möwen und Sumpfhühner. Ihre Waffen fertigten sie vorwiegend aus den Geweihschäften des Renntieres, und zwar Harpunen und Pfeile, an deren Spitze sie Flintsplitter einsetzten. Es handelte sich um schon höher entwickelte Menschen des Cro Magnon-Typs. Die um 10 Jahrtausende jüngeren Kulturschichten bei Stellmoor gehören dem Beginn der Mittel-Steinzeit an; eine Anzahl typischer sogenannter Lyngby-Beile wurde hier unter den zahlreichen Gerätschaften gefunden. Die Kultur der Ahrensburger Stufe entstand zur Zeit des Birken-Kiefern-Waldes und gehört damit schon in die eigentliche Nacheiszeit.

Es ist eine eigentümliche Erscheinung, daß die durch unsere Förden angedeuteten Betten der großen Eisströme des Ostens sämtlich an der alten Eisgrenze endigen und nicht nach Westen durchlaufen. Die Urstromtäler des Westens sind keine Fortsetzung der Fördentäler, obwohl sie denselben Gewässern zum Ablauf gedient haben wie jene. Dies kommt daher, daß die Ströme, sobald sie das Eis verließen, soviel Kies und Sand ablagerten, daß sie ihre Betten fortwährend verstopften und verlegten. Die Wasser verteilten sich in den großen Überströmungsflächen und sammelten sich jenseits derselben in ganz neuen Tälern. Manche Fördenmulden enden in mehrere Zipfel, die als Ausgüsse dienten, zum Beispiel die Haderslebener Förde (nebst „Damm"), die Flensburger Förde und die Schlei. Von dem nordwestlichen Zipfel des Flensburger Fördentals, der sich über Niehuus gegen Pattburg erstreckt, läßt sich als letzte Spur der Stromverbindung eine Bodenmulde bis zum Tal der oberen Meynau und somit nach der Westküste verfolgen.

Über die verlassenen, öden Sandebenen rasten die Weststürme und trieben große Massen von Flugsand zusammen. In jener unwirtlichen Zeit entstanden die weiten Dünengebiete der Steenbek-Heide in Nordschleswig, des Frösleer-Sanders bei Flensburg, die Dünen bei Westerrönfeld und in der Lohheide, die Einöden zwischen Segeberg und Bramstedt und die Dünen am Rande des Elb-Urstroms zwischen Boberg und Sande sowie im Tale bei Geesthacht.

Wenn man die Vorsandebenen des Ostseegletschers, die sich langsam gegen Westen senken, durchwandert hat, so gelangt man, abseits der Täler und Marschzipfel, an die alten Geesthöhen von Nordfriesland, von Dithmarschen, Alt-Holstein und dem südlichen Stormarn und Lauenburg. Manche dieser Geesthöhen bieten dem Auge prächtige Landschaftsbilder und können sich an Größe der Erscheinung sehr wohl mit den Höhen des Ostens messen. Aber Form und Bodenbeschaffenheit sind doch außerordentlich verschieden. Es fehlen vollständig die Seen. Ursprünglich hat es freilich auch im Westen hübsche Landseen gegeben, aber sie sind lange vor Menschengedenken zugewachsen und verschüttet. Der Wanderer ahnt kaum ihre Stätte. Unsere bisherigen erdgeschichtlichen Betrachtungen lassen uns auch die Ursache dieser Erscheinung erraten. Diese Landesteile waren bereits mit dem Abschluß der mittleren Vereisungen geschaffen, und sie sind den Einflüssen von Wind und Wetter, Verwitterung und Abspülung eine unvergleichlich längere Zeit ausgesetzt, als die jungen Landschaften des Ostens. So haben sich dann die Bäche in emsiger Arbeit ihre Täler weit und gleichförmig ausgestalten können. Abflußlose Bodenmulden sind entweder zugeschwemmt oder mit dem Flußnetz in Verbindung gebracht; steile Böschungen sind besänftigt, die ganzen Landschaftsformen gereift und vereinfacht. Das gegenwärtige Relief ist nicht so unruhig wie im Osten. Nur dort, wo junge Täler das

Gefälle beeinflußt haben, zum Beispiel an der Störseite der Itzehoer und an der Elbseite der Blankeneser, Harburger und Geesthachter Höhen, hat sich eine neue, tiefgreifende Zerschlitzung der Abhänge durch Regenschluchten herausgebildet, während die abgekehrten Seiten derselben Höhen nur weiche Wellenformen zeigen. Wir treffen ferner in den westlichen Geesthöhen durchweg leichtere Bodenarten als im Osten. Während hier der Geschiebemergel ungemein fett, tonig, fruchtbar und wenig verwittert ist, ist er im Westen, je älter desto stärker oberflächlich verändert, an Nährstoffen verarmt, leichter und sandiger geworden. Noch tiefer geht die Verwitterung in den durchlässigen Sandböden. Sie sind vergilbt durch Eisenausscheidungen und haben durch die laugende Kraft des unablässig eindringenden Regenwassers oft bis mehr als 30 m hinab alle Kalkkörner und Kalksteine verloren. Es gibt kaum einen stärkeren Gegensatz im Erhaltungszustand als etwa denjenigen zwischen der jungen Moränenlandschaft von Ahrensburg im Nordosten von Hamburg und der alten von Bahrenfeld—Blankenese im Westen. Dort neben fetten, frischen Lehmböden, die schon bei 1½ m Tiefe in Mergel übergehen, Sand- und Kieshügel, die nicht tiefer als 3 bis 5 m ausgelaugt sind und eine Fülle interessanter Kalkgeschiebe enthalten — hier unter kalkfreien lehmigen Krusten mächtige Sand- und Kiesschichten, deren Kalkgeschiebe ganz aufgelöst oder bis auf den Kern zerfressen sind, und die erst von 20, ja 30 m Tiefe ab eine allgemeine Beimischung von Kalkkörnern enthalten. Dort harte, feste Granit- und Gneisgeschiebe schon im Ackerboden, hier manche so mürbe Gneisblöcke, daß man sie mit dem Fuße zu braunem, glimmerreichem Grus zerstoßen kann. Widerstanden haben der Witterung nur undurchlässige, einigermaßen mächtige Schichten von Geschiebemergel, Tonmergel und dergleichen, zum Beispiel der Geschiebemergel im steilen Elbufer, im Dithmarscher Kleve, in den Lehmhügeln von Bredstedt und Husum und im Emmerleff-Kliff. Dagegen sind, wie verschiedene Bahn- und Kanaleinschnitte im Westen der Provinz gelehrt haben, die Kalkteile der Sandschichten oft noch unter mächtigen Mergeldecken ausgelaugt und dabei die Mergeldecken von unten her bis zu einem halben Meter Stärke in Mitleidenschaft gezogen. Diese Wirkungen sind durch mehrfache Veränderungen des Grundwasserstandes begünstigt. Es ist wahrscheinlich, daß die Niederschlagsmengen während der jüngeren Interglazialzeit, der jüngsten Vereisung und der Nacheiszeit nicht gleich große waren, und daß daher der Grundwasserspiegel zeitweise höher, zeitweise niedriger stand. Außerdem aber scheint das ganze Land infolge der Eisbelastung und Wiederentlastung „isostatische" Ausgleichsbewegungen in Gestalt von Hebungen und Senkungen erlitten zu haben, denen sich noch große Schwankungen der Meeresspiegelhöhe infolge des Wasserentzuges durch die riesige Inlandeisbildung sowie der Rückkehr dieser Wassermassen bei der Eisschmelze zugesellten. Diesen wirklichen und scheinbaren Bodenbewegungen mußten sich die Oberflächen- und Grundwässer des Landes anpassen. Während der Interglazialzeiten — von den älteren Zeiten sei hier abgesehen — stellte sich das Land so tief, daß das Meer größere Gebiete überflutete. Schon zu Beginn der letzten Eiszeit ist es dann wieder gestiegen, und am Schluß derselben lag das Meer in weiter Ferne; eine abermalige Tiefstellung, die erst in geologisch jüngster Zeit zum Stillstand gekommen ist, klemmte Schleswig-Holstein zwischen die beiden heutigen Meere ein. Das Ausmaß dieser nacheiszeitlichen Senkung allein beträgt mehr als 27 m. Wir haben also tiefe Land- und entsprechend erhöhte Grundwasserspiegellagen vor und nach der letzten Vereisung und hohe Landlagen, verbunden mit Grundwassersenkung, während dieser Vereisung. Es handelt sich dabei natürlich um das Grundwasser in den tieferen Sandschichten. Das oberflächliche Grundwasser in der sandigen Rinde des Lehmes (woraus die meisten Tränkgruben und Weidebrunnen schöpfen) hat durch die Bewegungen wenig gelitten, unterlag aber in umso stärkerem Maße dem Einfluß des jeweiligen kalten oder wärmeren, dürren oder feuchten Klimas.

Wir haben die Gestaltung unseres Landes durch die Eiszeit bis in viele Einzelzüge verfolgt, um zu zeigen. wie sehr sich die erdgeschichtlichen Schöpfungsgesetze darin ausprägen. Dennoch sind es nur gewisse Züge im Antlitz der Heimat, die sich erklären lassen, und das Gesetz erstreckt sich nicht auf jeden Hügel, jeden See und jedes Tal. Die Natur hat darin freie Willkür walten lassen, und der Beschauer soll sich nicht engherzig abmühen, Alles und Jedes zu erklären. In einem Gletscherschuttgebiet gibt es unzählige Möglichkeiten der Schichtung und Gestaltung, mehr als selbst derjenige zu zählen vermag, der die Großgletscher der heutigen Welt des Nordens durchforscht hat. Möge also der Leser sich des Ganzen erfreuen und sich im Einzelnen bescheiden! Wir geben mit Absicht keine nähere Schilderung der Eisrandlagen und Moränenzüge, wie sie von den Forschern durch das Studium der Landschaftsformen, der unterschiedlichen Geschiebeführung usw. erarbeitet sind, um uns nicht an allzu subjektive Vorstellungen zu verlieren.

2. DIE NACHEISZEIT UND GEGENWART ODER DAS ALLUVIUM

Wie auf die älteren Vereisungen jeweils eine „Nacheiszeit" eintrat, die sich als Zwischeneiszeit über viele Jahrtausende auswirkte, bis es zu einer neuen Vereisung kam, so setzte mit dem beginnenden Zurückschmelzen des nur den Osten Schleswig-Holsteins bedeckenden jüngsten Gletschereises allmählich die Nacheiszeit ein, die den älteren Abschnitt des Alluviums ausfüllte. Sie begann in unserem Gebiet vor rund 18 000 Jahren, d. h. zu dieser Zeit wurde Schleswig-Holstein eisfrei. Weiter gegen Osten und Norden jedoch lagen immer noch die Gletscher, die nur ganz allmählich abtauten. etwa derart, daß vor rund 8000 Jahren v. Chr. das Eis noch ganz Skandinavien bedeckte, und daß es vor etwa 7000 Jahren v. Chr. immer noch die Hochgebirge Norwegens und Schwedens mit einer dicken Kappe belegt hielt, die von dann ab allerdings so rasch schmolz, daß (etwa 5000 Jahre v. Chr.) das wärmere Klima endlich auch bis in die skandinavischen Hochgebiete vorzudringen vermochte. Man bezeichnet den ältesten Abschnitt zu Beginn des Zurückschmelzens des jüngsten Eises als die *Späteiszeit*. Zu dieser Zeit bildete sich in gewissen Niederungen unseres Landes sandiger Torfmull, in welchem vor allem Reste der Birke gefunden werden. Dieser Torfmull entstand noch in freier Luft am Boden eines Birken-Weidenwaldes. Dann jedoch geriet er unter das ansteigende Grundwasser und wurde während eines klimatischen Kälterückfalls, der noch einmal die Tundra zur Herrschaft brachte, von Tonschichten der Spätglazialzeit bedeckt. Erst als nach dieser Verschlechterung die unaufhaltsame Vollerwärmung des Klimas einsetzte, eine Erwärmung, die schließlich zu einer etwas höheren Jahrestemperatur als die gegenwärtige führte, *wanderte die verdrängte Tier- und Pflanzenwelt* von neuem zu uns *ein*. Sie war zwar in der rauhen Zeit immer nahe geblieben, aber ihre empfindlichen Bestandteile hatten sich entfernt und um jeden ruhigen und geschützten Platz gerungen. Aber schon im Vorfrühling der herannahenden besseren Verhältnisse hatten sich selbst auf die Lehmkruste des Gletschersaums und die frisch gebildeten Moränen einzelne Gewächse hinaufgewagt. In manchen kleinen Mulden der östlichen Grundmoränenlandschaft findet man daher in den Tonanschwemmungen von Gletschergewässern hineingefallene Blätter und Zweiglein von Polarweiden, Zwergbirken und hochnordischen Silberwurzpflanzen (Salix polaris, phylicofolia und reticulata, Betula nana, Dryas octopetala), in höheren Lagen auch Wasserpflanzen wie Potamogeton, Myriophyllum spicatum, Hippuris vulgaris, Batrachium aquatile, Chara fragilis, welche sich wohl erst nach dem Eisschwund ebenso wie Phragmites communis

(Schilf) eingefunden haben. Baumreste hat man dagegen in diesen Schichten aus der Schmelzzeit nie gefunden, nicht einmal windverwehte Pollen. Der Hochwald wuchs also in sehr weiter Ferne, weit jenseits der Verheerungszone der wilden Gletscherwässer. Daß er das Klima des Eisrandes nicht wenigstens mit seinen härtesten Arten hätte ertragen können, ist wenig wahrscheinlich; aber er vermochte nicht so schnell heranzurücken wie das Eis wich. Gras, Kräuter und Gebüsche eilten ihm voran. Am schnellsten folgten alsdann die Birken, Espen und Föhren, und so finden wir in den ältesten reinen Süßwasserschichten und am Grunde der Moore die Zeugen einer Birken- und Föhrenzeit. Langsam und aus ferneren, südlichen Zufluchtsorten folgten die Eichen, deren Stämme in den mittleren Teilen der Waldmoore in großer Zahl gefunden werden. Die Eiche, unser altes heimatliches Wahrzeichen, war lange Zeit hindurch der Herrscher der Wälder. In späteren Jahrtausenden machte die königliche Buche ihr den Rang streitig; ihre hohen Schattenkronen verdrängten den knorrigen Einsamen.

Ähnliche Wandlungen durchlebte die Tierwelt. In der Diluvialzeit gab es in Deutschland einige ungeschlachte Ungeheuer, wie das Mammut, das wollhaarige Nashorn, den Riesenhirsch und den Büffel. Das Mammut war ein gewaltiger Elefant, den ein zottiges Fell gegen die Kälte schützte. Seine Backenzähne, die so groß sind wie ein Ziegelstein, und seine langen, gekrümmten elfenbeinernen Stoßzähne sind in mitteldeutschen Diluvialschichten häufig anzutreffen, bei uns zu Lande auffallend selten. Der Bau des Nordostsee-Kanals hat einige Exemplare zutage gefördert, auch ist einmal ein Backenzahn am Strande von Steensigmoos bei Broacker gefunden. Der Diluvialbüffel, eine überaus kräftige Abart des Wisent, vertrug gleichfalls das rauhe Klima der Eiszeiten besonders gut, und der Riesenhirsch, der mit seinen erstaunlich weit ausladenden Schaufeln sich schwerlich in dichtem Walde bewegt haben kann, beweidete wohl das buschige und grasige Gletschervorland. Als seltener Gast erschien der Moschusochse, von dem ein gut erhaltenes Schädelstück mit den Knochenwülsten der Hornansätze bei der Erweiterung des Nordostsee-Kanals bei Oldenbüttel ausgehoben ist. Auch er beweidete die Region der kalten Buschsteppen. Vom Renntier war schon die Rede. Mit dem Anbruch der neuen Zeit starben die meisten dieser Tierarten bei uns aus. Nur der Wisent, dem sich alsbald der langgehörnte, aber schmalköpfige Auerochse beigesellte, erhielt sich noch bis an die Schwelle der geschichtlichen Zeit. Dazu kam schon früh der Elch, der Bär, Wolf, Luchs, Biber und der Rothirsch, später auch das Wildschwein. Vom Rothirsch sind zahlreiche Skeletteile und stattliche, schöngeperlte Geweihe im Kalkmergel des Tingleff-Moores, eines vormaligen Sees, gefunden. Unter den kleineren Tieren ist noch die Schildkröte erwähnenswert, von der einige Schalen zusammen mit erstaunlich großen Hechtknochen bei Bahnbauten aus alten Süßwasserablagerungen zu Poppenbrügge bei Kiel hervorgeholt sind. In eben diesen Ablagerungen ist auch der Unterkiefer eines Menschen gefunden worden. der sehr altertümliche Merkmale zeigt und auf eine noch den diluvialen Menschenrassen ähnliche Art hinweist. Erst viel später, nämlich in der Zeit der Buche, begegnen wir den erhaltenen Leichenresten unserer eigentlichen, germanischen Vorfahren.

Der Boden veränderte sich im Innern des Landes nur wenig. Die Verwitterung griff ein (Abb. 13), und da begannen die Himmelswässer allerlei Schluchten anzunagen, steile Talränder abzuböschen und Niederungen aufzufüllen. Am meisten änderte sich infolge der Einschwemmungen und pflanzlichen Wucherungen das Aussehen der stehenden Gewässer. Manches kleine Wasserauge zwischen den Hügeln schloß sich, manche Seebucht verlandete, manche Insel wuchs ans Ufer. Die heutigen Seenflächen sind oft nur die Überbleibsel viel größerer Gewässer, und sie sind von weiten Moorniederungen umgeben. Der Seenboden erhöht sich durch die Schwemm- und Sinkstoffe, den Faulschlamm, die oft dichte Lager bildenden Kalkteilchen abgestorbener Algen (Chara) und Kräuter (Potamogeton), die Schneckenschalen usw. soweit, bis die Seichtwasservegetation und Schilf auf ihm Wurzel fassen können. Ist dann durch deren Moder das Wasser ganz verdrängt, so folgen Seggen, Binsen und andere Gewächse und schließlich der Sumpfwald mit Erlen und Birken.

Fast alle M o o r e unserer Heimat haben als Niedermoore oder gar als Verlandungsmoore eines seichten Gewässers angefangen, und viele von ihnen haben sich dort, wo ebener Raum zur Verfügung stand, zu Hochmooren entwickelt. Die Hochmoore haben im großen gesehen eine uhrglasförmige Wölbung. Hatte sich der Waldmoder allmählich zu einer so mächtigen Torflage angehäuft, daß die vorhandenen kleinen Wasserläufe verschwunden waren und frisches, nährstoffreiches Wasser nicht mehr herzuströmen konnte, so fingen alsbald diejenigen Sumpfpflanzen, die weniger nährstoffbedürftig waren als der Wald, diesen zu durchwuchern und zu ersticken an. Auch die Seggenwiesen und die Röhrichte verschwanden. Moose und Wollgras, hier und da Rauschbeeren, Heidekraut und Porstgebüsche beherrschten die baumlose Einöde und erzeugten mächtige Moostorfschichten, die sich, vollgesogen mit Himmelswasser, emporwölbten. Man kann in unseren Hochmooren oft zwei deutlich verschiedene Moostorfschichten erkennen. Der untere, „ältere" Moostorf, der auf dem alten, holzreichen Waldtorf ruht, ist schwarz und so stark zersetzt, daß man die einzelnen Mooszweiglein nicht mehr herausfindet. Er gibt einen guten Stechtorf (Abb. 14). Der obere, „jüngere" Moostorf dagegen ist hellfarbig, meist braun oder grau, sehr locker und läßt noch alle Moos- und Heideteilchen gut erkennen; er eignet sich schlecht als Brenntorf, dagegen gut zur Torfstreubereitung. Jetzt gibt es kaum noch wilde Moore. Die meisten sind in Abbau genommen und soweit getrocknet, daß sie sich ganz mit Heidekraut bekleidet haben.

Man hat es wahrscheinlich zu machen gesucht, daß der auffallende Unterschied zwischen dem älteren und dem jüngeren Moostorf auf einem Klimawechsel beruht. Der langsame Aufwuchs des älteren Moostorfes sei bei etwas größerer Wärme, der rasche des jüngeren bei kühler und feuchter gewordenem Klima erfolgt. Ein „Grenzhorizont" zwischen beiden Torfarten mit Spuren stärkerer Verheidung und von Kiefern- oder Birkenanwuchs, den man in manchen Mooranschnitten beobachten kann, galt sogar für das Anzeichen einer zwischengeschalteten warmen Trockenperiode, der sog. „Subborealzeit", jedoch ist man von dieser Deutung neuerdings wieder abgekommen.

Recht bedeutend sind die Veränderungen im Küstengebiet. Am Schluß der Eiszeit lag das ganze Land erheblich höher als jetzt. Die Nordsee war fern und die Ostsee bestand nicht. In ihrem Bereich flutete anfangs ein gewaltiger Stausee der Schmelzgewässer, der durch die heute noch flußförmigen Belte und den Sund zum Kattegatt entwässerte. Aus dem Eissee entwickelte sich ein Süßwassersee, der von Napfschnecken (Ancylus lacustris) und anderen Lebewesen bevölkert war. Hierauf erfolgte eine allgemeine Senkung der südlichen und westlichen Umgebung, und nun fand sich durch die Belte und den Sund Seewasser herein. Nach einer Salzwasser liebenden Schnecke namens Litorina, die damals bis in das bottnische Meer wanderte, wird diese Periode die Litorinazeit genannt. Damals verpflanzte sich auch die gegen Salzarmut so empfindliche Auster, die gegenwärtig nur außerhalb der Ostsee im nördlichen Kattegatt gedeiht, an unseren Küsten bis zur Kieler Bucht hinab. Ihre Schalen findet man in verschiedenen Abfallhaufen der steinzeitlichen Küstenbevölkerung, zum Beispiel an der Gjenner Bucht, beim Flensburger Ostseebad, in der äußeren Haderslebener Förde, an mehreren Stellen der Eckernförder Bucht sowie des Windebyer Noores und in den Untergrundsschichten des Kieler Hafengeländes. Dieser auch als Flandrische Transgression bezeichnete Senkungsvorgang unseres Landes zur Litorinazeit — wir sagen hier „Senkung", ohne dabei entscheiden zu wollen, wieweit es sich um wirkliche Landsenkung, wieweit um Anstieg des Meeresspiegels handelte — hat überhaupt erst die Ostsee an unsere Küste herangeführt. Alle Förden waren vordem Landtäler, in denen Bäche flossen; an ihren tiefsten Stellen befanden sich Süßwasserseen. Aus entsprechenden Abschnitten der Haderslebener und Flensburger Förde, der Schlei, der Eckernförder Bucht, der Kieler Förde und der Untertrave hat der Bagger Torf mit Waldhölzern, Süßwasserkalk und dergleichen unter den neueren marinen Ablagerungen hervorgeschaufelt. Die Förden sind gleichsam ertrunkene Täler.

Dieselbe „Senkung" ergriff auch das südliche Nordseegebiet. Das äußere Elbetal mit seiner Uferlandschaft, der Doggerbank, versank in den Fluten. Der Felsen von Helgoland wurde umbrandet, und schließlich stürmten die Wellen gegen die Geestränder unseres Westens. Die malerische Höhe von Burg, der Dithmarscher Kleve, der Stapelholm und die Höhen von Leck waren Küste, und von den nordfriesischen Inseln bestanden nur die Geestkörper von Sylt, Föhr und Amrum, sonst nichts. Im Mündungsschlauch der Elbe, Eider und Treene drang mit der täglichen Flutwelle Brackwasser bis weit ins Landinnere hinauf. Dünensand wehte vom Strande landeinwärts über die Küsten bei Wedel, Holm, Ütersen, Krempe (die Kremper Heide!) und viele andere holsteinische und schleswigsche Orte. Torflager waren untergetaucht und teils von den Wogen zerrissen, teils mit Sand und Schlamm überschüttet. Es gibt in unseren Flußmündungen und vor den Küsten eine Menge solcher Vorkommen, die meist nahe unter dem Wasserspiegel, nicht selten aber auch viele Meter, ja bis nahezu 30 m tief liegen. Bekannt sind die Unterwassertorfe bei Rantum und Tinnum auf Sylt, bei Föhr und Amrum und bei mehreren Halligen. Sie bergen Föhren- und Eichenstämme, Hirschgeweihe und Eberzähne und auch menschliche Gerätschaften. Hingegen ist der Fichtentorf (Tuul) vor dem Westerländer Strande bei Sylt, wie wir bereits erwähnt haben, diluvialen Alters. Auch im Nordhafen von Helgoland befindet sich etwa 300 m vom Ufer entfernt auf 5 m Wassertiefe eine versunkene Süßwassersee-Ablagerung, die aus grauem Kalk und Lebertorf besteht und Fisch- und Pflanzenreste enthält, darunter solche von Walnußbäumen und Hülsbüschen (Ilex). Diese Ablagerung ist ebenfalls in einer milden Zeit des Diluviums, einer Interglazialzeit, entstanden, doch ist es noch ungewiß, in welcher.

Für das Schrittmaß der Eintauchung des Landes ins Meer gibt es eine Reihe interessanter Beobachtungsstellen und wertvoller Untersuchungen. Schon früher wurden an der Ostküste durch Bohrungen bei Travemünde unter dem neueren marinen Schlamm des Travebettes Schichten von Süßwasserkalk und Moor aufgedeckt, die auf einen dortigen Senkungsbetrag von mindestens 20 m schließen lassen (75). Der alte Süßwassersee von Ellerbek in der Kieler Förde muß mit seiner Umgebung mindestens 14,10 m gesunken sein; als er 6,6 m gesunken war, drang das Meerwasser ein (76). Durch vielfache Untersuchungen (77) haben sich für die einzelnen Jahrtausende die Senkungen und Überflutungen des Ostseebeckens nachweisen lassen. So bestand um das Jahr 7000 v. Chr. ein aus der Lübecker Bucht östlich Fehmarn verlaufender Belt in einem schmalen Gelände, das tiefer als — 25 m lag. Aus der Eckernförder Bucht und zwischen Broacker und Alsen erhielt dieser Belt flußartige Zuströme, die durch den Kleinen und Großen Belt in die dänischen Gewässer abwanderten. Im Jahre 6000 hatte der Wasserstand der Ostsee bereits die — 16 m-Linie und im Jahre 3000 v. Chr. die — 9 m-Linie erreicht. Die durchschnittlichen Senkungsbeträge waren dabei ganz verschiedenartig. Sie schwankten zwischen 12,5 bis 78,5 cm im Jahrhundert. Die Geschwindigkeit der Senkung wurde das eine Mal beschleunigt, das andere Mal verzögert. Damit waren auch die eingetretenen Landverluste unterschiedlich und betrugen zwischen 0,2 bis 1,9 qkm im Jahr. An der Westküste ist beim Bau der Schleuse zu Brunsbüttel unter muschelreichen Marsch- und Wattbildungen in der Tiefe von 20,5 m ein alter Waldboden mit Weidenstubben zutage gekommen. Er war auf Flußsand der Elbe ausgebreitet, und dieser Flußsand ging einige Meter tiefer in den Geröllsand des eiszeitlichen Elb-Urstromes über. Bei St. Michaelisdonn liegen Süßwasserabsätze hinter einer Nehrung dicht neben rein marinen Schichten (78). In Tönning hat man unter Klei und Meeressand in der Tiefe von 22,4 bis 23,6 m einen moorigen Sand mit Schalentrümmern von Süßwasserschnecken (Bythinia) erbohrt. Die Landsenkung hat demnach an der Westküste verschiedene Ausmaße erreicht. Die erste Senkung betrug mindestens 27 m.

Wenn bei der Eintauchung des Landes in das Meer von „Landsenkung" die Rede ist, so ist das ein Ausdruck, der den Vorgang nicht ganz zutreffend bezeichnet. Es handelt sich nämlich dabei keineswegs nur um Bewegungen des Landes, sondern auch um solche des Meeres, und es ist schwierig, das Ineinandergreifen dieser Bewegungen richtig zu entwirren und darzustellen. Wie schon an früherer Stelle erwähnt wurde, hatte die Inlandeisbildung dem Weltmeer soviel Wasser entzogen, daß sein Spiegel um 60 m, nach anderer Berechnung sogar gegen 100 m gesunken war. Das bedeutete große Trockenlegungen in seinen seichten Randgebieten, z. B. im Nordseeraum und scheinbare Hebung der Landmassen. Umgekehrt mußte die Abschmelzung der Inlandeismassen eine ebenso große Hebung des Meeresspiegels und Ertränkung des niedrigen Landes nach sich ziehen. Damit steht zweifellos das nacheiszeitliche Vordringen unserer Nordsee im Zusammenhang.

Außerdem kommen aber auch wirkliche Bewegungen des Landes, also der Erdkruste in Betracht, und zwar von zweierlei Art, nämlich sog. „isostatische" und sog. „tektonische". Die isostatischen beruhen darauf, daß unter der Last des bis mehr als 2000 m dicken Inlandeises die Erdkruste unter Skandinavien und dem Ostseebecken allmählich nicht unbeträchtlich einsinken mußte. Dies wurde dadurch möglich, daß sich in etwa 60—70 km Tiefe, unter der festen Gesteinsdecke, eine „labile", also nachgiebige Zone von hochtemperierten teigartigen Massen befindet. Ein Teil dieser Massen wurde unter Skandinavien südwärts herausgedrängt und bewirkte, während dieses einsank, eine Aufwölbung der Außengebiete, also gewisser Striche von Nord- und Mitteldeutschland. Nach der Enteisung wanderten die verdrängten Massen an die alte Stelle zurück, Skandinavien erhob sich und Norddeutschland sank in die frühere Lage. Die konzentrische Hebung Skandinaviens um einen Mittelpunkt bei Angermanland wird auf 275 m geschätzt (im Höchstmaß). Zu diesen isostatischen Bewegungen kommen nun auch noch sog. „tektonische", d. h. verschiedenartige Verschiebungen einzelner größerer oder kleinerer Schollen der Erdkruste gegeneinander, die von altersher mit dem inneren Leben des Erdballs, mit dem Zusammenschub der Gebirge, dem Einsinken von Tiefebenen, geographischen Gräben (Oberrheintal!) usw. in Zusammenhang stehen und vielerorten noch heute meßbar andauern. Sie sind gleichfalls unter Norddeutschland und den angrenzenden Räumen im Gange. Man wolle also den Ausdruck „Landsenkung" hier relativ verstehen.

Die Landsenkung der Nacheiszeit war keineswegs einmaliger Vorgang. Für die Westküste Schleswig-Holsteins ist wahrscheinlich gemacht worden, daß drei „Senkungen" und zwei Hebungen stattgefunden haben, wobei im großen und ganzen die Senkung überwog. Nach menschlichen Kulturfunden an manchen Orten und in gewissen Bodentiefen scheint es jedoch, daß etwa um das Jahr Tausend vor unserer Zeitrechnung die Senkung zum Stillstand gekommen ist. Seitdem hat sich durch die gemeinsamen Anschwemmungen des Meeres und der Flüsse das breite Marschvorland vor dem alten Gestade gebildet. Mehrfache Dünenketten bezeichnen an manchen Stellen die ersten Etappen der Anlandung, so zum Beispiel der Donn in Süderdithmarschen, der Lundener Dünenrücken in Norderdithmarschen und die Kleine Dünenschwelle von Schobüll in Nordfriesland.

Seit dem Mittelalter hat der Mensch durch Deichbauten die Marschbildung gefördert, aber sein allzu großer Wagemut hat manche Verluste des eben Gewonnenen zur Folge gehabt. So wurden manche Marschen in zu unreifem Zustand eingedeicht und liegen deshalb heute zu niedrig, wie zum Beispiel die ½ m unter Normalnull gelegene Wilstermarsch und das Gotteskoog-Gebiet. Andere ruhen auf nachgiebigen Moorschichten (Darg), wie einige Teile der jetzt künstlich abgedämmten Eiderniederung und auch der Wilstermarsch, und mögen deshalb eingesunken sein; endlich muß berücksichtigt werden, daß durch chemische Veränderungen des jugendlichen Bodens, durch Regulierung des Grundwasserstandes und durch die Stoffe, die alljährlich mit den geernteten oder abgeweideten Gewächsen aus dem Boden gezogen werden, kleine Erniedrigungen herbeigeführt werden, die sich im Laufe von Jahrhunderten deutlicher bemerkbar machen.

In naturgeschichtlichen Büchern stößt man gelegentlich auf die Behauptung, der englische Kanal sei erst in verhältnismäßig junger Zeit, vielleicht gar erst einige Jahrhunderte vor Christus, eingebrochen, und dieses Ereignis habe eine gewaltige Verstärkung der Sturmfluten verursacht. Aber diese Behauptung steht auf recht unsicheren Füßen. Die Kanalgegend hat sehr wechselvolle Schicksale erlebt. Die Anlage dieser Meeresstraße reicht weit ins Diluvium, ja, in die Tertiärzeit zurück, und während der zweiten Zwischeneiszeit muß sie, wie wir sahen, weit offen gestanden haben. Am Ende der letzten Vergletscherung war sie zugeschüttet und der Rhein, dabei die Themse als Nebenfluß aufnehmend, mündete in ein Haff südlich der Doggerbank. In dieses Haff floß auch die Elbe mit der Weser als Nebenstrom. Zweifellos hat sich diese Meeresstraße seither zum mindesten bedeutend erweitert und vertieft und dadurch wohl auch den durch Südwestwind erzeugten Sturmfluten größere Wucht gegeben. Aber verheerend werden diese immer erst dann, wenn der Orkan nach Nordwest umspringt und die breite Flutwelle zwischen Norwegen und Schottland aufpeitscht. Den Senkungsbefürchtungen steht die Tatsache gegenüber, daß nach den Untersuchungen dänischer Geologen die Marsch bei Ripen, eben jenseits der alten deutschen Grenze, in der Neuzeit sich gehoben hat, und zwar bis zum Betrage von 1,3 m. Ob ein Übergreifen dieser Hebung auf deutschen Boden stattfand, (wie alleinig für die Insel Sylt (79) vermutet wurde), ist noch ungewiß. Die gegenwärtige Hebung Jütlands nimmt von Ripen aus nordwärts zu. Skagen ist seit der Eiszeit, eine Unterbrechung der Bodenbewegung durch Senkung zur Litorinazeit abgerechnet, um mindestens 60 m gestiegen, und eine leichte Hebung der dänischen Ostseezugänge nach der Litorinazeit hat bewirkt, daß der Salzgehalt der Ostsee seit etwa 3000 Jahren sich vermindert hat. Verschiedene salzliebende Bewohner unserer östlichen Küstengewässer sind infolgedessen wieder verschwunden; statt ihrer ist die große Klaffmuschel Mya arenaria eingewandert, nach der man die jüngste Geschichtsperiode der Ostsee die Myazeit nennt.

Bei dem neuzeitlichen Spiel der Kräfte in unserem Nordseeküstengebiet muß man zwei große Erscheinungen unterscheiden: Erstens, in der freien See, außerhalb der Inselwelt, ist die tiefgehende Dünung unablässig bemüht, in die flache Böschung eine unterseeische Terrasse einzuhöhlen, die den Wogen das ungehinderte Fortlaufen ermöglicht. Das Niveau dieser Terrasse richtet sich nach der mittleren Tiefe der Wellenwirkung und der mittleren Lage des Wasserspiegels; es scheint bei 10 bis 20 m Tiefe zu liegen. In diesem Gebiet herrscht also ein allgemeiner Angriff auf den Untergrund; die aufgewühlten Teile desselben werden hin und her geschwemmt, der Sand auf den Strand geworfen und der Tonschlamm im Wasser verteilt.

Zweitens, landwärts von dieser Terrasse, bildet sich eine zweite aus, die nur während der Flut etwas Wellengang trägt und bei Niedrigwasser teilweise trocken läuft. Sie beginnt hinter der Schwelle von Sandbänken und Düneninseln, welche die Dünenterrasse begrenzt. In ihrem Bereich herrscht ein Wechselspiel von Anschwemmung und Zerstörung, in dem die Anschwemmung überwiegt. Besonders stark ist die Anschwemmung zwischen Küstenvorsprüngen und hinter Inseln. Diese Terrasse umfaßt das gesamte Wattengebiet, ihre eingedeichten Teile sind die Marschen. Ein verzweigtes System von Rinnen, vergleichbar dem Flußsystem des trockenen Landes, verteilt täglich die von Ebbe und Flut bewegten gewaltigen Wassermengen über die Terrasse. Derartige Rinnen (Tiefs, Priele, Leyen) zeigen demgemäß reißende Strömungen und sind oft raschen Veränderungen unterworfen.

Diese beiden Grunderscheinungen erhalten nun durch zwei weitere Faktoren eine Verwickelung. Erstens tragen die Flüsse, besonders der mächtige Elbstrom, alljährlich Sinkstoffmengen in die Nordsee, die größtenteils im Küstengebiet abgelagert werden. Eine zuverlässige Berechnung dieser Mengen fehlt noch. Demgegenüber wird aber ein nicht unerheblicher Teil des in der Dünungsterrasse aufgewühlten Bodens rückwärts in entferntere Meerestiefen gezogen und geht dadurch für die Bildung der Watt-Terrasse verloren. Zweitens ist die unterseeische Angriffskraft der Dünung nicht unbeschränkt. In Zeiten besonders kräftiger Sturmwirkung wird soviel geseigertes Untergrundsmaterial gewonnen, daß es weder vorwärts, gegen das Land, noch rückwärts in den tieferen Meeresraum rasch und gleichmäßig genug verteilt werden kann. So entstehen außerhalb der durch Düneninseln bezeichneten Grenzschwelle der beiden Terrassen neue Sandbänke. Die alte Schwelle wandert landwärts und verfällt, und eine neue wächst draußen empor, um alsbald landwärts zur Stätte ihrer Vorgängerin gerollt zu werden. Solche neuen Schwellenanfänge sind zum Beispiel die Inseln Seesand, Blauort und Trischen (80), der Kniepsand und die Sande westlich des Vortrapptiefs. Die von der Dünungsterrasse fortgeräumten diluvialen und tertiären Bodenschichten werden also durch alluviale ersetzt, und das Spiel der Kräfte bleibt an den alten Ort gebannt.

Als Ergebnis erblicken wir gegenwärtig, an den in Zerstörung begriffenen alten Mittelkörper der Inseln Sylt und Amrum gelehnt, eine lange Dünenkette, entstanden aus dem vom Meere aufgerollten und vom Winde fortbewegten diluvialen und tertiären Flachseegrund. Diese Dünenanhäufungen wandern ostwärts (Abb. 15) weiter über die in ihrem Schutz gebildeten Marschböden, die bei Sturmflutabbrüchen zuweilen mit alten Siedlungsresten zum Vorschein gekommen sind, zum Beispiel im Gebiete des westlichen Eiderstedt. Alte Brunnen, Schleusenanlagen, Hausfundamente und ehemalige Deiche, sowie Pflugspuren oder auch Rinder- und Schaffährten hat man vielfach im Watt bei Hohlebbe entdeckt. In besonderem Ausmaße wurden die alten, bei den Sturmfluten des 14. Jahrhunderts untergegangenen Siedlungsanlagen in der Umgebung der Hallig Südfall (81) bekannt. Mit einigem Recht wird vermutet, daß hier die ehemals blühende Handelsstadt Rungholt gelegen hat, die im Jahre 1364 der großen „Manntränke" zum Opfer gefallen sein soll, einer unbändigen Sturmflut, die weit bis in die Marschengefilde Westholsteins hereinbrach, so daß selbst das einige Kilometer östlich Friedrichstadt gelegene Dorf Dornebüll völlig zerstört wurde. (Der Untergang von Rungholt wird neuerdings als jünger vermutet). Seitdem aber findet vorwaltend wieder eine Aufschlickung im Wattgebiet statt, und sie ist so stark, daß sie am Südfuß des Sylter Dammes jährlich über 500 000 cbm beträgt. Der Gesamtanfall von Schlickmassen wird jährlich auf mehrere Millionen cbm veranschlagt. Wenn auch nicht diese ganze Menge der von jeder Flut mitgebrachten Sinkstoffe im Wattgebiet liegen bleibt, sondern bei Ebbe ein Teil hiervon wieder zurückverfrachtet wird, so ist der verbleibende Schlickanfall dennoch so groß, daß wir nicht nur von Jahr zu Jahr die neuen Anwachsstreifen, auf denen sich alsbald der Queller (Salicornia herbacea L.) ansiedelt, feststellen, sondern die Gewinnung von Neuland durch Köge macht immer größere Fortschritte. Alljährliche Grüppelarbeiten im Watt, die Neuanbringung von Lahnungen und Buhnen, die Errichtung von Dämmen zwischen der eingekoogten Marsch und den Nordseeinseln, fördern den natürlichen Schlickanfall noch ganz ungemein. So wird im Wattenmeer noch viel Land gewonnen werden und sich eine Vereinfachung der vielgestaltigen Insel- und Buchtenformen vollziehen.

Friedlicher ist das Wellenspiel der Ostsee. Auch in ihr sind manche ehemals kleinen Inseln abgenagt und jetzt in Flachgründe verwandelt. Der Stollergrund vor der Eckernförder Bucht, der Breitgrund südlich von Alsen, Stenrön und Alsenstein nördlich dieser Insel, sowie die Holsteinbank und Schönheider Bank zwischen ihr und dem Neß sind Überreste ehemaligen Landes und vormaliger Inseln. Manche heute steilen Vorsprünge des Festlandes, die Kliffs, werden weiter und weiter zurückgedrängt. So hat zum Beispiel das berühmte Steilufer von Brothen bei Travemünde, das aus Geschiebemergel besteht, ursprünglich kilometerweit in die Ostsee hinausgeragt. Die Oststürme, denen es trotzig die Stirn bietet, drängen es nach und nach um etwa 1 bis 2 m alljährlich zurück. Die ganze Küstenlinie, die in den inneren ruhigen Meeresteilen noch außerordentlich buchtenreich ist, vereinfacht sich auf den freien Strecken, indem sich Nehrungen vor die Buchten schieben und diese in allmählich verlandende Haffe umwandeln. Eine sehr schöne Nehrung ist die schmale Landzunge vor dem Schlei-Haff; sie besteht ganz aus Steingeröll und Sand, den die Küstenströmung von dem hohen Schönhagener Abbruchsufer herbeiführt. Der Boden der Förden erhöht sich durch riesige Mengen von schwarzer schwefelwasserstoffhaltiger Mudde, und die Ufer werden durch Röhricht und Moor allmählich eingeengt. Auch der Mensch tut sein übriges, um die Küstengestaltung zu vereinfachen. So sind selbst an der holsteinischen Ostseeküste, allerdings in kleinerem Umfange, seit einigen Jahren Köge entstanden, auf denen sich ebenfalls Quellerpflanzen angesiedelt haben. Das Schlei-Haff ist auf diese Art stellenweise zu „Koogland" geworden.

In diesen großen Zügen betrachtet, ist der gegenwärtige Zustand unseres Landes nur ein Momentbild an der Grenze einer überaus wechselvollen erdgeschichtlichen Vergangenheit und einer unerforschlichen, von den gleichen fortwirkenden Kräften und Gesetzen beherrschten Zukunft. So wird dermaleinst unsere Nordseeküste ein ganz anderes Gesicht haben: Die ostfriesische Nehrungsinselreihe wird durch den Aufbau neuer Inseln, am Ende ebenfalls neu herauswachsender Landzungen von Wangeroog bis über Sylt hinaus verlängert werden, und die künstliche Verlandung des Wattengebietes, mit Ausnahme der Strommündungen, dürfte allmählich durch Schließung der Tiefs zu einer zusammenhängenden Küstenlinie führen (82). Auf dem Festlande wird das Wechselspiel zwischen Land und Meer zu Gunsten des ersteren entschieden werden, aber Hebungen und Senkungen, Aufbau und Zerstörung, Klima und Lebewesen werden auch künftig über Menschenwirken hinweg bestrebt sein, die Oberfläche und das Gesicht der Heimat umzugestalten. Denn tausend Jahre sind nur ein Tag, ja weniger als ein Tag im Gange der Schöpfung, die seit Urbeginn bis in alle Ewigkeit andauert.

C. Die Lagerung der Schichten

Seit dem Erd-Altertum hat sich die geschichtliche Entwicklung Schleswig-Holsteins aus den vielfältigen Gesteins- und Bodenarten bis in die Jetztzeit verfolgen lassen. Erdphysikalische Untersuchungen und tiefe Bohrungen bestätigen das gewonnene Bild (Karte 1). Vom Erd-Altertum her ist Schleswig-Holstein überwiegend ein Ablagerungsgebiet gewesen, dessen Wachstum nur von Zeit zu Zeit durch kurzfristigere Abtragungsperioden unterbrochen wurde. So ist seit der Zeit des Rotliegenden, und zwar vom Haselgebirge an, mindestens bis zur Wende vom Lias zum Dogger fast dauernd feinstes bis grobes, sowie chemisch aus dem Meere ausgeschiedenes Sediment abgelagert worden, dessen Mächtigkeit allein für die Trias und den Lias rund 2400 m ausmacht. Dieser mächtigen Auffüllung entspricht somit die Größe der damaligen Absenkung in unserem Raum. Dabei ließ sich ein bevorzugtes Absenkungsgebiet erkennen, das sich als Unterelbe-Trog lange Zeit immer wieder auswirkte und so die Buntsandsteinmächtigkeiten von Helgoland wie auch die umfassenden Schichtenfolgen und Salzausscheidungen des Keupers erklärlich macht, und das auch später in der Unterkreide und im Tertiär wieder ausgeprägt und wirksam wurde. Eine größere Unterbrechung erlitt die Schichtenablagerung des Meeres bei uns während des Doggers und Malms. Zu dieser Zeit dehnte sich das alte Festland des Nordens bis nach Schleswig-Holstein aus, so daß nun unser Gebiet im Bereich der Abtragungsvorgänge lag. Dieses nordische Festland, dessen Rest das heutige Skandinavien darstellt, ist schon im Anschluß an umfassende Faltungen im Ausgang der Silurformation entstanden. Zum ersten Mal macht es sich in Schleswig-Holstein während der Devon-Zeit als Old-Red-Kontinent bemerkbar.

Die während der erdgeschichtlichen Vorgänge hinterlassenen Schichten, auch die des Diluviums und der Nacheiszeit, befinden sich aber nicht mehr in ihrer ursprünglichen Lagerung. In größeren Tagesaufschlüssen wird man jederzeit beobachten können, daß die Schichten, je älter sie sind, desto öfter schräg lagern, verbogen und verfaltet sind und oftmals mit steilen Flanken in die Tiefe verweisen. Junge und alte, in ganz verschiedene Niveaus gehörige Schichten lagern in einer Ebene nebeneinander, oder sie sind sogar umgekrempelt worden. Diese auf sogenannte tektonische, d.h. gebirgsbildende Vorgänge zurückzuführende Lagerungsform nennt man dann „überkippt". Seit dem Ausgang der alten Festlandsperiode in Schleswig-Holstein zur Zeit des Juras bildeten erneute Gebirgsbewegungen die Grundlage der Salz-(Salinar-)Strukturen heraus. Ihr heutiges Bild allerdings wurde hauptsächlich erst während des Tertiärs und zum Teil auch erst im Quartär geschaffen. Bereits während der langen Kreidezeit ist Schleswig-Holstein wieder vom Meere bedeckt und Ablagerungsgebiet. Eine kurze Unterbrechung durch eine vorübergehende Festlandsperiode am Ausklang der Kreideformation leitet zur Tertiärzeit hinüber, von der ab ein langsames, wenn auch zeitweise noch unterbrochenes Aufsteigen des jetzigen Festlandes beginnt, und mit der das heutige Nordseebecken, freilich nicht ohne mancherlei Unterbrechungen, erfolgte. Das Meer wurde seit dem Tertiär somit in den Raum verwiesen, aus dem es bereits im Zechstein, im Rät, im Lias und in der Unterkreide gegen dieses Festland vorgedrungen war. In dieser Geschichte der Ereignisse gibt sich eine altangelegte Richtung zu erkennen. Im Jungpliozän wurde Schleswig-Holstein dann überwiegend Land und seitdem somit wiederum Abtragungsgebiet. Nur die diluvialen Vereisungen unterbrachen diese Vorgänge. Im Großen gesehen, also im Rahmen der gesamten geologischen Entwicklung Schleswig-Holsteins vom Erd-Altertum her, bildet der gegenwärtige Zustand demnach eine Ausnahme, denn selbst während des Diluviums und auch noch in der Nacheiszeit erfolgten ja verschiedene größere Meeresvorstöße gegen unser Land. Schleswig-Holstein hat sich während seiner Erdgeschichte vom Altertum her überwiegend in sinkendem Zustand befunden, und nur so ist es erklärbar, daß die während des Erd-Mittelalters und der Neuzeit in diesem Senkungsgebiet abgelagerten Schichten eine Mächtigkeit von etwa 4800 m umfassen.

Durch die mehrfach erfolgten heftigen Gebirgsbewegungen erklärt es sich fernerhin, daß heutzutage dicht benachbarte Bohrungen oftmals ganz verschiedene Schichtenfolgen aufzeigen. Unter Hilfeleistung der Erdphysik hat man sich mit einer großen Zahl staatlicher Tiefbohrungen bis in die ältesten Ablagerungen vorgetastet. So wurde durch jahrelange Forschungsarbeit festgestellt, daß sich das alte versunkene Gebirge, umfassend die Schichten vom Erd-Altertum bis einschließlich diejenigen der Kreide, in ganz bestimmte Zonen von verschiedener Gestalt anordnet (Karte 1). Südöstlich etwa der Linie Bremervörde — Bad Bramstedt — Eutin — Heiligenhafen haben diese zumeist Salzmassen enthaltenden sogenannten S t r u k t u r e n elliptische bis rundliche Grundrisse. Nordwestlich dieser Linie sind sie hingegen zu recht schmalen, aber viele Kilometer langen, aus ausgeprägten und engbegrenzten Gebirgskuppen zusammengesetzten H o r s t r e i h e n angeordnet, und nur im Nordosten des Landes, etwa vom Südrand der Eckernförder Bucht gegen Norden, haben diese Salinar-Strukturen wieder rundlichere Gestalt. Dieses unterirdische, aber der Erdoberfläche recht nahe oder sie durchspießende Gebirge, wie zum Beispiel bei Lieth—Elmshorn, Langenfelde bei Altona und Segeberg, bildet den Sockel für Schleswig-Holsteins jüngere Ablagerungen, nämlich das tertiäre und quartäre Deckgebirge. Einen Querschnitt durch solche Salinar-Strukturen und Horstreihen kann man sich derart vorstellen, daß die hoch aufgewölbten, sehr schräg bis steil stehenden Gesteinsmassen als Kern die ältesten Schichten besitzen, auf die sich verschiedenartige jüngere Gesteine auflagern. Allerdings sind diese Lagerungsverhältnisse keineswegs regelmäßig, sondern das aus großen Tiefen aufgestiegene Salz hat sich in entstandene oder bei jüngeren Gebirgsbewegungen aufreißende Spalten stets von neuem hineingezwängt, und die hangenden Felsschichten sind infolge der großen Spannung in der Erdkruste an einem Netz von Sprüngen verworfen und überschoben. Es gibt deshalb bei den Aufschlußarbeiten durch Tiefbohrungen oder Bergwerksschächte in unserem unscheinbaren Boden nichts Verwickelteres als die Lagerungsverhältnisse der „Strukturen" und Salzlagerstätten; sie zeigen nur selten einfache Glocken- oder Kegelwölbung, sondern meistens vielgestaltige, oft schiefe Pfeiler- oder Pilzform.

Inwieweit die Gebirgsstrukturen des Untergrundes auch gegenwärtig noch in Bewegung sind, wissen wir im einzelnen noch nicht. Sicher ist aber, daß sie während des Tertiärs und bis in das jüngste Diluvium verschiedentliche Bewegungen ausgeführt haben. So erklärt es sich auch, daß bei dem nahe unter der Marschoberfläche lagernden Schichtenverband aus dem Erd-Altertum, nämlich bei Oldenswort-Witzwort, die einst bei etwa 20 m Meerestiefe abgelagerten junginterglazialen Eem-Schichten heute auf mehr als — 420 m NN vorkommen. Aus dieser gewaltig gestörten Lagerung und der Tatsache, daß die jungeiszeitlichen Schmelzwassersande an dieser Stelle nicht mehr verlagert worden sind, ergibt sich, daß die Struktur von Oldenswort etwa zu Beginn der letzten Vereisung eine erneute, starke Aufwärtsbewegung durchmachte und dabei die quartären und tertiären Schichten von Witzwort und auch Tönning in so erstaunliche Tiefe einsinken ließ. Diese jungen Bewegungen haben auch zweifellos die Verlegung des Eiderlaufes verursacht, denn die mittelalterliche Eider floß nach NW, die jüngere seitdem nach SW. Der Aufstieg der Oldensworter Struktur bedingt das Flußknie.

Durch derartige tektonische Vorgänge erklärt sich auch das Bild, das wir vom Untergrund der eiszeitlichen Schichten und von der Verbreitung der verschiedenen tertiären und älteren Schichten an ihrer Basis erhalten (83). Mit Ausnahme der hoch aufsteigenden Strukturkörper aus vortertiären Gesteinen bildet überall das Tertiär mit seinen verschiedenen Unterformationen die Auflagerungsfläche für das Diluvium. Ganz Fehmarn, das Gebiet zwischen Oldenburg, Neustadt und Lütjenburg, der äußerste Nordzipfel von Angeln und der Südteil von Kekenis-Alsen, eine breitere Zone zwischen den Hüttener Bergen und Hademarschen, sowie größere Flächen bei Husum, Segeberg, westlich und südlich des Ratzeburger Sees u. a., zeigen paläozäne und eozäne Schichten als Unterlage des Diluviums. Daran schließen sich im Süden Hamburgs und westlich von Neumünster oligozäne Schichten. Der Hauptteil des quartären Untergrundes von Schleswig-Holstein wird aber von den für die Wasserversorgung so bedeutsamen Schichten des Miozäns gebildet. Von Westen her vordringend bis Flensburg, Schleswig und in einer weiteren Ausbuchtung zurückspringend bis Wöhrden und dann im weiten Bogen ostwärts Hamburgs bis nach Mölln vorgreifend, aber auch in größeren Flächen bei Kiel und Kellinghusen erhalten, bildet der obermiozäne Glimmerton gewöhnlich die unmittelbare Unterlage. Auch Schichten des jüngsten Tertiärs, des Pliozäns, sind in größeren Flächen vorhanden und dort erhalten geblieben, wo die Kraft des diluvialen Gletschereises nicht ausreichte, diese leicht zerstörbaren lockeren Schichten auszuräumen. An zahlreichen Orten, vielfach wahrscheinlich grabenartig in ältere Schichten eingesenkt, wurde daher das Pliozän nachgewiesen. Größere Ausdehnung hat es südlich von Tondern, auf Sylt, Föhr und Amrum, im Raum östlich von Husum bis nach Büsum und ostwärts reichend, sowie in kleinen Flächen in der weiteren Umgebung von Hamburg und Oldesloe, im nordöstlichen Dänischen Wohld, bei Kappeln, Flensburg und Bredstedt. Das Auftreten all dieser verschiedenartigen tertiären Schichten an der Basis des Diluviums zeugt von den erdgeschichtlichen Umlagerungen, die sie über sich ergehen lassen mußten. Die Gesamtheit all dieser Schichten als diluviale Basis bildet nun in ihrer Oberfläche auch keineswegs eine Ebene, sondern die Tiefbohrungen ergeben immer von neuem deutlich ein Bild davon, in wie verschiedenartigen Tiefen sich diese tertiären Schichten heute befinden. An dieser Lageveränderung ihrer Oberfläche haben außer den tektonischen Vorgängen in umfassendem Maße sicherlich die ausräumenden Kräfte des diluvialen Gletschereises teil. Stellenweise lagern deshalb die tertiären Schichten höher als der Meeresspiegel, ja gelegentlich bilden sie Teile der jetzigen Oberfläche (Karte 2). Überwiegend jedoch ist die Oberfläche des Tertiärs, d. h. die Basis der diluvialen Ablagerungen, wesentlich tiefer gelegen. Im allgemeinen, allerdings bei lebhafterem Relief, wird sie in Tiefen bis zu — 100 m NN angetroffen. Inmitten des Landes, in der weiteren Umgebung von Rendsburg, bei Wilster, von Ahrensbök in einer breiteren Zone bis in die Umgebung von Hamburg, im südöstlichen Stormarn, unter und nördlich von Kiel, im westlichen Süderdithmarschen sowie im nördlichsten Dithmarschen und in Eiderstedt, und schließlich auch im nordwestlichsten Friesland liegt die Basis der eiszeitlichen Schichten erst vielfach 200 m, ja auch 300 m tief. Das Höchstmaß liegt in Eiderstedt, und zwar bei Oldenswort mit — 425 m NN. Diese außergewöhnliche Mächtigkeit quartärer Schichten, die größte bisher beobachtete, ist aber, wie schon dargelegt, wohl eine eng begrenzte örtliche Einbruchserscheinung.

Gewisse Anzeichen, daß die Bewegungen der tieferen Schichten noch nicht zur Ruhe gekommen sind, haben sich im Laufe des Alluviums mehrfach spürbar gemacht. Vielleicht ist auch die mittelalterliche Küstenersäufung des Halligengebietes (Rungholt) auf diese Bewegungsvorgänge mit zurückzuführen. Auch schwache Erdbeben in Schleswig-Holstein, unter denen eines im Jahre 1755 bei Hamburg größere Auswirkungen zeigte, die in kleinerem Umfange aber auch jetzt noch gelegentlich festgestellt werden, finden ihre Ursache wohl in den noch lebenden Bewegungen unseres gebirgigen Untergrundes (84).

D. Die Bodenschätze

Schon bei der Schilderung des erdgeschichtlichen Werdeganges unseres Landes wurde hier und da auf Bodenschätze hingewiesen, die entweder als größere Lagerstätten den Erd- und Gesteinsschichten bei deren Ablagerung eingeschaltet, oder durch Umwandlungen nachträglich in ihnen entstanden sind. Wenn Schleswig-Holstein auch kaum hochprozentige Erzlager und auch keine Steinkohlen, sondern im Vergleich mit anderen Ländern nur wenige industrielle Rohstoffe mineralischer Natur besitzt, so ist es nicht ungesegnet an Baumaterialien, und es fehlen ihm auch landwirtschaftliche Bodenverbesserungsmittel nicht allzu sehr. Von diesen nutzbaren Bodenschätzen soll jetzt die Rede sein.

Die fortschreitende Technik und immer umfangreicher werdende Bauwirtschaft sowie die kulturellen Fortschritte der Bodennutzung bedingen die Verwendungsmöglichkeiten der heimischen Rohstoffe in ständig steigendem Maße. Der Wert der Nutzung eines Gesteins und somit die Bezeichnung „Bodenschatz" ist daher aufs engste mit den Zeitbedürfnissen verknüpft und den jeweiligen Zeitumständen unterworfen. Während vor einigen Jahrzehnten noch das Erdöl in unserem Lande wie in der Welt überhaupt ein kaum beachtetes Naturerzeugnis war, erlangte es binnen kurzem eine derart große Bedeutung, daß die Menschheit um seinen Besitz Kriege führt. Von alters her galt dasjenige Land für das reichste, in dessen Raum die reinsten und umfangreichsten Erzlager vorhanden waren. Im Wandel der Zeiten hat sich der Begriff des Erzes jedoch sehr verändert. Notlagen unseres Vaterlandes zwingen dazu, bislang kaum beachtete Gesteine mit geringem Erzgehalt als abbauwürdig anzusprechen, so daß auch Schleswig-Holstein in die Reihe der Länder gerückt ist, die Erze als Rohstoffquellen ihr eigen nennen.

I. Die nutzbaren Gesteine

a. ERZE UND BRENNSTOFFE

Schon in älterer Zeit hat man in manchen Gegenden des Westens und der Landesmitte vorkommende Raseneisenerze (Wiesenerz) gegraben und in primitiver Weise verschmolzen. In sumpfigen Sandgebieten und unter nassen Mooren bildet dieses Erz krustenartige Lagen und Anreicherungen verfestigter, zumeist tiefbrauner Knollen von wasserreichem Eisenoxyd. Vor allem findet es sich auch heute noch in Nordfriesland, in der Umgebung von Schafflund, Wallsbüll, Högsmoor und Bredstedt. Die Raseneisensteinknollen hat man dort zusammengetragen und sie früher zur Wegebestreuung und zur Befestigung von Deichkappen in der Marsch benutzt. Sie werden dort „Sönner" genannt. Für den Riesenbedarf der modernen Hütten kommen sie weniger in Betracht; vorübergehend wurden sie in einheimischen Schmelzwerken verarbeitet (85). Manche Vorkommen, so auch die verschiedenen Rasenerzlager im Raum von Neumünster, haben bis zu 60 % Fe-Gehalt, sie sind also verhüttungswürdig. Der Gesamtvorrat an Wiesenerz in Schleswig-Holstein kann mit ¾ Mio. to veranschlagt werden.

In neuerer Zeit wurde den im Strandauswurf der Meere, vor allem an der Ostsee, häufigen dunklen Körnchen ein besonderes Interesse gewidmet. Es sind das zumeist Schwermineralien, d. h. spezifisch schwere Gemenge von Erzkörnchen und Halbedelsteinen, unter denen wiederum das Titaneisen für technische Zwecke Bedeutung gewann. Dieses Titaneisen ist im Laufe der langen Erdgeschichte aus verwitternden alten Eruptivgesteinen durch die Kraft des fließenden Wassers immer wieder herausgewaschen und umgelagert worden, so daß es sich in tertiären und quartären Strandbildungen, sog. Erzseifen, befindet. In dunklen Schweifen und ganz dünnen Schichtbändern durchzieht es die litorinazeitlichen und jüngeren Strandwälle. Im Pliozänsand-reichen Strand von Sylt machen die Schwermineralien bis zu 46 % der Sandkörner aus, wobei 12,9 % Eisen und stellenweise über 12 % Titan beteiligt sind (86).

Häufiger treten in pliozänen oder auch in miozänen Schichten harte, kalkig-sandige Lagen auf, die durch Eisenspat, sog. Sideriterz, verkittet sind. Durch die Einwirkung von Luftsauerstoff vermag dieser Siderit in braunes Eisenoxydhydrat überzugehen, wie es heute in den Limonitsandsteinbänken von Sylt vorliegt. Die Sideritsandsteine des Tertiärs sind bereits im Meere abgelagert worden, und vielleicht bedeuten die im Untergrund von Föhr erstmalig gefundenen Roteisensteinknollen des Pliozäns, der sog. Turgit, das Ausgangserz für die Entstehung der jüngeren Erzlagerstätten in unseren oberflächennahen Ablagerungen. In den älteren Formationen, und zwar in Schichten des Juras und der Unterkreide, wurden durch die neuen tiefen Reichsbohrungen verschiedentlich oolithische Eisenerzlager gefunden. Wenn sie auch nur geringere (4—5 m) Mächtigkeiten als die gleichartigen Bildungen des bekannten Salzgitterer Erzgebietes haben, so sind die bei uns erbohrten oder als Geschiebe auftretenden Eisenerze doch hochprozentig (34 % Fe). Für den bergmännischen Abbau scheiden die Lagerstätten wegen zu großer Tiefenlage bis auf weiteres aus.

Die Vorkommen von Braunkohlen jedoch werden in einigen Fällen den Abbau gestatten. So gibt es bei Götzberg in geringer Tiefe im Pliozän zwei Braunkohlenflöze, von denen eines mit 1 m Schichtmächtigkeit eine sehr gute aschearme, verfestigte, schon glanzkohlenartige Braunkohle darstellt. Die übrigen Braunkohlen, die vornehmlich dem Mittelmiozän, teilweise auch dem Untermiozän angehören, haben zwar Mächtigkeiten vereinzelt bis zu 5 m, liegen aber im Grundwasserbereich innerhalb Tiefen von 80 bis über 200 m, so daß deren Abbau nur unter besonderen Schwierigkeiten möglich ist und sich wenig wirtschaftlich gestaltet. Die meisten Braunkohlenvorkommen — es sind deren über 100 durch Bohrungen nachgewiesene Lagerstätten — treten vor allem im Osten des Landes und in der Hamburger Umgebung auf. Besonders gute fusitische Braunkohlen gibt es in der Umgebung von Flensburg, Eckernförde, Kiel und südöstlich von Hamburg. Die übrigen Braunkohlenvorkommen sind erdig und von größeren Sandmengen und Tonlagen durchzogen, so daß ihr Heizwert beschränkt ist. In einigen Fällen hat man diluviale Torfflöze irrtümlich als Braunkohle gemutet, zum Beispiel bei Kollund nahe Flensburg, bei Drelsdorf in Nordfriesland, bei Fahrenkrug unweit Segeberg, bei Burg in Dithmarschen, Blankenese, Schulau und bei Lauenburg.

Um so größer ist in Schleswig-Holstein die Bedeutung der Torfe. Wenn auch fast alle Moore in unserem Lande künstlich entwässert und somit in Kultur genommen worden sind, so findet in den größeren doch ständig ein reger Abbau der Torfmassen statt. An der Basis der Moore und auch in der Umrandung der großen Hochmoore liegt zunächst ein ziemlich stark zersetzter dunkler Torf, in dem verweste Holzstücke recht häufig sind. Wegen seiner Entstehung im normalen Wiesen- und Grundwasserbereich bezeichnet man ihn als Niederungs- oder Flachmoortorf. Über ihm folgt dann eine bedeutende Schicht von holzfreiem, dicht gelagertem schwarzen Torf, der bis auf die schwer verweslichen, zähen Faserschöpfe des

Wollgrases zu einer speckigen Masse geworden ist. Dieser „ältere" Moostorf oder Schwarztorf eignet sich unter allen Torfarten am besten zum Stechen und zur Sodenbereitung. Sein Heizwert ist allerdings recht verschiedenartig (bis zu 4400 Kal.) und hängt von der Menge seiner verunreinigenden Bestandteile ab. Der ihn in vielen Fällen überlagernde hellere Torf, der als Weißtorf, „jüngerer" Moostorf oder Hochmoortorf bezeichnet wird, ist noch unvollkommen zersetzt und zum Stechen und Heizen weniger geeignet. In großen Torfwerken wird er auf weiten Flächen abgegraben und kommt zu Streuzwecken und als Bodenverbesserungsmaterial für gärtnerische Kulturen in großen Ballen in den Handel. Sein Kalorienwert ist gering. Dennoch stellen alle Torflagerstätten in Notzeiten für die gesamte Bevölkerung und in normalen Zeiten für das Land noch immer eine bedeutende Brennstoffquelle in unserem so waldarmen Lande dar. (Im Frühjahr 1947 bestanden in Schleswig-Holstein mehr als 200 gewerbliche Torf-Abbaubetriebe.) 10,25 % der Landesfläche Schleswig-Holsteins sind von Moor- und Torfbildungen eingenommen, aber nur 2.13 % befinden sich in ± urwüchsigem Zustand. Der Vorrat an Torf beträgt mindestens 3 Milliarden cbm. Mit der zunehmenden Veredelungsmöglichkeit wird der Torf an Bedeutung als billiger Rohstoff gewinnen.

b. ERDÖL, GAS UND SALZE

Zu den Brennstoffen gehören bis zu gewissem Grade auch das **Erdöl** und das **Erdgas**. Von beiden Rohstoffen hat Schleswig-Holstein bis heute nur bescheidene Lagerstätten aufzuweisen, obwohl die Erdölhöffigkeit in größeren Tiefen für unser Land als recht gut gelten darf. Seit langem bekannt ist das Erdölrevier von Heide-Hemmingstedt, auf dessen Spuren man bereits im Jahre 1850 stieß. Bei einem Brunnenbau traf man dort Asphaltsand an. Die daraufhin in Angriff genommenen Untersuchungen führten zu der Feststellung, daß im Untergrunde Erdöl vorhanden sei. 1869 erbohrte man unter den von Asphalt getränkten Sanden bereits bei 29,5 m unter NN die hier stark von Erdöl durchsetzte, braun bis schwarzbraun gefärbte Kreide. Sie wurde durch eine Schachtanlage und auf 500 m Länge ausgebaute Strecken erschlossen; man ging zunächst dazu über, die durchtränkte Kreide über Tage zu entölen. Die Aufschlüsse brachten den Nachweis, daß die reichste, braunschwarz gefärbte Ölkreide etwa 35 m mächtig ist, und daß darunter braune bis dunkelbraune Ölkreide mit helleren Einlagen von etwa 40 m Mächtigkeit liegt. Dann folgt erdölarme hellere Ölkreide bis zu 12 m Mächtigkeit, und das Liegende bildet schließlich weiße erdölfreie Kreide. Die Analysen zeigten Gewichtsprozente an Erdöl bis zu 21,2 %. Das entspricht etwa 40,9 Volumenprozent Erdöl. Das Öl von Hemmingstedt ist ein schweres Asphaltöl vom spezifischen Gewicht bis 0,968. Dabei ist ein geringer Schwefelgehalt bis zu 1,6 vorhanden. Das Heider Erdöl ist ein typisches Oxydationsöl. (Die dunkle Ölkreide ist ein begehrter Hausbrand; als Ersatz für mangelnde Kohlenfeuerung findet sie seit langem Absatz im ganzen Lande.)

Im Zusammenhang mit der amtlich betriebenen Erforschung des tieferen Untergrundes von Deutschland wurden auch bei Heide Tiefbohrungen ausgeführt, und wir erfuhren schon im Abschnitt über die erdgeschichtliche Entwicklung unseres Landes, daß hierbei ein 3,8 km tiefes Bohrloch niedergebracht wurde. Die Zahl der jetzt vorhandenen Bohrtürme und Förderanlagen klingt bereits an amerikanische Verhältnisse an, denn es hat sich bei Heide ein rechtes Ölgewinnungsindustriegelände entwickelt, und die geförderten Ölmengen sind durchaus befriedigend. In den letzten Jahren wurde die Zahl der Schürfbohrungen stark vermehrt, deren Erfolg die Auffindung eines sich im Westen erstreckenden Ölfeldes war, so daß nunmehr auch in der Marschenebene von Rickelshof bis Meldorf zahlreiche Fördertürme stehen und hier weithin das Klopfen der Ölpumpen ertönt. Als Erdölmuttergestein wird der tiefere Zechstein im Untergrund Schleswig-Holsteins angesprochen, von dem aus das Öl andere Schichten (vgl. Anhang G Tab. 4, 5 u. 8) imprägniert hat. So enthält dieses Erdöl u. a. 0,68 % Asphalt, 1,13 bis 1,31 % Schwefel und 1,32—1,53 % Paraffin bei einem spezifischen Gewicht von 0,885—0,889.

Ein weiteres Erdölfeld wurde in neuerer Zeit bei Reitbrook in der Elbmarsch südöstlich von Hamburg abgebohrt, wo zahlreiche Pumpen ebenfalls reiche Ölmengen zutage fördern. Außer diesen Erdölfeldern wurden noch kleinere Vorkommen oder Ölanzeichen im Zusammenhang mit Strukturkörpern im südöstlichen Landesteil nachgewiesen. In Heide und Reitbrook betrug die Erdölförderung:

Jahr	Tonnen
1930	203
1935	1 564
1940	588 569
1945	125 327

Seit dem Ende des zweiten Weltkrieges ist ein neuer Anstieg der Produktionsleistung zu verzeichnen, der Mitte 1948 für die Erdölfelder beider Orte bei monatlich 7—8000 to lag.

Eine Eigentümlichkeit stellen die in unserem Lande gelegentlich erbohrten Erdgasquellen dar. Die ergiebigste unter ihnen war die Quelle von Neuengamme, die im Jahre 1910 in der Nähe von Bergedorf anläßlich einer Tiefbohrung für die Wasserversorgung der Stadt Hamburg in der Tiefe von 249,2 m angetroffen wurde. Unter gewaltigem Druck brach das Gas aus dem Bohrrohr, gemischt mit zerstäubtem, schlammigem Wasser. Stündlich entströmten damals dem Bohrloch fast 28 000 cbm Gas, dessen Heizwert 9000 Wärmeeinheiten betrug; 1 Kubikmeter Erdgas hatte den Heizwert von 1,8 Kubikmeter Steinkohlengas oder 1,15 Kilo guter Steinkohle. Dieses Erdgas wurde von Hamburg mehrere Jahre hindurch benutzt. Allmählich aber nahm die Gasmenge ab, und selbst durch weitere Bohrungen wurde keine neue Gaszufuhr erreicht. Im Jahre 1928 allerdings strömten täglich noch etwa 3000 cbm aus, doch hat die Gasgewinnung inzwischen ganz aufgehört. Die größte Anreicherung lag nur am Orte der ersten Bohrung. Das Erdgas trat in oligozänen Sandschichten auf. Es setzte sich zusammen aus überwiegend Methan (91,5 %), ferner aus Stickstoff (4,6 %), Äthan (2,1 %), Sauerstoff (1,5 %) und etwas Kohlensäure (0,3 %). Durch die Gegenwart von Äthan war es als echtes Erdölgas gekennzeichnet. Ein anderer Horizont, ca. 800 m tief, enthielt zwar auch noch Erdgas, aber es war zu 70 % aus Stickstoff zusammengesetzt. Neuerdings jedoch werden durch Bohrungen bei Reitbrook monatlich mehr als 200 000 cbm Naturgas gefördert.

Auch an manchen anderen Stellen wurde gelegentlich Erdgas erbohrt. Bekannt ist ein Gasausbruch, der im Jahre 1881 bei Apenrade erfolgte. Aus der Tiefe von 180 m entströmte hier vorübergehend Erdgas, das zu 92 % aus Methan bestand. Am Schobüller Berg bei Husum trat bei einer 14 m tiefen Bohrung im Jahre 1928 Gas auf, das von der Luft durch das Mengenverhältnis der einzelnen Bestandteile eindeutig abwich (Stickstoff 92,2 %, Sauerstoff 7,6 %, Kohlensäure 0,2 %). Jedoch schon nach wenigen Wochen hörte der Gasandrang auf. Ähnliches stellte man 1947 in Hattstedt, 1935 in Beveroe (Stickstoff 69,6 %, Sauerstoff 16,8 %, Kohlensäure 2,0 %, Methan 11,6 %) bei Gelting und bei einer flachen Bohrung beim Postamt der Stadt Heide vor wenigen Jahren fest. Aus diesem Bohrloch entwich unter fühlbarem Druck für einige Wochen ein Gas, das im wesentlichen aus Stickstoff bestand. Sicherlich hat dieses Gas irgendeine Verbindung mit dem Erdölfeld von Rickelshof-Friedrichswerk.

In unseren Marschen stößt man vielfach bei Bohrungen auf Gasmengen, die in alluvialem Torf unter der Schlickdecke hier und da vorhanden sind. Dieses Gas ist Methan, das mit blauer Flamme knisternd verbrennt. In manchen Gegenden, zum Beispiel in der Marsch von Nordfriesland, aber auch an einigen Stellen Süderdithmarschens, ist dieses Sumpfgas in solchen Mengen vorhanden, daß es zur Beheizung der Kochanlagen einzelner Bauernhäuser benutzt wird. Hört die Gaszufuhr einmal auf, so wird nur wenige Meter vom alten Bohrloch entfernt ein neues Rohr in die Erde gerammt, und die Gasförderung ist eine Zeitlang wieder gesichert. Gasausbrüche sind auch in Bohrungen Ostholsteins recht häufig; sie dauern aber zumeist nur wenige Stunden.

Großen Schaden allerdings haben in Stormarn die Aussagen von Wünschelrutengängern angerichtet. Die dort auf deren Voraussagen niedergebrachten kostspieligen Ölbohrungen sind gänzlich erfolglos verlaufen. Ebenso ist die Erbohrung von Erdgas an anderen Stellen nicht geglückt, obwohl namhafte Rutengänger, zum Beispiel bei Kiel, mit fanatischer Bestimmtheit Erdgas angesagt und die bedrängten Stadtbehörden zu teuren Versuchen verleitet hatten. Heute ist die Hinzuziehung von Wünschelrutengängern und deren Bezahlung aus öffentlichen Mitteln in Schleswig-Holstein untersagt.

Bei der Schilderung der Erdgeschichte unseres Landes war häufiger von den Salzlagerstätten die Rede, die in verschiedenen Formationen im Untergrund vorhanden sind. Die Kenntnis von den Salzlagerstätten wurde durch die tiefen Aufschlußbohrungen ganz ungemein erweitert. Für den bergmännischen Abbau allerdings kommen diese Lagerstätten solange nicht in Betracht, als die reichen Steinsalz- und Kalilagerstätten Mittel- und auch Süddeutschlands den Bedarf zu decken vermögen. Unsere Salzlagerstätten können daher nur als Reserve für spätere Notwendigkeiten angesehen werden. Steinsalze treten einesteils als Einsprenglinge auf, wie sie sich in unserem ältesten Gestein, dem Old-Red, bei Schobüll, in Hohlabdrücken zu erkennen geben, andernteils als Gemenge mit der Gesteinsmasse, wie im Haselgebirge der Rotliegendzeit, und schließlich als weiterhin ausgedehnte und mächtigere reine Lagerstätten. Von diesen sind die Steinsalze der Zechsteinzeit am bedeutendsten. Durch eine Schachtanlage aus dem Jahre 1870 wurden sie bei dem Salzbergwerk Segeberg erschlossen. Tiefere Bohrungen ergaben dort unter Gips und Hauptanhydrit liegendes Steinsalz von über 100 m Mächtigkeit, dem ein kalireiches Anhydrit-Salzgestein mit 18,65 % Kalisalzen eingelagert ist. Da der Schacht alsbald im Grundwasser ersoff, gewinnt man bei Segeberg seitdem das Salz durch eine künstliche Sole. Diese hat allerdings in ihrer Konzentration so sehr nachgelassen, daß die Bäderverwaltung durch neue Bohrungen eine stärkere Sole anzutreffen hofft.

Erdphysik und Reichsbohrungen haben eine Zahl weiterer Fundgebiete von Zechsteinsalz, z. T. mit Kalisalz, nachgewiesen. Auch der Untere Buntsandstein enthält unter Helgoland ein kleines Steinsalzlager. Ebenfalls, ähnlich wie in Mitteldeutschland, hat der Muschelkalk Steinsalzlagerstätten, deren bisher größte Mächtigkeit in unserem Lande 30 m beträgt. Neuartig für unser Gebiet war der Nachweis eines mächtigen Steinsalzlagers des Keupers im südwestlichen Holstein, das im Elbmündungsbereich 200 m stark ist. Gegenüber den vielfachen Steinsalzlagerstätten in Schleswig-Holstein treten größere Kalisalzlagerstätten erst südlich auf. Die Kalisalzvorkommen bei Segeberg und Marne — Meldorf (Sylvinit mit 26,52 % KCl = 16,76 % Reinkali) deuten bereits darauf hin; sie liegen am Nordrand dieses Mitteldeutschland und Niedersachsen umfassenden Kalisalzbereiches der Zechsteinzeit.

c. BAU- UND ZIEGELSTOFFE

Während die vorgenannten nutzbaren Lagerstätten überwiegend in größerer Erdtiefe schlummern, sind von den zu Bau- und Ziegeleizwecken brauchbaren Rohstoffen recht viele nahe der Oberfläche gelegen und in verhältnismäßig großer Verbreitung vorhanden. In unserem Lande werden sie durch die geologische Kartierung im einzelnen aufgezeigt. Als Baumaterialien kommen vor allem in Betracht Ziegeltone, Sand und Steine. Feinere Tonarten, namentlich feuerfeste Tone, kommen auch vor. Für die praktische Verwendung verdienen die tertiären Tonsorten der Insel Sylt noch nähere Prüfung. Manche Tone eignen sich recht gut als Töpfertone, Ofenkacheltone, zur Fayence- und Keramikerzeugung und dergleichen, zum Beispiel die von Kellinghusen, Krieseby und Tellingstedt. Für Ziegeleizwecke werden die verschiedensten Tonarten benutzt, so der eozäne Ton von Bergedorf und Sommerstedt, der oligozäne von Itzehoe und Innien, der miozäne Glimmerton in der Umgebung von Bredstedt, der altinterglaziale Meereston von Rensing nördlich Kellinghusen, Glinde bei Ütersen, Wacken, Burg i. Dithm., Beringstedt, Fahrenkrug usw., die Bändertone von Lübeck und Schleswig, die oberdiluvialen bei Flensburg, die verlehmten Geschiebemergel und endlich der Marschenklei. Die diluvialen Tone haben zwar durchweg einen bedeutenden Kalkgehalt, aber er ist in der Masse so fein verteilt, daß er nicht schadet. Anders ist das beim Geschiebemergel; aus ihm muß man sämtliche Kalksteine sorgfältig auslesen, besser noch, ihn walzen oder schlämmen, damit später der gebrannte Stein nicht durch sich ablöschende Kalkstücke zersprengt wird. Auch die Kalkkonkretionen der oligozänen und miozänen Tone müssen vor der Verarbeitung entfernt werden. Man baut deshalb den Geschiebemergel vielfach nur bis zu der Tiefe ab, zu welcher er verwittert und seiner Kalksteine bereits durch die Natur beraubt, also in Geschiebelehm umgewandelt ist. Manche Tone, namentlich der Glimmerton, enthalten ferner reichliche Beimengungen von Schwefelkies bzw. Markasit, der bei der Verwitterung lösliche Sulfate und später im Stein Ausblühungen („Mauersalpeter“) erzeugt, weshalb man die sulfidreichen Schichten derartiger Tonlager von der Verwendung ausschließen sollte. Der Marschenton gibt wegen seines sich beim Brennen verzehrenden Humusgehaltes besonders poröse Steine, die zwar dauerhaft, aber recht wasserdurchlässig sind. In unserem regenreichen Klima ist das ein Nachteil, dem man jedoch durch Putz und Anstrich begegnen kann. In vielen Gegenden ist es ja guter alter Brauch, die Hausfundamente, für die man gern Findlinge verwendet, zu teeren und die Mauern mit Ölfarbe zu streichen. Man betrachte nur einmal die schlichten und dabei so schmucken, sauberen Fischerhäuser unserer kleinen Küstenstädte, wie klug sie mit den Baustoffen des Landes hergerichtet sind!

Die Ton- und Lehmvorräte sind in Schleswig-Holstein recht groß. Doch eignen sich nicht alle gleich gut etwa zur Errichtung von Lehmbauten oder Fabrikation von Dachpfannen, Hohlsteinen, Drainrohren oder Klinkern. Das bedarf von Fall zu Fall vorheriger chemisch-physikalischer Prüfungen. Hochwertige Tone, die für die Tuchindustrie als Walkerde gebraucht werden, und Tone, die als Bleicherde ein technisch wichtiges Reinigungsmittel für Öle und kolloidhaltige Fabrikwässer abgeben, kommen ebenfalls in unserem Lande vor. Es handelt sich dabei zumeist um alttertiäre Tone (87).

Zur Farbenherstellung begehrt ist Eisenocker, dessen Lagerstätten noch in der Gegenwart im Bereiche austretenden Grundwassers, zum Beispiel in den Hüttener Bergen, unter der Mitwirkung von Bakterien entstehen. Darin ist Eisen mit 10,94 %, Mangan mit 0,20 % und Kalk mit 32,14 % vorhanden. Außerdem kommen kleine Mengen von Phosphor und Schwefel vor. Auch anderweitig finden sich derartige Lagerstätten im Lande, beispielsweise an der Hohwachter Bucht und bei Lütjenburg. In einer Moorniederung an der Luhnau ist ein kaum 4 m hoher Berg vorhanden, der bei 90 m Breite die Länge von 110 m erreicht, und der in unserem Lande als der „Farbeberg“ bekannt ist. Eisenoxydhydrate sind hier in den höheren Lagen des Torfes angereichert und geben dem flachen Hügel eine braune bis gelbe Färbung. An der Oberfläche ist der Eisenocker teilweise zu festem Sumpferz verkrustet.

Außerordentlich wertvoll sind die großen Kreidelager, die bei Itzehoe-Lägerdorf im Tagebau abgebaggert und als Rohstoffe für die Zementfabrikation sowie zur Bereitung von Mauerkalk gewonnen werden. Weitgehend wird dieser reine, zu Staub gemahlene Kalk auch als Mineraldünger gehandelt. Die Zementindustrie ist im westlichen Holstein sehr bedeutend und beruht auf dem Vorkommen von reichen Lagern der nötigen Rohstoffe. Der Portlandzement ist ein gebranntes, inniges Gemisch von Kalk und Ton, das beim Löschen mit Wasser abbindet und zu einem steinartigen Kalk-Tonerde-Silikat erhärtet. Als Rohmaterialien dienen zu seiner Herstellung die Kreide aus den großen Gruben von Lägerdorf und die sehr reinen tertiären und diluvialen Tone von Wacken und Mehlbek nordwestlich Itzehoe, Rensing bei Kellinghusen und Ütersen. In den Alsenschen Zementwerken wird die Kreide mit dem

Ton in bestimmtem Verhältnis äußerst fein gemischt. Diese Masse wird dann in Drehöfen durch eine heiße Stichflamme von Kohlenstaub unter langsamer Drehung so stark geglüht, daß sie zu Klinkerstückchen zusammensintert. Wenn diese dann erkaltet und in Kugelmühlen zu Staub zermahlen sind, ist der Zement fertig.

Bau- und Pflastersteine hat besonders die große Endmoränenzone des Landes in gewaltigen Mengen geliefert. Nicht nur der Hochbau, sondern auch der Straßen- und Brückenbau, die Anlagen zum Schutz der Küsten usw. benötigen Bausteine, Kiese und Sand. So wandert noch heute der Abbau in den Blockpackungen der Endmoränen von einem Lager zum andern, und der Bauer folgt ihm und verwandelt den entsteinten Boden in dauerhaft ertragreiches Ackerland. Allerdings fehlt den Steinen die Form, die ihnen erst künstlich und mit großer Mühe gegeben werden muß, anders als in einem Steinbruch mit gleichmäßig geklüftetem und in seiner Struktur beständigem Fels. Denn das Material unserer Blocklager ist überaus ungleichwertig. Neben splitterigem, unbrauchbarem Flint kommen verrottete Gneise und mürbe Kalk- und Sandsteine vor, und neben vielem, gutem Porphyr und Granit auch überzäher Diorit und Diabas. Aber doch sind diese Lager ein kostbares Geschenk des Bodens, mit dessen Hilfe unzählige Stadt- und Landstraßen, Hausfundamente, ja ganze Kirchen, Scheunen und Ställe erbaut, Kanalböschungen belegt, Buhnen und Lahnungen für Küstenschutz und Flußregulierungen aufgeführt und Eisenbahnen beschottert sind. Es ist unter diesen Umständen nicht verwunderlich, daß unser Land im Laufe der menschlichen Besiedlung oberflächlich schon arm an Steinen und großen Findlingen geworden ist. Deshalb sind in Ergänzung ihrer eigentlichen Erwerbstätigkeit die Ostseefischer sogar dazu übergegangen, die an der Küste und den Förden flachgründig lagernden Findlinge zu „fischen“ (88). Diese nicht unbeträchtliche Steinbeute wird zu Stapelplätzen mit dem Schiff befördert, dort zerkleinert und ungeeignetes Material ausgeschieden. Die sich an die Endmoränen anschließenden und auch in den Osern enthaltenen Kieslager werden gleichfalls für den Wege- und Eisenbahnbau, für Betonarbeiten und dergleichen ausgiebig verwendet. Ebenfalls ist man dazu übergegangen, die in der Eckernförder Bucht weiter ausgedehnten litorinazeitlichen Strandwälle im Großbetrieb auszubaggern und die großen Steinmengen zu Betonzuschlagsstoffen zu verarbeiten. An die Endmoränenzone reihen sich außerdem unendliche Sandlager an, die scharfen Mauersand als Material für Kalksandsteine, Betonrohre und harte Kunststeine hergeben, und in denen, ebenso wie im verwitterten Geschiebelehm, gelegentlich der für Eisengießereien benötigte Formsand angetroffen wird. Reine quarzreiche Sande des Heidegebietes und mancher Dünen dienen auch als Rohstoffe für die Glasfabrikation, doch fehlen unserem Lande die wirklich feinen eisenfreien Qualitäten zur Herstellung von farblosem Glas. Schließlich findet der am Ostseestrand aufgehäufte Flint Verwertung zu Schleifpapieren, und seine runden Gerölle sind als den früher vom Ausland bezogenen, jedoch gleichwertige Kugelflinte für Kugelmühlen recht begehrt.

Die zur Herstellung von Isoliermaterial und anderen Gegenständen vielfach verwertete Kieselgur gibt es in unserem Lande zwar auch, zum Beispiel als leichte Diatomeenerde in den altinterglazialen Schichten des Bredstedter Tons, aber diese Vorkommen werden bisher nicht abgebaut.

d. BODENVERBESSERUNGSMATERIAL

Die jahrhundertelange intensive Bearbeitung unseres Ackerbodens erfordert die künstliche Zufuhr von Mineralstoffen, eine Notwendigkeit, die auf dem ertragreicheren Marsch- und Geschiebelehmboden ebenso Bedürfnis ist, wie auf den ärmeren Sandböden. An erster Stelle steht die Kalkdüngung, die mit einheimischen Meliorationsmitteln erfolgt. Vor allem haben das Diluvium und Alluvium verschiedenartige Rohstoffe hinterlassen, die durchaus geeignet sind, brauchbares Bodenverbesserungsmaterial abzugeben, denn außer kohlensaurem Kalk sind auch andere notwendige Stoffe, insbesondere Stickstoff- und Phosphorverbindungen in ihnen enthalten. Unter den alluvialen Meliorationsmitteln gilt besonders im Marschenbereich der ehedem vom Meer abgelagerte Blausand als begehrenswert, den man vermittels einer besonderen „Blausandmaschine" unter dem Schlick aus dem Boden herausbaggert und über die Marschfennen verteilt. Dieser zumeist schwachtonige Blausand, der zahlreiche Zerreibsel von Muschelschalen und verweste Meerestierreste enthält, besitzt ebenso wie der gröbere Muschelsand und Seesand einen Gehalt an kohlensaurem Kalk von etwa 6%, der aber auch wesentlich höher (bis zu 30%) liegen kann. Unter den Torfniederungen kommen vielfach Wiesenkalk und Moormergel vor, Süßwasserablagerungen, die zu den Seekreiden gehören, und die bei genügender Reinheit und Lockerheit ein vorzügliches Düngemittel abgeben, das bis zu 85% kohlensauren Kalk enthält. Die Lockerheit hängt von dem Grade ihrer Körnigkeit ab; Wiesenkalke, die viel schleimigkolloidale Substanz enthalten, klumpen beim Austrocknen fest zusammen und verteilen und lösen sich sehr mangelhaft im Boden. Zuweilen hilft es, sie einen Winter hindurch zerfrieren zu lassen. Andernfalls müssen diese Kalke mechanisch zerkleinert werden. Bisher sind die Seekreiden in unserem Lande viel zu wenig ausgenutzt. Neuerdings aber haben sich einige Betriebe dieses Rohstoffes angenommen, um ihn für die Bauindustrie abzugraben (z. B. bei Rothensande und Gleschendorf). Wenig verwendet sind bisher auch die besonders in der Endmoränenzone des Ostens vorkommenden Kalktuffablagerungen. Solcher Kalktuff kommt im Gebiet der Plöner-Eutiner Seen und bei Oldesloe sowie im Kossautal und bei Oldenburg-Heiligenhafen vor und ist beispielsweise besonders schön im Tiergarten bei Schleswig aufgeschlossen; er stellt eine Kalkausscheidung dar, die durch Quellaustritte erfolgt, und deren Kalkpartikelchen Pflanzen- und Tierreste umkrustet haben. Es ist ein ziemlich reiner, kohlensaurer Kalk, der vielfach schon bei Überwinterung leicht zerfällt.

Die verschiedenen Vereisungen haben vorzügliche Meliorationsstoffe in Form des Geschiebemergels und der Mergelsande hinterlassen. Erklärlicherweise ist allerdings der Gehalt an kohlensaurem Kalk örtlich ganz verschiedenartig; er schwankt zwischen 6—58%. Überwiegend aber liegt der Kalkgehalt unter 30%. Im Durchschnitt können in den schleswig-holsteinischen Kreisen folgende Werte gelten (89):

Dithmarschen	22,0 %	Plön	19,1 %
Eckernförde	20,0 %	Rendsburg	18 1 %
Hamburg	22 0 %	Schleswig	20,0 %
Husum	30,0 %	Segeberg	18,2 %
Kiel	18,0 %	Steinburg	30.0 %
Lauenburg	18,7 %	Stormarn	17,2 %
Oldenburg	16,7 %	Südtondern	18.0 %

Früher entnahm mancher Bauer auf seiner Koppel durch eine eigene kleine Kuhle solchen Mergel, ließ ihn überwintern und streute ihn dann auf sein Land. In der Zeit nach dem ersten Weltkrieg hatten sich verschiedene Gemeinden zu Mergelverbänden zusammengeschlossen, die in großen Tagebauen („Mergelschächten") den Geschiebemergel ausbaggerten. Diese Mergelverbände, die zum Beispiel in der Gegend von Kellinghusen (Mergelverband Brokstedt) und allgemeiner in Nordfriesland (Mergelverband Ladelund mit 320 000 cbm geförderten Mengen bis zum Jahre 1929, Handewitt mit 185 000 und viele andere mehr) gegründet wurden, sind vorbildliche Leistungen, deren Nachahmung auch in den ausgelaugten altdiluvialen Sandgebieten weiterhin sehr zu wünschen ist.

Bis zu gewissem Grade wird auch gebrannter Kalk (Ätzkalk) vor allem für schwere Böden benutzt, wie er vom Kalkwerk Lieth bei Elmshorn oder auch von den Lägerdorfer Kreidegruben handelsmäßig in unserem Lande vertrieben wird.

II. DAS GRUNDWASSER

Nicht zuletzt ist das für die Versorgung unserer Städte und Gemeinden, der Fabriken und bäuerlicher Siedlungen so nötige Grundwasser ein nutzbarer Bodenschatz. Wenn Wasser auch im allgemeinen fast überall im Boden vorkommt, so sind seine größeren Mengen doch ebenso wie die Lagerstätten anderer Bodenschätze an bestimmte Erdschichten gebunden. Das Wasser ist somit ein mineralischer Bestandteil des Bodens, der als einziger bei gewöhnlicher Temperatur dünnflüssiger Stoff alle die stillen, leblosen Räume unablässig durchwandert, die außer ihm nur noch der Luft zugänglich sind. Mit bedächtiger Langsamkeit geht das Wasser in unserem Boden ein und aus, es verwandelt sich in Gas und verdichtet sich wieder zu Tau, es erstarrt, soweit der Frost hinabreicht, zu Eisgestein und erwärmt sich im warmen Schoß der Tiefe weit über den winterlichen Außengrad; es verrichtet allerlei chemische und mechanische Transporte, es bringt in Zeiten der Dürre den offenen Gewässern Hilfe, damit sie nicht versiegen und empfängt selbst von ihnen in Zeiten des Überflusses; schließlich wandert es auf finsteren, mühseligen Pfaden dem Meere zu, dessen machtvollen Wirkungen es schon von fern im Erdenschoß begegnet.

Auch diesen Gast der Tiefe muß der Mensch sich nutzbar machen; er bedarf seiner um so mehr, je intensiver er seine Bodenwirtschaft betreibt und je mehr er die Gewässer der Oberfläche durch Gebrauch zu anderen Zwecken für die häusliche Nutzung verdirbt. Deshalb wird dem Grundwasser immer mehr wissenschaftliche und gesundheitspolizeiliche Beachtung geschenkt, denn da sein Wert bei dem vielartigen Bedarf ständig wächst, seine Vorratsmengen jedoch nicht unbegrenzt sind, bedurfte es eines Wasserrechts und für Gewinnung und Verwendungszweck allmählich staatlicher Lenkung. Unter anderem wurden der Grundwasserbeobachtungsdienst und die Wasserwirtschaftsstellen eingerichtet. Das geologische Auftreten des Grundwassers wird in Schleswig-Holstein durch die Landesanstalt für Angewandte Geologie verfolgt, der die Aufgabe zugefallen ist, die Zusammenhänge des Grundwassers mit dem Erd-Aufbau zu ergründen. Diese Behörde verfügt über vielseitiges Beobachtungsmaterial, z. B. die Bohrergebnisse, Grundwasser-Analysen, Ergiebigkeitsmessungen u. a. m. Die seit vielen Jahren zusammengetragenen Beobachtungen kommen der Allgemeinheit zugute, denn die Landesanstalt erteilt sowohl Auskünfte, als sie auch im Schrifttum Näheres über die hydrogeologischen Verhältnisse veröffentlicht (z. B. 18,91).

Das S i c k e r w a s s e r, das nach jedem Niederschlag von oben in den Boden hinabwandert, macht in dieser oder jener Tiefe, sobald ihm Hemmnisse entgegentreten, halt und vereinigt sich zu einer alle Bodenporen ausfüllenden Wasserschicht, dem Grundwasser, das nun seitwärts Auswege sucht; findet es solche nicht, so schwillt es immer höher an, bis es die seitlichen Schranken übersteigen und entweder als Quelle ins Freie treten oder auf Umwegen in tiefere, noch unerfüllte Bodenschichten absinken kann. Jede Sand- und Kiesschicht bietet ihm Raum und Ausweg, jede Lehm- und Tonschicht hemmt seine Bewegung, die sich auch im Labyrinth der Sandkörner noch nach den allgemeinen Gleichgewichtsgesetzen der Flüssigkeiten regelt, sofern nicht die Kapillarität darin kleine Veränderungen verursacht. Die Begrenzungsform des Grundwassers richtet sich also stets nach den Formen der Bodenmassen, die es beherbergen, und da dies meist breite, vielseitig ausgedehnte Schichten sind, bildet das Grundwasser im Flachlande nicht „Adern", sondern breite, träge Ströme und unterirdische Becken.

Man sollte kaum glauben, wieviel offenen Raum es zwischen den Sandkörnern gibt; das Maß desselben schwankt je nach dem gegenseitigen Größenverhältnis und der Lagerungsform der Körner zwischen 25 und 50 v. H. des Gesamtraumes einer Schicht. Während nun aber dieses Maß, die Porosität, bei feinkörnigen Bodenarten, zum Beispiel Lehm, durchaus nicht geringer zu sein pflegt als bei den grobkörnigen, ist die Durchlässigkeit der letzteren, d. h. ihre Fähigkeit, Wasser rasch fortzuleiten, unvergleichlich größer als die der feinkörnigen. In einem Sande von weniger als 0,2 Millimeter Korngröße erleidet das Wasser durch die Reibung und die Anziehungskraft von seiten der Körner einen so starken Widerstand, daß es sich kaum noch zu bewegen vermag; solch ein Feinsand ist also trotz seiner hohen Porosität praktisch undurchlässig. Die Durchlässigkeit wächst aber mit dem Quadrat der Korngröße; nehmen wir an, daß eine Sandschicht von gewisser Dicke bei einer Korngröße von einem Millimeter und einer Porosität von 35 v. H. in der Minute hundert Kubikmeter Wasser durchläßt, so wird eine ebensolche Schicht bei zwei Millimeter Korngröße bereits vierhundert Kubikmeter durchlassen.

Der Grundwasserspiegel des oberflächennahen Grundwassers richtet sich nach der Spiegellage der benachbarten offenen Gewässer, also der Bäche, Flüsse, Teiche, Seen oder des Meeres. Er wölbt sich in den höheren Bodenmassen je nach ihrer Durchlässigkeit flacher oder steiler darüber; ein dicht am offenen Gewässer gelegener Brunnen wird also nur einen unmerklich höheren Wasserspiegel zeigen, während in einem weiter entfernten das Wasser bereits recht hoch stehen kann, besonders, wenn sich zwischen ihm und dem Tagesgewässer eine Schwelle undurchlässigen Bodens befindet. Daher sehen wir in der lehmigen Grundmoränenlandschaft äußerst verschiedene Grundwasserstände in all den kleinen Brunnen, die nicht bis in ein großes, weit durchgreifendes Wasserstockwerk hinabreichen, sondern aus lokalen Wassernestern schöpfen. In den geräumigen, mit Sand erfüllten Urstromtälern dagegen sind die Brunnenspiegel sehr gleichförmig.

1. VORKOMMEN

Wenn man sich vergegenwärtigt, wie mannigfaltig in unserem Untergrunde Lehm, Sand, Ton, Kies usw. miteinander abwechseln, so wird man leicht verstehen, daß es an vielen Orten mehrere, in ihrer Ergiebigkeit oft recht verschiedene Grundwasserstockwerke gibt, und daß man die Wassergewinnungsanlagen je nach Bedürfnis sehr verschieden einrichten muß (90).

Im allgemeinen lagern in Schleswig-Holstein drei selbständige, voneinander unabhängige Grundwasserstockwerke übereinander. Das oberste Stockwerk umfaßt alluviale und diluviale Schichten oberhalb der ersten stauenden Bodenarten, also zumeist oberhalb des höchstliegenden Geschiebelehms oder Tons. Dieses obere Grundwasser ist in den durchlässigen Boden eingesickertes und aufgespeichertes Niederschlagswasser. Das Grundwasser des mittleren Stockwerks lagert unterhalb der obersten stauenden Schichten in den diluvialen Sanden und Kiesen. Es ist in schwacher Bewegung und hat schon eine gewisse Wegstrecke von seinem Einzugsgebiet her zurückgelegt. In manchen Gebieten, insbesondere im Osten des Landes, tritt dieses Grundwasser beim Erbohren über Tage auslaufend, d. h. artesisch, auf. Derartiges unter dem Druck des in der Höhe aufgespeicherten Vorrates aufsteigendes Wasser wird von den Bauern zuweilen zum Betrieb von „Widdern“ verwendet, einer sinnreichen Vorrichtung, in welcher der Auftrieb der Hauptwassermenge die Arbeit leistet, einen kleinen Teil des Wassers weit über die natürliche Grenze dieses Auftriebes hinauf zum Gehöft zu drücken. Der Wasserreichtum des mittleren Grundwasserstockwerkes im Diluvium kann so groß sein, daß bereits durch einen weiten Rohrbrunnen aus ihm große Gemeinden versorgt werden.

Als tiefstes Grundwasserstockwerk besitzt Schleswig-Holstein die reichen Wasservorkommen in den pliozänen und miozänen Sanden. Anlagen der Industrie, Werften, Wasserwerke der Großstädte u. a. m. decken ihren Wasserbedarf zumeist aus diesem tiefsten Grundwasserstockwerk.

Für die Bedürfnisse kleiner ländlicher Anwesen genügen meistens die gewöhnlichen Sodbrunnen. In der Grundmoränenlandschaft sucht man sich dafür tief oder am Abhang gelegene Stellen aus, wo der Lehm eine. stärkere, sandige Verwitterungsrinde aufweist. Dort sammelt sich das Sickerwasser meist in zwei bis drei Meter Tiefe über dem dichten, unverwitterten Untergrunde. Derartige Brunnen findet man auch auf den Weidekoppeln, manchmal nur als offene Gruben. Sie haben den Nachteil, daß sie, zumal in dürren Jahren, im Spätsommer leicht versiegen, weil dann der Wasservorrat der Verwitterungsrinde des Geschiebelehms oft gänzlich verdunstet.

Größere Gehöfte, Meiereien, Fabriken, Bahnhöfe und Gemeinden, die einen stärkeren Bedarf an hygienisch einwandfreiem Wasser haben, sind deshalb genötigt, tiefere Wasserschichten durch Rohrbrunnen aufzusuchen. Dann gilt es, den Geschiebemergel zu durchbohren, den die Brunnenbauer gewöhnlich als „blauen Ton mit Steinen" bezeichnen, und der wegen seiner Härte und der zuweilen dem Bohrmeißel begegnenden großen Findlinge oft eine unangenehmere Bodenart ist als die gleichförmigen Gesteine unserer Gebirgsländer.

Das Grundwasser unseres Landes ist in der Mehrzahl der Fälle als süßes Wasser brauchbar. Chemisch rein kommt es nirgends vor; vielfach ist es durch in Lösung befindliche Eisen-, Kalk-, Mangan- und andere Verbindungen so verunreinigt, daß es erst aufbereitet werden muß. Eine häufige und unliebsame Erscheinung ist der hohe Chlorgehalt mancher Grundwässer. Chlor ist ein Bestandteil des Kochsalzes (Chlornatrium) und dient den Chemikern als Merkzeichen für dieses Salz, aber auch für andere, in geringen Mengen auftretende Salze ähnlicher Art (z. B. Chlormagnesium). Dieser Chlorgehalt ist oftmals so stark, daß ein ausgesprochen salziges Grundwasser vorliegt. Derartige salzige Grundwässer sind in den Marschengebieten in der Überzahl und vielfach auch in Küstenstrichen des Ostens vorhanden. Die Ursache dafür liegt in den Einwirkungen der Meere auf den durchlässigen Untergrund. Aber auch im Binnenlande sind salzige Grundwässer stellenweise häufig. Für sie hat sich herausgestellt, daß die Ursache in der Art der Gesteine des Untergrundes liegt (91). Schon bei der Besprechung des erdgeschichtlichen Werdeganges unseres Landes war von den in den verschiedenen Formationen abgelagerten Salzlagerstätten ausführlicher die Rede. Von diesen Salzlagern wandern also Salzlaugen durch unseren Untergrund. Irgendwo treten diese in Berührung mit unserem süßen Grundwasser, so daß es zu einem Austausch der gelösten Stoffe, zu einer Vermischung, kommt. Zum Teil haben auch die im Meere abgelagerten Schichten von Haus aus noch einen gewissen mineralischen Salzgehalt, und die nachträgliche Aussüßung des Bodens ist noch nicht tiefer als bis zum mitteloligozänen Septarienton fortgeschritten. So erklärt es sich, daß alle Bodenarten, die älter als Septarienton sind, primäres Salzwasser noch heute enthalten, und daß schon dadurch der Erschließungsmöglichkeit von

Süßwasser eine erdgeschichtliche untere Grenze gesetzt ist. Diese Möglichkeit erfährt aber noch weitere Einschränkungen, wie wir am Schluß hören werden.

Von Fall zu Fall ist die Wassererschließung in unserem Lande also verschiedenartig. Zu diesem Zweck muß man weitgehendst die hydrogeologischen Verhältnisse kennen und berücksichtigen. Die rechtzeitige Hinzuziehung von Geologen und vielfach auch Hydrologen*) ist im Interesse des Erfolges zum mindesten bei größeren Wasserversorgungsprojekten unerläßlich. Denn dort, wo der Bau des Untergrundes infolge von Stauchungen unregelmäßig ist, wie das namentlich in den westlichen Geesthöhen, aber auch in der Umgebung unserer Förden oft vorkommt, ist auch die Wasserführung unberechenbar und der Unternehmer der Gefahr von kostspieligen Fehlbohrungen ausgesetzt. In solchen Gegenden kann wasserleerer und wasserreicher Untergrund ohne äußere Kennzeichen scharf aneinander grenzen. Auch dort unterliegt die vielgepriesene Wünschelrute dem bloßen Zufall; ihre Anhänger wissen von Erfolgen ebenso viel Rühmens zu machen, wie sie Mißerfolge verschweigen, wenn nicht auf angebliche Ungeschicklichkeiten oder gar schlechten Willen des Brunnenbohrers abzuwälzen verstehen. Als ein recht brauchbares Hilfsmittel haben sich die modernen Verfahren der Geoelektrik bewährt, die in Schleswig-Holstein zusammen mit der Angewandten Geologie selbst in schier hoffnungslosen Fällen die unter Wassernot leidenden Ortschaften mit Trinkwasser zu versorgen vermochten. Im großen und ganzen betrachtet läßt sich über die Wasserführung der verschiedenen Grundwasserstockwerke folgendes sagen:

Das oberste Grundwasser ist unmittelbar abhängig von der Größe der Niederschläge und der Aufspeicherungsmöglichkeit im Boden der Geländemulden. Sein Vorrat ist daher begrenzt und unterliegt den Witterungsverhältnissen. In trockenen Jahreszeiten, auch bei länger anhaltendem Wind, pflegt dieses obere Grundwasser zu verschwinden. Seine Ausnützung, die wegen der Verunreinigungsgefahr von der Oberfläche her schon aus hygienischen Gründen in vielen Fällen abzulehnen wäre, ist deshalb nur bei Einzelgehöften und zur Viehtränkung gebräuchlich. Wesentlich günstiger, und auch in ihrer Menge und Beschaffenheit aushaltender, sind die Grundwässer aus dem mittleren Stockwerk. Es liegt unterhalb der obersten stauenden Ton- oder Mergelschicht, zumeist in diluvialen Sanden. Durch dazwischengelagerte stauende Schichten wird es in

*) Gemeint sind die Wasserfachleute, nicht etwa Wünschelrutengänger, die sich vielfach „Hydrologe" nennen, und unter dieser Bezeichnung Aufträge zu erhalten bestrebt sind, für die sie zumeist ungerechtfertigt hohe Preise verlangen. Die Hinzuziehung von solchen „Wassersuchern" ist in Schleswig-Holstein erneut (1947) untersagt worden.

mehrere Horizonte aufgespalten. Allerdings hat dieses Grundwasser vielfach unter hohem Eisengehalt zu leiden, und es ist oftmals infolge der aufgelösten Kalkmengen aus den Diluvialschichten auch recht hart (91). Es bildet aber den in unserem Lande am meisten genutzten Grundwasservorrat.

Das im Tertiär lagernde tiefste Grundwasserstockwerk hat den anderen gegenüber den Vorteil, daß seine Wässer eisenärmer und weicher sind; außerdem zeichnet es sich durch gleichbleibende Temperaturen und durch seine Reichhaltigkeit aus. Ein Nachteil ist indessen, daß meistens eine klare Übersicht der von ihm eingenommenen unterirdischen Räume fehlt, so daß man über Maß und Herkunft seiner Zuflüsse und über die Beständigkeit seiner Beschaffenheit und Menge nicht volle Gewißheit erlangt.

Man darf sich aber nicht dem Glauben hingeben, daß in allen Gebieten die erwähnten Grundwasserstockwerke stets übereinander vorhanden sind. Das ist nur sehr selten und zumeist auch nur im Osten und Süden der Fall. Im Osten unseres Landes sind die geologischen Verhältnisse so günstig, daß man hier überwiegend die Möglichkeit hat, sich das Grundwasser von zumindest zwei verschiedenen Stockwerken auszusuchen. So werden in Flensburg, Schleswig, Kiel, Lübeck usw. alle drei Grundwasserstockwerke in großem Umfange ausgenutzt. Nennenswerte Einschränkungen erfahren nur die Gebiete, in denen die alttertiären Tonschichten entweder bis an die Oberfläche treten oder ihr nahe gelegen sind. Vor allem ist das der alttertiäre Tarraston, der im nahen Untergrund von Fehmarn und dem Landesteil Wagrien, aber auch im nordöstlichsten Angeln weiter verbreitet ist (Karte 1). In diesen Gebieten ist deshalb die örtliche Wasserversorgung auf die Mengen innerhalb weniger Meter unter der Oberfläche angewiesen, denn tiefer fehlt Grundwasser, oder es ist durchweg salzig. Hier sind nur Wasser-Fernversorgungen von dauernder Befriedigung (z. B. Neustadt).

Ganz anders liegen die Verhältnisse inmitten des Landes, im Vorland der Endmoränenzone. Wie schon die vielen Moore und verlandeten Seenbecken innerhalb der weiten Sander- und Talsandflächen des Heiderückens anzeigen, ist der Grundwasserstand allgemein in diesen Gebieten sehr hoch. Deshalb finden sich gerade hier die vielen Sodbrunnen und Viehtränken, die das oberste Grundwasser ausnutzen. Zum menschlichen Genuß allerdings pflegt man auch hier in neuerer Zeit das Grundwasser des mittleren Stockwerkes im älteren Diluvium durch Rohrbrunnen zu erschließen. Es ist so reichlich und von einer Güte, daß in diesem Bereich nur in Einzelfällen das Wasser aus dem Tertiär angezapft wird (z. B. bei Rendsburg und Neumünster).

Je weiter wir allerdings nach Westen in den Bereich der Alten Geest kommen, desto geringer werden die Grundwassererschließungsmöglichkeiten. So gelingt es hier in einigen Gebieten nicht, brauchbares Grundwasser im Tertiär ausfindig zu machen, denn die sonst so reichlich wasserliefernden miozänen Braunkohlensande sind hier derart tonig entwickelt, daß sie kein Grundwasser abgeben. Selbst in pliozänen Sanden, wie zum Beispiel im Nordwesten des Landes, kommt kein geeignetes Grundwasser vor.

Noch schwieriger als in der Alten Geest gestaltet sich die Grundwasserversorgung in der Marsch, besonders in nächster Nähe des Meeres. Die großen Marschorte wie Glückstadt, Marne, Büsum, Wesselburen, Wilster, Tönning und die nahe an der Geest gelegenen Ortschaften beziehen ihr Leitungswasser in der Regel aus Rohrbrunnen am Geestrande oder in alten Dünengebieten (Kremper Heide, Donn in Dithmarschen, Nordseebad St. Peter-Ording, Garding u. a. m.). Mitten in der Marsch ist das oberste Grundwasser, das man unmittelbar unter dem Kleiboden findet, zu 70% recht schlecht; es kommuniziert auch mit den offenen Gräben. Oft wird es durch schwefelwasserstoffreiche Dargschichten ungünstig beeinflußt. Nur im östlichen Marschenteil helfen Bohrungen in die Diluvialschichten. Überwiegend aber ist das Wasser brackig und bessert sich auch zur Tiefe nicht; oftmals fehlt es dort ganz. Man behilft sich dann meistens mit Dach- und Grabenwasser, weil Trinkwasserleitungen von der Geest her für die Dörfer, namentlich bei zerstreuter Bauweise, zu kostspielig sind, obwohl ihre Anlage sehr zu wünschen wäre.

Sehr ungünstig sind die Trinkwasserverhältnisse auf den Halligen, wie zum Beispiel auf Langeneß, wo es ebenso wie auf den übrigen Halligen nicht gelungen ist, gutes Süßwasser zu erbohren; man findet deshalb dort und auf Pellworm noch die uralten Fethinge, d. h. Tränkgruben auf den Warften, als Viehtränken in Gebrauch, während für den Haus- und Küchenbedarf Zisternen dienen.

Inmitten der größeren Dünen- und Geestinseln dagegen, wie Föhr, Amrum und Sylt, gibt es gutes Grundwasser. So empfängt das Wasserwerk der Gemeinde Westerland auf Sylt sein vorzügliches Trinkwasser aus einer quer über den Geestteil der Insel gelegten Doppelreihe von Bohrungen, die in dem untersten Diluvialsand und dem jungtertiären Kaolinsand des Untergrundes stehen. Eigentümlich ist das Verhältnis von Süß- und Salzwasser auf diesen Nordseeinseln. Das spezifisch leichtere Süßwasser stammt aus den in den Sandboden einsickernden Niederschlägen und bildet einen uhrglasförmigen Spiegel, der sich allseitig zum mittleren Seewasserspiegel absenkt. Das schwerere Salzwasser fällt von den Rändern unter das Süßwasser ein, ohne sich nennenswert mit ihm zu vermischen. Letzteres sammelt sich auf ihm als „Kalotte“ an. Pumpt man aber mehr Süßwasser ab, als sich aus den Niederschlägen ergänzt, so dringt von unten und von den Seiten her das Seewasser im

Boden nach, und die Brunnen ziehen schließlich Salzwasser, das sich nur schwer wieder entfernen läßt. Selbst auf der kleinen Düne bei Helgoland hatte man eine Süßwasserschicht, die auf dem Salzwasser des Untergrundes schwimmt und dem Bedarf zweier kleiner Wirtschaften genüge tat. Ebenso gab es im Geröllboden des Unterlandes und tief im klüftigen Gestein des Oberlandes von Helgoland eine den Niederschlägen (abzüglich der Verdunstungs- und Ablaufsmenge) entsprechende Menge leidlich genießbaren Wassers. Die Hoffnung, auf diesem Felseilande aber durch Tiefbohrungen reichere Wasserschichten zu erschließen, wurde 1938 durch eine bis 3010 m niedergebrachte Bohrung vergeblich, weil das Inselgestein selbst sehr bescheidene Mengen vom Himmel herab in sich aufnimmt und unterhalb 718 m nur Salz und etwas Anhydrit und Tonstein lagert. Man wird sich, falls Helgoland einmal wieder bewohnt werden sollte, stets mit Zisternenwasser und destilliertem Seewasser behelfen oder das kostbare Naß zu Schiff heranfahren müssen.

Die besten Einblicke in die Grundwasservorräte unseres Landes haben die verschiedenartigen Wasserversorgungsanlagen unserer größeren Städte erbracht. In großartigem Maße hat Hamburg die verschiedensten Grundwässer erschlossen. Die Grundwasseranlagen, die zusammen mit filtriertem Elbewasser die Stadt versorgen, liegen oberhalb derselben in der Elbeniederung bis nach Alten- und Neuengamme hinauf und weit außerhalb Hamburgs. Das oberste Grundwasserstockwerk dieser Gegend befindet sich unter der Elbeschlickdecke in den Sanden des Alluviums und oberen Diluviums, die ohne scharfe Trennung übereinander geschichtet sind. Dieses Wasser enthält aber oftmals viel Eisen, salpetrige Säure usw. und genügt nicht überall den hygienischen und technischen Anforderungen. Man ist deshalb tiefer gegangen, hat unter dem Oberdiluvium den mächtigen Unteren Geschiebemergel, die marinen Interglazialschichten in seinem Liegenden und die dann folgenden Schichten von „Lauenburger Ton" und altdiluvialem Feinsand durchbohrt und endlich wieder in Tiefen von etwa 250 Meter gröbere Diluvialsande erreicht, die sehr reichlich gutes Wasser spenden, das über Tage frei ausläuft; diese Diluvialsande werden unterwärts und seitwärts von Sanden der Braunkohlenformation mit feinerem Korn und anders geartetem Druckwasser begrenzt. Nach Osten vermindert sich die Mächtigkeit des Diluviums, die tertiären Sande heben sich bis in verhältnismäßig geringe Bodentiefen empor, und die Tiefbrunnen (hier nur von 66 Meter Durchschnittstiefe) stehen mit ihren Filtern in oder dicht über ihnen, während eine große Anzahl von Flachbrunnen (durchschnittlich 14,5 m tief) das hier brauchbare Wasser aus dem groben Talsand unter dem jungen Elbealluvium emporfördert. Diese weithin nachweisbare Erhebung des Tertiärs macht es wahrscheinlich, daß seine Wasserfüllung von oben her teils im Elbetal, teils unter der nördlich angrenzenden Geest erfolgt, und daraus erklärt sich auch der starke Auftrieb des Wassers in den niedrig gelegenen Rohrbrunnen. Auch das Wasser der tiefsten Diluvialschichten entstammt der Geest; es steigt hier etwas höher als das Tertiärwasser und hat geringeren Chlor-, aber höheren Eisengehalt. Moderne Brunnen von mehr als 200 m Tiefe sind in der Umgebung von Gr. Hansdorf ausgebaut worden. Die zwanzig Wasserwerke Hamburgs, die die Versorgung aus 7 Grundwasserhorizonten der drei unterschiedlichen Stockwerke sicherstellen, verfügen über noch tiefere Brunnen.

In der weiteren Umgebung von Hamburg wird der Wasserreichtum gerade des tiefsten, tertiären Stockwerkes vielfach in Anspruch genommen, z. B. durch die Papierfabrik in Ütersen und durch die Gemeinde-Tiefbrunnen von Altenwerder und Wilhelmsburg. Die Stadt Altona ist neuerdings dazu übergegangen, ihr Grundwasser in der Umgebung von Rissen-Stellingen aus altdiluvialen und jungtertiären Schichten in etlichen Tiefbrunnen zu entnehmen (s. Festschrift zum 100-jähr. Bestehen der Hamburger Wasserwerke 1948).

Auch an anderen Orten in Schleswig-Holstein hat man das tiefste Stockwerk mit Erfolg angebohrt, zum Beispiel in Oldesloe, in Kiel, Schleswig, Eckernförde, Rendsburg und in Flensburg, wo es mehrere große Industrieanlagen, allen voran die dortige Papierfabrik mit ihrem Riesenverbrauch, dauernd versorgt. Daraus darf aber nicht der Schluß gezogen werden, daß es auch in den übrigen Gebieten allenthalben vorhanden sei.

2. BESCHAFFENHEIT

Die Grundwässer unseres Landes werden zu ganz verschiedenem Zweck benutzt. In den großen Betrieben, zum Beispiel Papierfabriken, Brauereien, Meiereien usw. wird es als Wirtschaftswasser benötigt, in Stapelhäusern, für Motoren u. ä. zu Kühlzwecken; in überwiegendem Maße aber dient es zum menschlichen Genuß sowie schließlich zum Viehtränken. Deshalb werden an die chemische und bakteriologische Beschaffenheit jeweils ganz verschiedene Ansprüche gestellt. Das eine Wasser ist für diesen Zweck, ein anderes für jenen brauchbar. Der Geologe und der Hydrologe muß daher vor Inangriffnahme der Untersuchungen wissen, wozu das Wasser jeweils benutzt werden soll.

Auf seinen unterirdischen Wegen belädt sich das Wasser chemisch mit allen Mineralstoffen, die es aus dem Boden herauszulösen vermag, so daß es gewissermaßen den Charakter der durchflossenen Bodenarten in seiner eigenen Beschaffenheit widerspiegelt. Ist zum Beispiel die Bodenart kalkreich, so wird auch das Wasser hart, d. h. kalkhaltig sein, ist sie kalkarm, so bleibt das Wasser weich, enthält sie Salz, so versalzt es, enthält sie Schwefeleisen, so zersetzt es dieses und atmet Schwefelwasserstoff aus. Wie unterschiedlich die einzelnen Grundwässer aus den verschiedenen uns zur Verfügung stehenden Stockwerken sind, geht aus der Übersicht der Tabelle 2 am einfachsten hervor.

Die Hauptrolle für die Praxis spielt zunächst die sog. „Härte" des Wassers, d. h. sein Gehalt an Kalk- und Magnesiasalzen; hartes Wasser setzt beim Kochen Kesselstein ab, erfordert bei der Wäsche vermehrten Seifenverbrauch und eignet sich schlecht zum Kochen von Hülsenfrüchten. Es muß also, wenn kein weiches Wasser zu haben ist, künstlich (zum Beispiel durch Permutit) enthärtet werden, damit es als Kesselspeisewasser usw. benutzt werden kann. Bei uns mißt man die Härte nach deutschen, woanders nach französischen Härtegraden. Ein deutscher Härtegrad entspricht einem Gehalt von 10 Milligramm Kalkerde in 1 Liter, ein französischer Härtegrad von 10 Milligramm kohlensaurem Kalk in 1 Liter Wasser; ein deutscher Grad ist gleich 1,79 französischen. Man unterscheidet ferner zwischen der vorübergehenden Härte, die darauf beruht, daß Kalk und Magnesia als doppelkohlensaure Salze vorhanden sind, die beim Kochen sich abscheiden, und bleibender Härte, wenn beide Stoffe als schwefelsaure oder anderweitig zusammengesetzte Salze vorhanden sind, die beim Kochen nicht ausfallen. Weiche Wässer sollen nicht über 8, mittelharte nicht über 12 deutsche Härtegrade aufweisen, während sehr harte Wässer über 30 Grade erreichen können. Von 168 chemisch untersuchten Tiefenwässern der Lübecker Gegend gehören 77 zu den weicheren, 91 zu den härteren Wässern; nur 30 sind wirklich weich, 4 sehr hart. Im allgemeinen sind die Grundwässer aus den frischen, kalkreichen Schichten des Jungdiluviums im Osten unserer Halbinsel härter als diejenigen aus dem Diluvium der Landesmitte und des Westens; der Kalkgehalt der Quellen aus unterem Sand in der östlichen Grundmoränenlandschaft kann so groß sein, daß sie im Lauf der Zeit erhebliche Mengen von Kalktuff abscheiden. Solche Tuffbildungen kann man zum Beispiel in der Gegend von Schleswig und Oldesloe beobachten; zu Sielbek bei Eutin ist solcher Tuff viel zu Grottensteinen gebrochen worden. Zuweilen bildet das Grundwasser auch innerhalb des Sandes Kalksandstein, nämlich dann, wenn es aus einer schwer durchlässigen Geschiebemergelschicht mit aufgelöstem Kalk beladen in durchlässigen Sand hinabsickert, dort sich verteilt und verdunstet. Der Kalk scheidet sich dann zwischen den Sandkörnern ab und verkittet sie zu festem Gestein. Sandsteinbänke dieser Art sind zum Beispiel bei Flensburg, Hemmingstedt und in den Klintumer Bergen beobachtet worden. Eine Tiefbohrung bei Hohenwested mußte, als sie 116 m erreicht hatte, wegen der Festigkeit solches Kalksandsteins abgebrochen werden.

Tabelle 2

Mittelwerte der chemischen Zusammensetzung schleswig-holsteinischer Grundwässer

(Angaben in mg/l)

Gebiet		Gesamt-Härte	Bleibende Härte	Organische Substanz	Salpetersäure	Ammoniak	Chlor	Eisen
Marsch (Alluvium und Diluvium)		20.96	8.61	188.7	49.16	8.95	746.8	10.3
Sander- und Talsande		14.16	3.37	135.7	38.24	0.76	46.2	4.13
Jungglazial	Flachbrunnen	15.8	5.1	68.40	45.65	0.94	74.11	2.2
	Tiefbrunnen	12.09	5.00	86.40	36.34	0.35	97.93	2.08
Altglazial	Flachbrunnen	15.83	5.11	88.31	45.6	1.35	79.39	2.21
	Tiefbrunnen	11.61	1.91	25.0	0	0.95	23.2	2.78
Jungtertiär (Tiefbrunnen)		9.9	0	5.8	0	0	26.6	1.6

Nächst dem Kalkgehalt tritt besonders der Eisengehalt in vielen unserer Wässer unliebsam hervor. Im allgemeinen gilt ein Gehalt bis zu 0,2 Milligramm im Liter als gering, bis zu 1,5 Milligramm als mittel, über 1,5 Milligramm als hoch. Gehalte von mehr als 4 Milligramm sind selten, doch kommen noch solche von über 20 Milligramm vor (zum Beispiel in Marschbrunnen bei Wilster). An der Luft scheidet das Eisen sich aus den Quellen leicht aus und bildet dann rotgelbe Rostmassen. Dies geschieht besonders durch gewisse Algen, deren gelbe Fäden im Quellablauf wuchern. Auf den Marschgräben bildet es gern feine buntschillernde Häute, die schon oft mit Ölhäuten verwechselt sind und Anlaß zu Gerüchten über Erdölfunde gegeben haben; man kann aber solchen Eisenrahm von einer echten Ölhaut leicht dadurch unterscheiden, daß diese nach Zerteilung mit einem Stock sich sofort wieder zusammenschließt, während jener zerrissen bleibt. Die meisten schleswig-holsteinischen Grundwässer haben einen mittleren oder gar recht hohen Eisengehalt und bedürfen deshalb der Enteisenung, wenn sie für größere Gemeinden mit verschiedenartigen, z. T. empfindlichen Betrieben benutzt werden sollen (s. 91, Grundwasserschatz).

Daß vor allem auch hinsichtlich des Chlorgehaltes unsere Grundwässer recht verschieden sind, haben wir schon an anderer Stelle erfahren. Im allgemeinen liegen die Chlorwerte in den Geestgebieten niedrig; sie sind aber in den einzelnen Grundwasserstockwerken unterschiedlich. Von jeher bekannt ist die Tatsache, daß vor allem unsere Marschengebiete zumeist unter außerordentlich hohen Chlorgehalten zu leiden haben, und daß die Trinkwasserversorgung in den Marschen und auch auf den Nordseeinseln auf ganz besondere Schwierigkeiten stößt. Im allgemeinen kann man von diesen Gebieten sagen, daß das Grundwasser zur Tiefe hin an Salzgehalt zunimmt, und daß unter diesen salzigen Grundwässern nur in ganz wenigen Ausnahmefällen in abgesonderten Schichten brauchbares Wasser vorhanden ist. Ähnliche Verhältnisse, in allerdings bescheidenerem Umfange, kommen in niedrigen Landesteilen des Ostens vor, vor allem im Bereiche alluvialer Entstehung und in der näheren Umgebung mancher Förden-Teile. Es war auch schon davon die Rede, daß alle Schichten, die älter sind als Mitteloligozän, von Natur aus noch salzartige Mineralstoffe führen, und daß die der Oberfläche näher kommenden gebirgsartigen Strukturkörper mit älteren Gesteinen, insbesondere mit eingeschlossenen Salzlagerstätten, in gewissen Richtungen und Entfernungen wandernde Salzlaugen im Untergrund entsenden und diese sich mit unserem Süßwasser vermischen. Durch diese geologischen Ursachen erklären sich die auch im Binnenlande auftretenden Salzwässer, wie sie aus dem Hamburger Gebiet und aus der Umgebung von Lübeck seit langem bekannt sind In neuerer Zeit haben sich infolge reger Bohrtätigkeit und durch die geologische Überprüfung der Bohrergebnisse unsere Kenntnisse vom Vorhandensein wandernder Salzlaugen und salziger Grundwässer erheblich erweitert (91).

Das Schmecken chemischer Stoffe im Grundwasser, so auch des Salzgehaltes, ist eine rein individuelle Angelegenheit. Als Grundwerte der Schmeckbarkeit des Salzgehaltes für Kochsalz (Chlornatrium) gilt, daß 600 mg/l deutlich schmeckbar, weniger als 150 mg/l dagegen vollkommen unmerklich seien (92). Da die Chlorgehalte nach Maßgabe ihrer Umrechnung auf Chlornatrium (Chlorgehalt vervielfacht mit 1,6486) schon beachtliche und für manchen störend schmeckbare Salzmengen darstellen, können als Anzeiger stärkerer Versalzung die an sich geringfügigen Chlormengen von 100 mg/l angesprochen werden. Die Chlorgehalte sind außerordentlich verschieden. An der Westküste kennen wir bislang Beträge bis zu 13 558 mg/l, an der Ostküste bis zu 3798 mg/l und im Binnenlande bis zu 8296 mg/l Chlor. Die Salzwässer mit höheren Chlorgehalten als 15 g (also 15 000 mg/l) Kochsalz im Liter zählen zu den S o l e n. Derartige natürliche Solen kommen vor bei Oldesloe (mit etwa 2½ % Salz), Bramstedt (bis 1½ % Salz), Schwartau (3½ % Salz), und sie sind in manchen Bohrungen angetroffen, wie bei Lägerdorf, Hardebek, Pahlhude, Lieth bei Elmshorn (etwa 14 % Salz bei 255 m Tiefe); eine im Wiesengelände nördlich der Kirche von Hütten austretende Quelle hat trotz ihrer Vermischung mit dem süßen Grundwasser noch nahezu 4000 mg/l Chlorgehalt.

3. VERSALZUNG

Wie die offenen Gewässer alle dem Meere zuströmen, so tun das auch die Wässer des Untergrundes, und zwar auf zweierlei Weise. Entweder geben sie, in breiten unterirdischen Porenbecken angestaut ruhend, nur ihren Überschuß nahe an oder oberhalb der mittleren Meereslinie ab, oftmals auf dem Umwege der Aussickerung in einen offenen Fluß, oder aber sie ergießen sich stromartig mit ihrem ganzen Querschnitt in den Meeresschoß; dies letztere tritt namentlich dann ein, wenn sie durch eine Decke undurchlässigen Bodens, wie Geschiebemergel oder Marschklei, am rechtzeitigen Austritt im Bereich niederen Landes verhindert sind. Bei der einheimischen Bevölkerung stößt man häufig auf die Ansicht, daß unser Grundwasser von weit außerhalb des Landes, wohl gar von Schweden, zu uns käme, und daß das Meereswasser durch den gesamten tieferen Untergrund unseres Landes hindurchfließe. So liegen die Dinge aber nicht. Das obere Grundwasser, wie auch das der Tiefe, ist letzten Endes nur das in unserem Lande an irgendwelchen, im einzelnen noch verborgenen Stellen einsickernde Regenwasser, das sich in großen Sammelbecken aufgespeichert hat und immer wieder ergänzt wird. Zumeist ist es in träger Bewegung. Wir haben aber davon gehört, daß in manchen Gebieten das Grundwasser vom salzigen Untergrund her beeinflußt wird, und daß es vor allem die Salzlagerstätten aus den verschiedenen Formationen sind, überwiegend diejenigen des Haselgebirges und der Zechsteinformation, die dem süßen Grundwasser Salzlaugen beimengen. Da aber auch manche der übrigen im Meere gebildeten Gesteine noch einen Rest-Salzgehalt haben, der sich dem Grundwasser beim Durchfließen mitteilt, so ergeben die Grundwässer in alttertiären Sanden ein wesentlich anderes Versalzungsbild als diejenigen der klüftigen Gesteine der Kreide oder gar der Salzgebirgshorste.

Die Salzwässer der Küstengegenden stehen, wie schon gesagt, unter dem Einfluß des Meereswassers. Im Marschenbereich und auf den Nordseeinseln läßt sich dies in allen Einzelheiten nachweisen. Küstennahe Landstriche sind stärker im Untergrunde versalzen als küstenfernere, alluviale anders als diluviale und tertiäre. Man kennt die Grenzen dieser Einwirkungen schon recht genau (91). Dabei treten als Folgen längerer unterschiedlicher Niederschlagsperioden horizontale und vertikale Schwankungen auf, in denen sich eine Wechselwirkung zwischen Menge und Fließdruck des Grundwassers von der Geest her und dem Druck des ihm die Waage haltenden Nordseewassers zu erkennen gibt. Das zeigt sich besonders bei übermäßiger Grundwasserentnahme und bei nachhaltigen Windänderungen im Nordseebereich. Die Erschließung von brauchbarem Grundwasser ist daher in der Marsch, vor allem in ihren westlichen Teilen wie auch auf den Nordseeinseln nur in beschränktem Umfange möglich. Die auf dem spezifisch schwereren Salzwasser schwebenden Süßwasserkalotten sind in ihren Vorratsmengen begrenzt und befinden sich in genauer Abhängigkeit von der Ausdehnung des geologischen Wasserspeichers oberhalb des Meeresspiegels. Aber auch im Ostseebezirk sind Einflüsse vom Meereswasser schon häufiger festgestellt worden. Sie beschränken sich zumeist auf die niedriger gelegenen Küstenstreifen, wie im Schlei-Niederungsgebiet, an der Kieler Förde, am Fehmarnsund und an der nördlichen Lübecker Bucht. Für Lübeck wurde berechnet, daß das unter Geschiebemergel eingezwängte Grundwasser weit draußen am Ostseegrunde, etwa in der Höhe von Wismar, 30—40 Kilometer vor der Küste, ins Meer quillt. Noch ehe das unterirdische Wasser. dessen Bewegung sich übrigens der Unkundige ähnlich geschwind wie in den offenen Flüssen vorstellt, während sie meistens nicht rascher ist, als diejenige des Stundenzeigers an einer Taschenuhr, noch ehe also dieses in das Meer mündet, gerät es bereits unter den Einfluß der Spiegellage des Meeres. An dem Wechselspiel von Ebbe und Flut nehmen alle Brunnen in der Nachbarschaft der Küsten und der Flußmündungen, soweit letztere davon bewegt werden, teil, aber natürlich in sehr abgeschwächtem Maße. Meeresflutgrößen von 2 Metern erzeugen Brunnenfluten von einigen Millimetern bis zu 1 Meter, je nach Entfernung, Tiefe und Bodenbeschaffenheit. Auch pflegen in entfernten Brunnen Ebbe und Flut sich bis zu mehr als einer Stunde zu verspäten. Sehr seltsam ist es, daß auch artesisches Wasser, das vereinzelt bis zu 20 Meter über dem Meeresspiegel ausspringt, mit der Fluthöhe noch weiter steigt. Dies hat man zum Beispiel in Hamburg an Rohrbrunnen von 250 bis 375 Meter Tiefe beobachtet, deren Wasserstockwerk nach oben von mächtigen Tonschichten gegen jeden direkten Einfluß von der flutbewegten Elbe her vollkommen abgedichtet ist. Es ist dort die Erklärung aufgestellt worden, daß die Ursache weder ein Einfluß von Elbewasser zum Grundwasser noch auch ein Anstau des letzteren durch das mit der Flut steigende Elbewasser sein könnte, sondern vielmehr eine Belastungswirkung des Bodens durch die Flutwelle; der belastete, nachgiebige Boden soll einen hydraulischen Druck auf das Wasser im Brunnenrohr ausüben (93). In Lübeck wurde die noch seltsamere Beobachtung gemacht, daß ein dicht an der Trave gelegener Tiefbrunnen die Wasserstandsschwankungen dieses Gewässers widerspiegelt, während ein weiter abgelegener nicht von der Trave, sondern von der rund 18 Kilometer entfernten Ostsee beeinflußt wird, deren feinste Spiegelbewegungen er getreulich, wenn auch vierfach abgedämpft, mitmacht. Einwirkungen von Ebbe und Flut sowie von Windstau lassen sich im Nordseeinselgebiet und bis weit in die Marsch hinein feststellen (94).

4. VORRAT

Wenn auch in unserem Lande der Grundwasservorrat zumeist noch ausreicht, so gibt es doch Gebiete, in denen es mit der Grundwasserversorgung schon recht schlecht bestellt ist. Der Raum unseres nutzbaren Grundwassers ist durch die Einflüsse der Meere, durch Einwirkungen des salzigen Untergrundes und durch den geologischen Aufbau eingeengt. Dadurch ist der G r u n d w a s s e r e r s c h l i e ß u n g s m ö g l i c h k e i t, soweit es sich um Trinkwasser handelt, eine u n t e r e G r e n z e gesetzt. Die Erfahrung hat gelehrt, daß im westlichen Marschenstreifen und in manchen Teilen des Unterelbegebietes, auf Fehmarn und im östlichen Wagrien, in den äußeren Küstenstreifen der Kieler Förde und in den einzelnen Teilen des östlichen Angelns, aber auch im Bereiche mancher Strukturkörper im Binnenlande, diese untere Grenze schon bei — 20 m NN liegt. Sie nimmt an Tiefe von der Küste her zum Binnenlande in der Weise zu, daß die vorhandene Süßwassersäule inmitten des nördlichen Schleswig, nördlich von Kiel und im südlichen Holstein

Tabelle 8

Die Grundwasserspeicher Schleswig-Holsteins

Grundwasser-stockwerk	Nordseeinseln	Marschen	Alte Geest	Talsand- und Sanderlandschaft	Östliches Hügelland	Fehmarn
Oberes	alluviale bis pliozäneSande u. Kiese (Kalotten, darunter nur **Salzwasser)**	alluviale Sande u. Dünen, selten tiefer als NN (Kalotten, darunter **Salzwasser)**	quartäre Sande und Kiese (lokales Infiltrationswasser)	Flug- und Talsande Sandermaterial	junglaziale Sande u.Kiese, teils als Einlagerungen im oberen Geschiebemergel (lokale Bedeutung)	geringmächtige Sande, selten Kiese, zumeist ungenügendes Wasser (tiefer **Salzwasser)**
Mittleres	tiefer nur **Salzwasser**	Talsande Eemsande altglaziale Sande u. Kiese (im Westteil **Salzwasser)**	altglaziale Sande und Kiese (schwach gespanntes Druckwasser)		jung- und altglaziale Sande und Kiese unterhalb des obersten bis zum untersten diluvialen Wasserstauer (Druckwasser, oft artesisch)	nur **Salzwasser**
Unteres	nur **Salzwasser**	pliozäneSande und Kiese (Salzwasser)	pliozäne und miozäne Sande und Kiese (stärker gespanntes Druckwasser, im Osten Schleswig-Holsteins oft artesisch)			nur **Salzwasser**
Im Liegenden nur **Salzwasser**, das teilweise bis in die höheren Grundwasserstockwerke aufdringt						

die größte Mächtigkeit besitzt und dort bis mehr als — 200 m NN hinabreicht.

Man muß daher den geologischen Aufbau unseres Landes und die Einwirkungen vom Untergrunde und der See her bis ins Einzelne kennen, wenn man an die Planung einer größeren Wasserversorgungsanlage herantritt. Als Übersicht für die Grundwassererschließungsmöglichkeiten in Schleswig-Holstein gibt die Tabelle 3 dem Praktiker einige Hinweise. Ein Grundwasser-Atlas (91) vermittelt jedoch ein genaueres Bild von diesen Dingen. Der Grundwasservorrat ist in unserem Lande keineswegs unerschöpflich (vgl. 95), sondern bereits im starken Schwinden begriffen, so daß der Verbrauch weitgehender wasserwirtschaftlicher Beobachtung und Regelung bedarf.

E. Der Boden

Wenn vom Boden die Rede ist, so meint der Geologe damit den rohen Naturboden, wie ihn die erdgeschichtlichen Vorgänge angehäuft und geprägt haben, in seiner ganzen Mächtigkeit und Tiefe und ohne den pflanzennährenden Humus seiner obersten Schicht. Der Land- und Forstwirt und der Gärtner verstehen unter Boden gerade den obersten, organisch belebten Teil der Erdrinde, den ihr Pflug und ihr Spaten kennt, den sie bepflanzen, düngen und bearbeiten; was darunter liegt ist für sie „Untergrund". Ähnlich unterscheidet auch die Wissenschaft der Bodenkunde zwischen eigentlichem „Boden" und Untergrund. Der frisch angewehte Dünensand, der unbegrünte junge Schlick ist für sie erst „Bodenart" und zukünftiger Boden; damit er zu letzterem wird, muß er vom Pflanzen- und Tierleben in Besitz genommen, mit deren organischen Stoffen durchsetzt und aufgeschlossen, d. h. in seinem Feingefüge nach deren Lebensnotwendigkeiten zugerichtet sein.

Diese Verwandlung der Bodenart in Boden geht, wenn Lage und Klima günstig sind oder gar der Mensch nachhilft, schnell vonstatten, braucht aber, um zur reifen Vollendung zu kommen, Jahrhunderte oder Jahrtausende. So wie ihn die Eiszeit geformt hatte, war unser Heimatboden noch recht roh und lebensarm. Abseits von den kahlen Ausschwemmungsflächen der Gletscherflüsse war er zunächst nur mit einer T u n d r a f l o r a bewachsen; der Wald, der große Bodendurchwurzler und Beleber fehlte noch. „Niedrige Zwergbirken- und dicht am Boden kriechende Polarweidengebüsche wurden von größeren Grasflächen mit üppiger Moosflora durchbrochen" sagt SCHÜTRUMPF in seiner botanischen Untersuchung des Lagers der Renntierjäger von Meiendorf. Unter dieser Pflanzendecke wird sich der oberste Teil des Bodens bereits stark mit Humus bedeckt und auch innerlich angereichert haben, vermutlich bis zu einer durch die Dauergefrornis bedingten untiefen Grenze. Im Frühsommer wird er mit Wasser übersättigt und durchweicht gewesen sein, etwa wie unsere Äcker im März nach einem schneereichen Winter. Dadurch entstanden in allen geneigten Flächen langsame Fließbewegungen, die die oberen Bodenschichten in teigartige Vermengung miteinander brachten. Außer diesen seitlichen Bewegungen müssen an vielen Stellen auch Auf- und Abwärtsbewegungen der Bodenteilchen stattgefunden haben, wobei sie sich in eigentümlicher Weise nach Schwere und Größe sonderten. Auf diese Weise entstanden sack- und taschenförmige Gebilde, eins neben dem anderen und jedes von ein bis zwei Fuß Tiefe und Durchmesser. Man findet sie besonders häufig in der alten Geest, z. B. bei Rödemis, Ladelund und auf Sylt, wogegen sie im Jungdiluvium des Ostens bisher an der Erdoberfläche noch nicht bemerkt sind. Sie sind also eine „periglaziale" Erscheinung, d. h. eine Erscheinung des Außengebietes, das von Inlandeis frei blieb, aber einer ausgedehnten Bodengefrornis anheimfiel, und zwar scheinen sich diese Gebilde im wesentlichen auf das Gebiet vor der vorletzten (Warthe-) Vereisung zu beschränken (Heck, 60).

Nach der Tundrazeit übernahm der Wald die eigentliche Ausbildung von Boden in unserem Lande. Langsam wanderte er mit den dem jeweiligen Klimastande angepaßten Baumarten ein. Zuerst war es ein dürftiger Birkenwald aus der baumförmigen warzigen Birke (Betula verrucosa) und auf sumpfigen Böden aus strauchartigen weichhaarigen Birken (B. pubescens). Alsbald mischten sich auch Föhren (Pinus silvestris) ein und wandelten nach und nach den lichten Birken-Föhrenwald in einen reineren Kiefernwald um. Nachdem die Kiefer längere Zeit das Waldbild beherrscht hatte, erlaubte die steigende Jahreswärme die Einwanderung empfindlicherer Laubgehölze, zuerst der Eiche und Hasel und bald auch der Ulme, Erle, Linde und all der Unterhölzer des „Eichen-Mischwaldes", wie dieser geschlossene Urwald bei den Botanikern heißt. Sie haben seine Wandergeschichte und Zusammensetzung in allen Einzelheiten mit Hilfe zahlreicher Pollenanalysen des Bodens, insbesondere des Moorbodens, dieses großen Natur-Herbariums, erforscht. Etwas später als die übrigen erschien die Buche, die sich besonders auf den ihr zusagenden kalkreichen Böden des Jungmoränengebietes ansiedelte, wo sie noch heute schöne Waldbestände bildet; doch findet man sie jetzt auch auf den leichteren und mehr sauren Altmoränenböden, die eigentlich Eichengebiet sind, z. B. bei Itzehoe, dort aber in einer rauheren, weniger glattschäftigen Wuchsform als im Osten. Bis zum Ausgang der mittleren Steinzeit der menschlichen Kultur waren es allein die Naturkräfte und -Vorgänge, die die Entwicklung des Waldes und seines Bodens beherrschten. Von dieser Zeitgrenze an aber griff der Mensch, nunmehr zum Ackerbauer und Viehzüchter geworden und in wachsender Zahl das Land erfüllend, in dieses Spiel ein, lichtete den Wald durch Brandrodung auf, um Buschweide für sein Vieh und Freiland für seinen Acker zu gewinnen und führte bewußt oder unbewußt eine tiefgehende Wandlung in der Bestandszusammensetzung der Wälder und allmählich auch eine völlige innere und äußere Umgestaltung ihrer Böden herbei.

Jede natürliche Pflanzengemeinschaft und ganz besonders der Wald schafft sich nämlich ihren eigenen Boden, der sein Gepräge noch lange Zeit beibehält, wenn diese Gemeinschaft von Grund aus verändert oder gar völlig ausgerottet ist. Die Bäume, die Sträucher, Kräuter und Gräser, denen die Natur je nach Licht-, Wasser-, Wärme- und Nährstoffbedarf, nach Wurzelkraft und Raumverlangen und nach den Gewohnheiten ihres Lebensgüteraustausches mit den Nachbarlebewesen ganz bestimmte Standorte zuweist, sie alle geben dem Boden ein gerade ihrer Gemeinschaft eigentümliches Gepräge. Sie bauen ihn für sich um, lockern oder verdichten ihn, durchsetzen ihn mit ihren Stoffwechselprodukten, entnehmen ihm allerlei Aufbaustoffe, die man in ihrem Moder oder ihrer Asche wiederfinden kann, verfärben ihn, halten ihn fest oder verdrängen ihn, kurzum, machen ihn in zäher stiller Arbeit ganz zu ihrem Besitz und scheiden ihn von dem unberührten Rohboden des Untergrundes. Die Bodenart, auf der sie wachsen, gliedert sich nach und nach in unterschiedliche Lagen, sog. „Horizonte“, es entwickelt sich ein „Bodenprofil“. In unserem, unter dem Einfluß des nahen Meeres kühlfeuchten Klima, in dem der Boden von oben her immer von neuem ausgewaschen wird, ist dieses Profil in der Regel dreigliedrig und hat eine Tiefe bis etwa 2 m, je nach der größeren oder geringeren Durchlässigkeit und Verwitterbarkeit der Bodenart und der Länge der Einwirkungszeit. Die jüngsten Marschböden zeigen nur geringe Spuren einer Profilausbildung; sie sind oft noch fast völlig einheitlicher Naturboden. Die benachbarten Böden der altdiluvialen Geest dagegen weisen Profile von 1—2 m, ja, wenn man den ganzen Verwitterungs- und Umwandlungsraum bis zum Grundwasserspiegel in Betracht zieht, bis über 20 m Tiefe auf. Man muß dort aber zwischen Verwitterungs- und wirklichem Bodenprofil unterscheiden; das letztere darf nicht über den Haupt-Wurzelraum der Pflanzen hinaus gerechnet werden.

Unsere Bodenprofile sind in grundwasserfreien Böden aus Krume, Rohboden und Frischboden zusammengesetzt. Ihr oberster oder A-Horizont, die Krume, pflegt reich an dem durch die Verwesung des Laubes und des feineren oberen Wurzelwerkes entstandenen Humus zu sein. Seine mineralischen Bestandteile aber, besonders die Sandkörner, sind bis auf den nicht weiter zersetzbaren Quarz entweder stark umgewandelt und wesentlicher Bestandteile beraubt, oder gänzlich aufgelöst. Die gelösten Bestandteile, die in dem bunten Mineralgemenge des A-Horizontes enthalten waren, der Kalk, die kohlensaure Magnesia, das Natron, das Kali, das Eisen, die Tonerde und die geringe Menge von Phosphorsäure, haben nur zu einem Teil den Pflanzen zur Nahrung gedient. Zum weitaus größeren Teil sind sie nicht der lösenden Kraft der Kraut-, Gras- und oberen Baumwurzeln zum Opfer gefallen, sondern von der einsickernden Feuchtigkeit des Regens und des Schneewassers ausgelaugt und in die Tiefe entführt worden. Die Laugungskraft des Sickerwassers beruht einesteils auf seinem den unteren Luftschichten und besonders der Bodenluft entnommenen Gehalt an Kohlensäure sowie an saurem Pflanzenhumus, anderenteils auf einer wenn auch äußerst geringfügigen, so doch chemisch wirksamen Abspaltung freier, elektrisch geladener Wasserstoff-Ionen mit Säurewirkung und Hydroxyl-Ionen mit Laugenwirkung, die in ewiger Wiederholung das Gefüge der Mineralkörnchen angreifen und zermürben. Besonders sind es die zahlreichen Feldspatkörnchen von rötlicher oder grauer Farbe, die unter Verlust von Kali, oft auch etwas Natron, Kalk und Magnesia, in Tonerde verwandelt und als solche in den Untergrund geflößt werden. Ähnlich ergeht es dem Glimmer und den dunklen, eisenreichen Bodenmineralien, die Tonerde und Rost bilden. Daher kommt es, daß die tieferen Bodenschichten sich oft sehr stark rostbraun färben, indem sie den Eisengehalt der oberen auffangen und ihrem eigenen hinzufügen. Die Körner von kohlensaurem Kalk und kohlensaurer Magnesia aber werden mit der Zeit gänzlich aufgelöst und verleihen dadurch dem Grundwasser, in dem sie schließlich aufgehen, seine schon früher besprochene „Härte".

Was also in der Krume zurückbleibt, ist ein schwer löslicher, den Pflanzen wohl Halt, aber keine Nährstoffe bietender mineralischer Rest, gemischt mit Pflanzenmoder = Humus. Im wesentlichen ist es nur dieser Humus, der den Pflanzen noch Nährstoffe darreicht. Das sind zunächst die Nährstoffe, die die modernde Pflanze selbst dem Boden entnommen und in sich aufgespeichert hatte. In der Natur besteht ja ein wohlausgeglichener Kreislauf der Gebrauchsstoffe: Die Pflanzenwurzel löst sie mit den ihr eigenen schwachen chemischen Kräften, z. B. ihrer Kohlensäureabscheidung, aus dem Mineralbestand und dem Saft des Bodens, saugt sie ein und verwendet sie in ihrem Aufbau; stirbt sie ab, so gibt sie sie mit ihrem Moder dem Mutterboden zurück, und die nächste Pflanzengeneration lebt wieder davon. Nur in der Zeitlücke zwischen dem Verschwinden der einen und dem Einwurzeln der anderen Generation geht infolge Auswaschung durch das nie versiegende himmlische Naß ein Bruchteil dieser lösbaren Stoffe an die Tiefe verloren, doch pflegt gerade ein guter, gesunder, nicht versauerter Humus dieselben sehr zähe zurückzuhalten. Wenn dann im Laufe der Jahrtausende die natürliche Verarmung der Krume zunimmt, so hilft sich die Natur dadurch, daß sie eine weniger nährstoffbedürftige Pflanzengemeinschaft der alten, üppigen folgen läßt, z. B. einen dürftigeren Eichen-Birken-Wald auf einen Eichen-Hainbuchen-Wald. Als letztes Mittel aber hat die Natur eine vollkommene Bodenerneuerung durch geologische Umwälzungen zur Hand. Wir haben das in den vorangehenden Kapiteln zur Genüge kennengelernt.

Ganz anders, wenn der Mensch in diesen natürlichen Stoffkreislauf eingreift, indem er die Pflanzen, seien es wilde oder angebaute, nicht vermodern läßt, sondern mit ihrem vollen Nährstoffgehalt aberntet und wegholt. Dann verarmt die Krume rasch und muß entweder, wie es in der Vorzeit geschah, durch Wechsel des Siedelungsplatzes brach gelegt und dem Walde zurückgegeben werden, dessen tiefwurzelnde Bäume neuen mineralischen Nährstoff aus dem Untergrunde emporholen; oder aber die ihr entzogenen Stoffe müssen durch eine umsichtige Düngung regelmäßig ersetzt werden („Ersatzdüngung"). Dies ist die Grundlage unserer heutigen Acker- und Wiesenwirtschaft und in Zukunft auch der Forstwirtschaft, die ja nur den Vorteil eines viel tieferen Bodenraumes vor der Landwirtschaft voraus hat und diesen noch kurze Weile entschädigungslos ausplündern kann.

Das ist also der Zustand unserer Ackerkrume: Sie ist unweigerlich auf Düngung angewiesen, und zwar auf beides, tierisch-pflanzlichen und Kunstdünger. Der tierisch-pflanzliche hat die wichtige Aufgabe, Humus nachzuschaffen, weil durch die Freilegung, Besonnung und Lüftung des Bodens mehr Humus oxydiert, verzehrt wird, als durch die Vermoderung der Erntereste, insbesondere des Wurzelwerkes neu entsteht. Der Humus aber wärmt den Boden und bindet seine löslichen Stoffe sowie die zugeführten Handelsdüngerstoffe für einige Zeit an sich, so daß die Anbaupflanzen sie von ihm entnehmen können. Dem Kunst- oder Handelsdünger aber fällt die Aufgabe zu, aufgelöst im Bodensaft den Pflanzenwurzeln zur Verfügung zu stehen und einen Massenwuchs zu versorgen, den die karge Natur gar nicht ermöglichen könnte. Darum ist die Düngung so alt wie die Landwirtschaft. Aber die Frühzeit mit ihrer Waldweide kannte noch keine ausreichende Vorratswirtschaft mit Tierdung, und vom Kunstdünger war unseren altgermanischen Vorfahren nur der Mergel bekannt. Deshalb brauchten sie viel Land zum Wechseln der Siedelung, und Bodenerschöpfung bei zunehmender Volkszahl ist wohl die Hauptursache ihrer Eroberungszüge und Stammeswanderungen gewesen.

Unter der Krume lagert der Rohboden oder Einwaschungs-Horizont (B-Horizont). Ist die Krume im allgemeinen etwa 20—25 cm dick, so kann der Rohboden 50—70 cm erreichen. Auch er pflegt schon ziemlich stark ausgelaugt, vor allen Dingen auch meistens entkalkt zu sein. Der Humusgehalt ist gewöhnlich erheblich geringer als in der Krume und nicht imstande, die Eigenfarbe dieses Horizontes ganz zu verdecken; sie ist bei den besseren und fruchtbareren Böden im Osten unseres Landes schön braun, bei den leichteren und stärker ausgelaugten dagegen mehr rostfarbig. Gewöhnlich ist der B-Horizont durch Einwaschungen aus dem A-Horizont etwas verdichtet, auch bei den Sandprofilen. Diese Einwäschungen bestehen hauptsächlich aus Ton und Eisenhydroxyd (Rost) und mehr oder weniger Humus. Auch in den Sandböden kann die tonige Verwitterung der Feldspatkörner immerhin soviel ausmachen, daß in geringem Maße die Krume, in merklicherem der Rohboden dadurch ein wenig bindig wird, besonders in den feldspatreichen gröberen, kieshaltigen Sandböden. Das kommt sowohl ihrer schwachen wasserhaltenden Kraft wie ihrem Bindevermögen für düngende lösliche Stoffe zugute. Bei gewissen verkümmerten Sandböden, insbesondere den Heideböden, können die Einschwemmungen von Rost- und Humusteilchen im Rohboden so kräftig sein, daß eine fast völlig wasserundurchlässige Lage, sog. Ortstein, durch Verklebung der Sandkörner gebildet ist, die natürlich äußerst ungünstig wirken muß. Der Niederschlag der aus der Krume abgeflößten Stoffe aus der Bodenlösung wird im Rohboden durch die Gegenwart kleinster Mengen von Alkalien und Erdalkalien begünstigt, die bei der fortschreitenden Zersetzung seiner frischeren Mineralteilchen frei werden. Man nennt sie wegen ihrer chemisch-physikalischen Wirkung „Elektrolyte“; sie haben die Fähigkeit, namentlich die Humus-, Eisen- und Tonteilchen aus dem Solzustand in den Gelzustand überzuführen und in feinste Flocken zu verwandeln, die beim Austrocknen ähnlich wie Gelatine oder Tischlerleim erhärten. Man kann diese stillen, unaufhörlichen Vorgänge im B-Horizont unserer Böden mit dem Niederschlag und der Neubildung von Schlammteilchen im Mündungsbereich unserer Flüsse vergleichen, dort, wo sich deren Süßwasser mit dem Salzwasser des Meeres vermischt, ein Vorgang, der für die Marschenbildung seine Bedeutung hat. Es handelt sich in beiden Fällen um die Bildung von chemischem und mechanischem Absatz, nämlich im Mischwasser von Fluß und Meer auch noch um die Einschwemmung von Diatomeen und anderen Kleinlebewesen, die das Salzwasser tötet, im B-Horizont der Böden zugleich mit den chemischen Ausfällungen auch um die Einspülung feinster mechanischer Bodenteilchen aus der Krume, z. B. Ton und Feinsand.

Diese Vorgänge im Rohboden bewirken auch eine Veränderung seiner inneren Struktur. Den Platz der aufgelösten Kalkteilchen, der über 10, ja 20 und 30 % der Bodenmasse ausmachen kann, nehmen die neugebildeten oder aus dem A-Horizont herabgeflößten Ton- und Eisenrostteilchen ein. Es entsteht eine fette, im feuchten Zustand schmierige Masse, die sich beim Austrocknen in grobe, eckige Bröckel oder undeutlich säulenförmige Stücke zusammenzieht. Dies geschieht in allen Lehmböden. Im Sand ist das Tonmaterial dazu nicht ausreichend, dort gibt es nur eine schwache Verlehmung und starke Vergilbung. Die Verdichtung des B-Horizontes der Lehmböden bewirkt übrigens oftmals eine Anstauung der Nässe darin, die man durch Drainage bekämpfen muß. Immerhin schafft aber die Bröckel- und Säulenstruktur mit ihren feinen Grenzrissen und Spältchen der Luft ein wenig Zugang in den Boden, und dasselbe tun die unzähligen Kanälchen, die das feine Geäder der Haarwurzeln beim Absterben darin hinterläßt. Die Bröckel von Rohlehm sehen dann aus wie von Nadelstichen durchlöchert; man sehe sie nur einmal recht genau an, wie man denn überhaupt erst durch genauestes Betrachten und Vergleichen mittelst kleiner Aufgrabungen den Boden gründlich kennenlernen kann!

Es gibt nur wenige Fälle, wo in unserem feuchten Lande der B-Horizont fehlt und schon gleich unter der Krume ein fast unveränderter Frischboden einsetzt, der C-Horizont des Bodens. Das kann auf steilen, immer wieder durch Abpflügen und Abschwemmung gewissermaßen wund gescheuerten Kuppen der Fall sein, auf denen der Landwirt nur mit Mühe eine flache Krume nachzuschaffen vermag, und gibt sich dann immer in schlechtem Wuchs und Kahlstellen zu erkennen. Es kann aber auch im flächigen Gelände des klimatisch nicht so sehr atlantisch-feuchten, sondern kontinental-trockneren äußersten Ostens von Holstein vorkommen, wo es schwarzerdeartige Böden gibt, in denen eine schwache Entwicklung oder ein gänzlicher Ausfall des B-Horizontes die Regel ist.

Ganz unverändert ist der C-Horizont gewöhnlich nicht. Besteht er aus Geschiebemergel, so pflegt er in seinem an B angrenzenden Teil nicht mehr die ursprüngliche graue, sondern eine gelbgraue bis bräunliche Färbung aufzuweisen, und der Kalkgehalt ist in hellgrauen bis weißen, erdigen Flocken, Nestern, Schnüren und Kluftüberzügen zusammengezogen, oft geradezu angereichert. Die aus dem B-Horizont austretende Feuchtigkeit hat den Kalk der obersten Geschiebemergelpartie zeitweilig gelöst und bei Trockenheit wieder ausgeschieden, und das kapillare Auf und Ab des Wassers hat dabei mitgewirkt. Sonst aber hat der Geschiebemergel seinen ganzen wertvollen Stoffreichtum bewahrt, den die Mehrzahl der Pflanzenwurzeln — Getreide bis etwa 2 m, Luzerne gar bis 3 oder 4 m, in kalkreichem Feinsand noch tiefer — sich nach Überwindung der weniger gehaltvollen oberen Bodenhorizonte zunutze machen können. Der Bauer soll nicht vergessen, ihnen diese Überwindung durch gute Düngung und Bearbeitung zu erleichtern; erst dann kommt die Naturgüte seines Bodens zur vollen Wirkung.

Bisher ist die Rede von denjenigen Böden gewesen, deren Profil oberhalb des allgemeinen Grundwasserspiegels liegt und nur von den durchsickernden Niederschlägen befeuchtet wird. Reicht aber in Wiesen-, Auen- und Marschböden das G r u n d w a s s e r oder doch sein Kapillarsaum bis in den eigentlichen Bodenraum hinauf, so werden die Auswaschungen aus der Krume bereits unmittelbar unter ihr davon aufgefangen und horizontal verteilt. Da aber das Grundwasser im Winter zu steigen und im Sommer zu fallen pflegt, so gibt es im Boden einen Raum, der im Jahreslaufe abwechselnd naß und trocken, durchlüftet und wieder von Luft entleert wird. Das hat zur Folge, daß in diesem Raume chemische Oxydations- und Reduktionsvorgänge miteinander abwechseln. Diese werden besonders an den Eisenverbindungen sichtbar, die einen Farbenwechsel im Boden hervorrufen. Unter Luftabschluß werden sie zu Oxydulverbindungen von schwarzer, graublauer oder grünlicher Farbe reduziert, beim Zutritt von Bodenluft aber zu Oxydverbindungen mit vorherrschender Rostfarbe oxydiert. Deshalb sind Rostflecken und -tüpfel sowie Rostspuren an Wurzelgängen und lebhafte rostige Flammungen für den Bewegungsraum des Grundwassers einschließlich des Kapillarwassers besonders kennzeichnend. Zuweilen finden sich darin auch starke Ausscheidungen von Eisenocker und Knöllchen oder Fladen von Rasen-Eisenerz, die der Wiesenkultur recht hinderlich werden können. Auch intensiv blauer, erdiger Vivianit, eine phosphorsäurereiche, natürliche Eisenverbindung, findet sich nicht selten zusammen mit Ocker und Raseneisenerz, besonders in anmoorigen Böden. Der Humus aber wird vom Grundwasser horizontal im Boden verteilt und bildet dann graue oder dunkle Bänder. Ähnlich ergeht es dem Ton, der in Sandböden schichtförmige Streifen, in Lehm- und Tonböden aber sehr schmierige Verdichtungen erzeugt. Ähnlich auch wie im oberen Teil des B-Horizontes sehr sauerer Höhenböden, z. B. der Heideböden, wirkt im Grundwasserbereich die Humussäure enteisenend und bleichend auf das Mineralgemenge ein; es entsteht ein Bleichhorizont von eigentümlich fahlgrauer Färbung. Es sind also verschiedene Merkmale, die unsere G r u n d w a s s e r b ö d e n oder G r u n d w a s s e r - (G -) H o r i z o n t e kenntlich machen: Tüpfelförmige oder große, geflammte Rostflecken, Verdichtungen, tonige oder humose Einschwemmungsstreifen und Verfahlungen des tieferen, immer luftfreien Profilabschnittes oder auch blaugrüne Reduktionsfarben desselben, je nach der betroffenen Bodenart und deren mineralischer Beschaffenheit.

In der Bodenkunde werden die Böden, soweit sie nicht Marsch- oder Moorböden sind, gern als Waldböden („braune Waldböden", „rostfarbige Waldböden" usw.) bezeichnet, nicht weil sie Wald tragen, denn das ist nur zu einem kleinen Teil noch der Fall, sondern weil sie einmal unter Wald entstanden sind. Wald ist ja die natürliche Urform ihrer Vegetation, die, wie wir schon bemerkt haben, dermaleinst ihr Profil und ihre ganze physikalische und chemische Struktur ausgeprägt hat. Gegenwärtig aber sind sie zum allergrößten Teil waldfrei und seit Jahrhunderten, ja Jahrtausenden in landwirtschaftlicher Nutzung. Das hat sie sehr stark umgeprägt, und nur ein Teil der alten Waldbodenstruktur hat sich im tieferen B-Horizont in unsere Zeit herübergerettet. Das ist auch nur in den ebenen oder schwach welligen Landschaften zu beobachten; in den hügeligen und gar in den stark kuppigen Gebieten ist durch den unaufhörlichen Bodenabtrag von den Höhen, den Pflug und Egge im Verein mit den Regenfluten bewirken, und durch den entsprechenden Auftrag am Fuß der Hügel und in den Senken der alte Naturboden völlig zerstört oder zugedeckt und ein ganz neuer, künstlicher Wirtschaftsboden an seine Stelle getreten. Auch er hat sein A-B-C- oder doch A-C-Profil, aber dies ist ja unter Feldfrucht und nicht unter Wald, also unter Freilandklima und unausgesetzter menschlicher Einwirkung entstanden. Wir werden daher im folgenden die Bezeichnung „Waldboden" vermeiden und die heimatlichen Böden lediglich nach ihrer geologisch-landschaftlichen Zugehörigkeit und ihrem inneren Entwicklungszustand einteilen, indem wir vom Osten nach dem Westen vorgehen. Eine Sonderstellung nehmen, abgesehen von den jungen Marschen, die Moore ein, die, ob in junger oder alter Landschaft gelegen, überall ungefähr gleiche Entstehungszeit und eigengesetzlichen Aufbau besitzen.

I. DIE BÖDEN DER JUNG-EISZEITLICHEN MORÄNEN-LANDSCHAFT

1. LEHMBÖDEN

In der Förden- und Seenlandschaft des schleswig-holsteinischen Ostens ist Geschiebelehm die bei weitem vorherrschende Bodenart. Der Geschiebelehm ist der A- und B-Horizont des Geschiebemergels, aus dem er durch Verwitterung hervorgegangen ist und der als C-Horizont in $^1/_2$ bis $1^1/_2$ m Tiefe, gelegentlich auch noch tiefer unter ihm beginnt. Dieser Frischboden ist außerordentlich günstig und mineralkräftig beschaffen; er ist das Schleif- und Mahlprodukt einer Unzahl verschiedenartiger Gesteine mit einer Fülle von Mineralien, in denen alle uns gegenwärtig als notwendig erscheinenden Pflanzennährstoffe in auskömmlicher, ja reichlicher Menge enthalten sind und auch keins der neuerdings als wichtig erkannten Spurenelemente fehlt. Und sollten künftige Forschungen noch weitere mineralische Aufbaustoffe ins Licht rücken, so dürfen wir gewiß sein, daß der Geschiebemergel auch sie vorrätig hält. Der Blockstrand der Ostsee unter den Geschiebemergelkliffen vom Brothener Ufer bei Travemünde, von Heiligenhafen, Neustadt und Schönhagen bis zu den Ochsen-Inseln in der Flensburger Förde und den Gestaden von Düppel und Alsen gibt eine prächtige bunte Schau all der Granite, Porphyre, Diabase, Hornblendegesteine, Quarzite, Schiefer, Kalksteine, Dolomite, Sandsteine, Feuersteine usw., deren Hauptmenge der eiszeitliche Gletscher zerschunden, zu Grus und Sand zerrieben und zu feinstem Schluff und Ton verschliffen hat, um das kostbare Mergelgemenge herzustellen. Schlämmt man den Mergel auseinander, was bei seiner Zähigkeit gar nicht leicht ist, um ihn in seine Kornbestandteile zu zerlegen, so ergibt sich eine Zusammensetzung, welche die Beispiele in Tabelle 4 beleuchten mögen.

Man sieht an diesen Beispielen, daß der zwar im allgemeinen ziemlich gleichmäßig fette Geschiebemergel doch örtlich (Brothen, Gr. Wehden) so tonig werden kann, daß ihn nur sein kleiner Restgehalt an Grobsand und Kies von einem richtigen Tonmergel unterscheidet; wahrscheinlich hat die Moräne an diesen Stellen Teile von benachbarten oder unterlagernden Tonkörpern in sich verarbeitet.

Die Geologische Landesanstalt, deren Kartenerläuterungen diese Schlämmanalysen entnommen sind, gibt dazu auch die chemische Beschaffenheit, jedoch in der Regel nur in Form sogenannter Nährstoffbestimmungen. Diese umfassen nicht den gesamten Stoffinhalt der betreffenden Bodenproben, sondern nur denjenigen Teil, der sich innerhalb einer Stunde in konzentrierter kochender Salzsäure auflöst. Es wird nämlich — ob völlig mit Recht, sei dahingestellt — angenommen, daß in dieser Lösung sich derjenige Stoffanteil des Bodens findet, den die vereinten Angriffe der natürlichen Bodenfeuchtigkeit und der chemischen Kräfte der Pflanzenwurzeln diesen letzteren im Laufe der Zeit — natürlich nicht schon in einem oder wenigen Jahren — zugänglich machen. Wir fügen diese Bestimmungen, die sich auf den Feinboden nach Absiebung der Kiesteile beziehen, den Korngrößenbestimmungen bei (Tabelle 5).

Es zeigt sich, daß A- und B-Horizont an salzsäurelöslichen Pflanzennährstoffen gegenüber C beträchtlich verarmt sind. Tonerde, Eisenoxyd und Kieselerde sind dagegen in B ein wenig angereichert, Magnesia aus A größtenteils verschwunden, in B leidlich festgehalten, Kalkerde dagegen nur in C verblieben, aus A und B fast ganz ausgelaugt.

Jungdiluviale Geschiebelehmböden Schlesw

Nr.	Fundort	Tiefe m	Horizont	Ki ü 2
1	Finnholz bei Kappeln (Schlei)	0,3	A	
2	Finnholz bei Kappeln (Schlei)	1.0	B	
3	Finnholz bei Kappeln (Schlei)	1,8	C (Mergel)	
4	Brothen bei Travemünde	Küstenkliff	C (Mergel, normal)	
5	Brothen bei Travemünde	Küstenkliff	C (fetter Mergel)	
6	Gr. Wehden b. Ratzeburg	Oberfläche	A	
7	Gr. Wehden b. Ratzeburg	0.4	B	
8	Gr. Wehden b. Ratzeburg	1,5	C	
9	Gr. Wehden b. Ratzeburg	2,5	C	
10	Kremerberg bei Ahrensburg	0,2	A	
11	Kremerberg bei Ahrensburg	0,5	B	
12	Kremerberg bei Ahrensburg	1,0	B	
13	Kremerberg bei Ahrensburg	3,0	C (Mergel)	
14	Gretenberge bei Mölln	0,1	A	
15	Gretenberge bei Mölln	0,4 0,5	B	
16	Gretenberge bei Mölln	2,0	C	

le 4

steins: Korngrößen (mm) in Gewichtsprozenten

Sandteile						Tonhaltige Teile		
2—1	1—0,5	0,5—0,2	0,2—0,1	0,1—0,05	Zusammen	Staub 0,05—0,01	Feinstes unter 0,01	Zusammen
2,8	7,2	15.6	19,6	16.4	61,6	20,0	15,2	35,2
3,2	6,0	16,4	16,8	12,4	54,8	14,0	26,4	40,4
3,2	6,8	15,2	16,8	9,6	51,6	10,8	32,4	43,2
2,0	4,0	10,0	14,8	9,2	40,0	14,8	39,2	54,0
0,0	0,4	0,8	2,0	2,8	6,0	27,2	66,4	93,6
1,2	3,6	12,4	8,8	13,6	39.6	22,8	34,4	57,2
1,2	2,8	6,4	10,0	6,0	26,4	20,0	51,2	71,2
0,8	2,0	4,4	7,2	6,0	20,4	23,2	55.2	78,4
0,8	1,6	5,2	4,8	4.0	16,4	24,0	56,4	80,4
2,0	4,8	16,4	14,4	13,2	50,8	8,0	29,2	37,2
2,4	4,8	14,4	23.2	10,8	55,6	7,6	34,0	41,6
2,4	5,2	13,2	15,6	12,4	48,8	7,2	41,2	48,4
2,4	4,0	13,2	14,8	7,2	41,6	14,8	40,0	54,8
3,2	9,3	23,2	19,0	10,1	64,8	14,3	16,1	30,4
2,0	5,6	18,4	19,8	10,0	55.8	14.4	27,8	42,2
1,6	4,8	13,6	15,2	7,2	42,4	6,0	47,2	53,2

Tabelle 5

Jungdiluviale Geschiebelehmböden Schleswig-Holsteins
Nährstoffbestimmungen

(Alles in Gewichtsprozenten des lufttrockenen Feinbodens)

Nr. der Tab. 4	Tonerde	Eisenoxyd	Kalkerde	Magnesia	Kali	Natron	Kieselsäure	Schwefelsäure	Phosphorsäure	Kohlensäure	Humus	Stickstoff	Hygroskopisches Wasser bei 105° C	sonstiger Glühverlust	In Salzsäure Unlösliches (Ton, Sand, Nichtbestimmtes)
1	—	—	—	—	—	—	—	—	—	—	—	—	—	—	—
2	2 13	2,40	0,57	0,55	0,38	0,15	5,53	Spur	0,13	Spur	Spur	Spur	1,70	1,85	84,61
3	1,78	2,34	7,19	0,55	0,39	0,19	2,98	„	0,10	3,75	„	„	1,53	2,78	76,42
14	1,53	1,33	0,16	0,25	0,14	0,04	—	„	0,05	Spur	1,54	0,09	0,59	1,50	92,78
15	2,44	2,53	0,18	0,44	0,23	0,05	—	—	0,03	„	0,03	0,04	1,38	2,84	90,01
16	2,53	2,08	12,07	0,56	0,42	0,05	—	—	0,10	8,92	Spur	0,03	1,01	2,15	70,69

Betrachten wir nunmehr den Profilaufbau der jung-eiszeitlichen Lehmböden, so finden wir solche mit sehr dunkelhumoser Krume und einem mild-braunen, keineswegs übermächtigen und kaum verdichteten B-Horizont über schönem, kalkreichem C besonders im östlichen Zipfel des Ländchens Oldenburg und im daneben gelegenen Fehmarn, die durch ein verhältnismäßig trockenes Klima ausgezeichnet sind und reiche Weizen- und Rapsernten geben. Diese Böden nähern sich in ihrer Beschaffenheit der Schwarzerde, die wir aus den gesegneten Ebenen von Magdeburg kennen. Leider fehlt es noch sehr an Profilaufnahmen dieser Böden, doch sei hier ein Bodenprofil aus ebenem Ackerland ca. 1 km westlich des Bahnhofs Oldenburg i. H. angeführt:

A 20 cm graubraune, humose lehmige Erde, ziemlich schwer, aber gut gekrümelt, mit Wurzeln und vielen Regenwürmern.

B 15 cm brauner, gut bröckelnder Lehm mit gleichmäßig verteiltem und darum nicht ins Auge fallendem Eisenrost sowie etwas Humus; noch durchwurzelt, von zahlreichen Wurzelporen durchzogen.

C Geschiebemergel im Übergang zu B, mit weißlichen Kalkflecken und starkem Kalkgehalt, heller braun gefärbt.

Das niedrige Lehmland scheint im Untergrunde zur Vernässung zu neigen und zeigt deutliche G-Einwirkungen, besonders dann, wenn der Fehmarnsche Tarras-Ton den tieferen Untergrund bildet. Darauf deutet folgendes Profil aus der Nachbarschaft des Bahnhofs Burg auf Fehmarn:

A 30 cm gut krümeliger, schwarzerdeartiger humoser Boden von dunkel-grauschwarzer Farbe und schwachlehmig-sandiger Beschaffenheit.

BG 85 cm gelber, rostfleckiger, sandiger Lehm, ziemlich scharf von A abgesetzt. Enthält viele feine Wurzellöcher und humose Adern, die bis zum Grunde reichen. In nasser Jahreszeit bis ca. 50 cm unter Erdoberfläche mit Wasser gesättigt.

CG sandiger Geschiebemergel, naß, oben an Kalk verarmt.

Gewöhnlich findet man aber, sowie man das Gebiet verringerter Niederschläge im äußersten Osten verläßt, podsolige, d. h. in bleichender Auslaugung und Versäuerung befindliche Böden, wofür hier einige Beispiele von Acker-, Weide- und Waldstücken:

Tollschlag bei Sterup in Angeln, ziemlich ebener Weizenacker auf schwerem Lehm:

A 21 cm, davon 17 cm gepflügte Krume mit eckig bröckelndem, gut durchwurzeltem humosem Lehm und 4 cm Übergangsboden zu B.

B 39 cm eckig bröckelnder Lehm mit größeren Wurzeln, sowohl humus- wie rostfleckig, grau bis gelbbraun, voll von Poren und Hohlräumen, besonders zahlreichen Regenwurmgängen.

C im Übergang zu B befindlicher gelbgrauer Geschiebemergel mit hellgrauen Kalkflecken, eckig zerbröckelbar. Darin nur noch Spuren von Humus.

Ein flach nach NW geneigter Weideboden in der Nähe von Rundhof bei Gelting, mit Weißklee, Marienblümchen und Löwenzahn zeigt:

A_1 14 cm durchgepflügter graubrauner humoser sandiger Lehm, stark durchwurzelt. Struktur etwas scherbig parallel zur Oberfläche.

A_2 ca. 5 cm einen Schein hellerer, weniger humoser sandiger Lehm, scharf kleinbröcklig austrocknend und deutlich rosthaltig, übergehend in

B 65 cm grauer, stark rostfleckiger sandiger Lehm mit ziemlich groben Röhrchenporen, schwarzen Wurzelstreifen, Regenwurmgängen und sehr wenig grauem diffusem Humus, der stellenweise, besonders auf Klüften, etwas reichlicher erscheint. Zwischen den Rostflecken zeigt der Lehm graue Bleichstellen.

C gebräunter Geschiebemergel.

Bei Scharbeutz wurde im Geschiebelehm ein Waldbodenprofil aufgenommen. Es handelte sich um einen 15—20jährigen Mischbestand von Eiche und Rotbuche mit eingesprengter Fichte. Unterholz aus Viburnum opulus, Crataegus oxyacantha. Bodenflora: Oxalis acetosella, Asperula odorata, Hypericum perforatum, Aira flexuosa, Hypnum, Becherflechte.

A_0 3 cm lockere, in Maceration und Zersetzung befindliche Blätterstreu.

A_1 8 cm braungrauer, sehr gut gekrümelter, wurzelreicher humoser lehmiger Sand.

A_2 22 cm graubrauner, in grobe rundlich-eckige Krümel und Bröckchen zerfallender feinerdereicher Lehm, schwach humos, gut durchwurzelt (stärkere Wurzeln). Färbung gleichmäßig. Grenze gegen A_1, deutlich aber nicht scharf ausgeprägt. Mit A_1 zusammen gleichmäßig feucht.

B_1 30 cm rötlichbrauner Lehm in unregelmäßig eckigen Bröckeln mit Nadelstichporen, kaum humushaltig. Rost deutlich hervortretend, auch in kräftigen kleinen Sprenkeln. Durchwurzelung abnehmend. Wurmgänge. Der Lehm ist etwas verhärtet.

B_2 15—20 cm der gleiche Boden, aber etwas weicher und im ganzen etwas mehr graubraun, noch kalkfrei.

C gebräunter, grobbröckeliger Geschiebemergel.

Man sagt gern, die Buche sei die Nährmutter des Waldes, da sie mit ihrem verhältnismäßig kalkreichen Laub — sie selbst bevorzugt kalkhaltigen Untergrund — den Waldboden düngt. Das gilt besonders für ihre Standorte im kalksteinreichen mitteldeutschen Gebirgshügelland. Bei uns und auch im benachbarten Dänemark erzeugt sie unter den anders gearteten Klimaverhältnissen mit ihrem tiefen Schatten nicht selten Trockentorf und läßt sich dann nur noch künstlich verjüngen. Dies scheint namentlich auf leichteren sandigen Lehmböden vorzukommen. Beispiel:

Waldgut Grünholz in Schwansen, Revierteil Grünholz. Buchenbestand von altersher, gegenwärtig 25-30jährige, ohne Bodenbearbeitung gesäte gutwüchsige Buchen. Dies ist zunächst noch günstiger Boden, wie auch das Profil zeigt:

A_1 8 cm humose Walderde mit gut zersetztem Blättermulm.

A_2 12 cm bräunlichgraue, schwach humose Erde.

B 100 cm rostfleckiger, ziemlich fester sandiger Lehm, etwas porös, grau, jedoch heller als A_2. Unterende dieses Horizontes nicht mehr freigelegt, in der Nachbarschaft aber schon ab 1 m Bodentiefe Geschiebemergel.

Im Altholz dieser Buchenforst zeigt sich aber stellenweise Trockentorf, der bei Neukultur Bodenbearbeitung nötig macht. Dort tritt dann auch in etwa 70—80 cm eine verhärtete eisenschüssige Lehmschicht („Bick") auf, unter welcher der Geschiebemergel liegt.

In einem Rotbuchenbestand bei Hagen nahe Probsteierhagen wurden auf ebenem nicht ganz niedrig gelegenem Boden gar 28 cm brauner Trockentorf von sehr hoher Säurestimmung (PH 3,0!) beobachtet. Dies hängt wohl mit der verhältnismäßig starken Schwefelsäureproduktion des sich unter ungünstigen Umständen zersetzenden Buchenlaubes zusammen.

Im Endmoränengebiet wird der Geschiebelehm meistens steinig und oft mager. Als Beispiel diene hier ein Lehmboden aus Jagen 103 des Geheges Obdrup auf Meßtischblatt Ülsby im westlichen Angeln. Auf flachhügeligem steinigen Geschiebelehm stockt dort ein Altbuchenbestand (1931 etwa 100-jährig) mit einzelnen Eichen und Unterholz aus Hülsen, Vogelbeeren, Eichen und etwas Buchenaufschlag sowie teils kahlem Streuboden, teils Sauerklee u. dgl. als Bodenflora.

A_0 4—5 cm Streu, in Trockentorf übergehend.

A_1 2—3 cm sandiger plastischer Humus, bis humoser Sand, kräftig durchwurzelt.

A_2 12—13 cm feinerdiger, sehr schwach lehmiger Bleichsand, in den obersten 3 cm ganz rein, darunter schwach humusschweifig. Geringere Durchwurzelung.

B_1 20 cm rostgelber, etwas verdichteter sandiger Lehm, oben mit etwas Ortsstein, schwach humos.

B_2 dicht gelagerter Lehm von etwas mehr graugelber Färbung, nicht weiter aufgegraben.

2. TONBÖDEN

Tonböden spielen im schleswig-holsteinischen Jungglazialgebiet eine geringe Rolle, obwohl es dort ausgedehnte Tonlager gibt. Aber diese liegen gewöhnlich nur in kleinen Flächen frei zutage und sind sonst mit soviel Sand bedeckt, daß sie höchstens als tieferer, wasserstauender Untergrund von Bedeutung sein können. Gelegentlich tritt auch wohl ein Ton von höherem geologischen Alter zutage, wie der eozäne Tarras auf Fehmarn.

Wir geben hier ein Tonbodenprofil aus der Nachbarschaft der Ziegelei östlich Bliesdorf, nordöstlich von Neustadt:

A 32 cm graubrauner humoser Lehm, oben krümelig, unten mehr rundlich polyedrisch zerbröckelnd.

B ca. 35 cm brauner Ton mit grau-humosen Flecken, in groben scharfkantigen Bröckeln brechend, ohne besondere Rostflecken. Würzelchen und Wurmgänge, jedoch kaum Stichporen sichtbar.

C desgleichen, mehr grünlichgrau, kalkhaltig.

3. SAND-, KIES- UND STEINBÖDEN.

Diese Böden finden sich besonders im Bereich der großen Endmoränen am Westsaum des jungdiluvialen Gebietes, kommen aber auch mit und ohne Verbindung mit rückwärtigen Endmoränen über das ganze Gebiet verteilt vor. Ihre Oberfläche ist teils hügelig, teils eben gestaltet. Meist handelt es sich bei den Sanden um eine Mischung verschiedener Korngrößen, doch gibt es gelegentlich auch kleine oder größere Flächen von gleichmäßig feingekörntem Sand, namentlich von Mergelsand. In Körnung, wasserhaltender Kraft und Fruchtbarkeit kann der Mergelsand dem mitteldeutschen Löß sehr ähnlich sein: Kalkhaltig bis fast in die Krume hinein, nährstoffreich, mild und porös und von guter kapillarer Saugkraft für das Bodenwasser.

Der gröbere, gemischtkörnige Sand pflegt 1½—5 m tief entkalkt und stark rostig verwittert zu sein. Darunter setzt der Kalkgehalt gewöhnlich zuerst in den kiesigen und in den feinkörnigen Schichten ein und alsdann auch in den mittelkörnigen, die von vornherein den geringsten Kalkvorrat mitbekommen haben. Starke Rostausscheidungen sind meistens durch das ganze Profil von oft mehr als 10 m Mächtigkeit verbreitet. Infolge seiner hohen Wasserdurchlässigkeit trocknet der Sand gerade während der Vegetationsperiode leicht aus und ist auch ein schlechter Bewahrer gelöster Dungstoffe, und zwar umso schlechter, je geringer sein Gehalt an Humus und je dürftiger er mit Stalldung versorgt ist. Der geringe durch Verwitterung entstandene Lehmgehalt der Krume und des B-Horizontes vermag daran wenig zu ändern, wohl aber eine tüchtige Mergelung. Profilbeispiel:

Sandgrube an der Chaussee Schwastrum — Gr. Waabs im östlichen Schwansen:

A 15 cm graubrauner, mäßig humoser ziemlich feinerdiger Sand, in trockenem Zustand mittelgrau bis bräunlichviolett.

B_1 70 cm brauner, durch Eisenrost gefärbter, ziemlich feinerdiger Sand, in den obersten 20 cm noch schwach humushaltig. Durchwurzelt, frei von Ortstein, ohne Schichtung.

B_2 80 cm Sand mit erhaltener Schichtung, der nunmehr die Braunfärbung folgt. Die feinerdigen oder anlehmigen Schichten sind braun, die mittelkörnigen hellgrau, jedoch kalkfrei.

C kalkhaltiger Sand, in den feinerdigen Schichten noch braun, in den gröberen klar und hell oder bunt.

Wir haben es hier mit einem verhältnismäßig günstigen, vorwiegend mittelfeinen und nicht grobkörnigen Ackerboden mit wenig Steinen zu tun. Daher die geringe Entkalkungstiefe. Ganz anders ist die Profilentwicklung in einem mittelkörnigen, von vornherein wenig feldspat- und kalkhaltigen Sand, wie er am Wege Hinkelhöft — Haarholm nördlich von Schleswig auf einer dürftigen, gekalkten Weide beobachtet wurde, an deren Wegrand noch Reste von Calluna-Heide standen.

A_1 10 cm sandige, teilweise tief schwarz-humose Krume (Reste des alten Rohhumus).

A_2 10 cm violettgraue Bleicherde.

B_1 16 cm halbharter Ortstein, tief braunschwarz und vorwiegend humos, nach unten reiner braun und mehr eisenhaltig. Oben ziemlich eben begrenzt, nach unten mit unregelmäßigen Zapfen in B_2 eingreifend. Die Wurzeln durchdringen den Ortstein nur auf Klüften.

B_2 45 cm hellbrauner Sand mit leicht welligen, der Oberfläche ungefähr parallelen dunkelbraunen Linien.

C (eigentlich noch als tiefer B-Horizont zu rechnen) kalkfreier gelber Sand.

Die in B_1 auftretenden, abwärts dringenden Zapfen sind für die meisten Ortsteinböden bezeichnend. Der Heide ist ein Waldbestand vorangegangen. In den gelockerten Rottboden der Pfahlwurzeln haben sich Ortstein und Bleichsand gern hinabgezogen.

Sand und Kies treten außer in Flächen auch gern als Kern von Hügelkuppen auf und bilden dann, wenn sie durch Bearbeitung oder Abschwemmung freigelegt werden, häßliche Brandstellen.

Die Steinböden (Blocklager der Endmoränen) eignen sich nicht zur Beackerung und geben auch sehr dürftige Weiden ab. Wofern sie nicht für den Wegebau oder dgl. ausgebeutet werden, verwertet man sie am besten als Waldboden.

An die äußerste Endmoränenzone schließen sich die großen Vorsande, die sogenannten Sander auf dem schleswig-holsteinischen Mittelrücken an. Meistens beginnen sie in etwa 20—30 m Meereshöhe und senken sich allmählich west- und südwärts den Talebenen oder der Marsch zu, deren Boden sie schließlich bedecken. Sie sind reich an Grundwasser. In den oberen Teilen der Sander beginnt dies zumeist erst in mehreren Metern Tiefe, um sich in den unteren immer mehr der Oberfläche zu nähern. Da die oberen Sanderteile aber häufig etwas uneben und in Bodenschwellen und Senken aufgelöst sind, so gibt es auch dort grundwassernahe Flächen von oft erheblicher Ausdehnung; in ihnen lagen ehedem und befinden sich z. T. noch gegenwärtig zahlreiche Nieder- und Hochmoore. Die unvermoorten Flächen, bis in mittelalluviale Zeit bewaldet, haben sich unter dem Einfluß menschlicher Raubwirtschaft und ungünstiger Naturverhältnisse frühzeitig in Heiden verwandelt und sind erst in den letzten fünf Jahrzehnten der Landwirtschaft zurückgewonnen oder aufgeforstet. Für ihre landwirtschaftliche Nutzbarmachung hat die Mergelung mit frischem Geschiebemergel aus der benachbarten Geest eine sehr große und nachhaltige Bedeutung gehabt. Man gab etwa 12 cbm von dem 20 bis 30prozentigen Mergel auf den Morgen und erreichte damit eine etwa 20 Jahre nachwirkende Verbesserung der Bindigkeit und Bodenfrische. Wir bringen zunächst ein Heidebodenprofil von der Ostseite von Jübek an der Chaussee nach Esperstoft, wo sich 1929 Heide mit Calluna und Porstbüschen befand:

A_0 5 cm Heide-Rohhumus.

A_1 6 cm dunkler humoser Sand.

A_0 4 cm älterer Heidehumus.

A_2 15 cm Bleichsand, hell violettgrau mit Steinchen und Wurzeln.

B_1 6 cm schwarzbrauner, weicher Humusortstein.

B_2 14 cm rotbrauner, ziemlich weicher Eisenortstein. Beide B-Horizonte sind mit ziemlich vielen Wurzeln durchsetzt.

B_3 40 cm fleckiger Sand; runde, hellgelblichgraue Fleckenhaufen mit kaffeebrauner Ortsteinumrandung, die nach außen rotbraun (Eisenortstein) wird.

B_4 entkalkter gelblicher Sand mit Eisen-Manganflecken und Netzleisten von Orterde. Geht nach unten in C, klaren Sand, über. An anderen Stellen des Aufschlußes hat B_1 plattige Struktur.

Leider fehlen Bodensäureuntersuchungen zu diesem Profil, das sicherlich recht hohe Säuregrade ergeben haben würde, nun aber in dieser Hinsicht nicht in Vergleich zu dem folgenden, von einer gemergelten Sandfläche gleichen Charakters entnommenen gesetzt werden kann, von dem Säurebestimmungen gemacht sind.

Weide im Sandergebiet (Staubeckengebiet) bei Esperstoft, Blatt Jübek:

A_1 20 cm gepflügter und gemergelter mittelkörniger Sand, stark durchwurzelt, gleichmäßig humos, dunkel violett-grau. (PH 6,3).

A_2 20 — 30 cm gut durchwurzelter schwärzlicher Sand. Der Humusgehalt ist unregelmäßig verteilt, im ganzen unten stärker als oben. (PH 6,3).

B_1 5 — 15 cm etwas härterer Sand, aber noch viele Wurzeln enthaltend, mit sehr unregelmäßig verteilter schwarzbrauner Humusorterde (durchgearbeiteter alter Ortsteinhorizont); Struktur erdig. (PH 6,3).

B_2 20 — 35 cm humusärmerer, rostreicher, gelbbrauner, etwas verhärteter Sand mit Andeutungen von horizontaler Absonderung. Geht nach unten in rostfleckigen, von Grundwasser beeinflußten Sand über. Noch Wurzeln. (PH 6,2).

G ca. 45 cm hellgrauer, feuchter, nur stellenweise noch rostfleckiger Sand, geschichtet. Von den von oben herankommenden Wurzeln gehen nur einzelne tiefer in den Horizont hinein. Kalkfrei. (PH 6,5).

C Wechsel der Bodenart: blaugrauer geschichteter Tonmergel, darin senkrechte Baumwurzelreste. (PH 6,6). Der Tonmergel hat 1,9 m Dicke und wird von naßem Sand unterlagert.

Als Beispiel eines grundwassernahen Bodens im niedrigeren Sandergebiet, in dem sich der podsolierende Einfluß des Klimas und der Einfluß des Grundwassers von unten begegnen und anscheinend noch durch ungünstige Waldbestandsarten zum Nachteil der Bodenbildung steigern, diene ein 1930 in der Forst Lindewitt aufgenommenes Profil. Der Beobachtungsort liegt 18 km südwestlich von Flensburg am Wege in die Forstabteilung 14, etwa 50 m abseits der Straße nach Kl. Wiehe in einem damals 30jährigen Fichtenbestand mit ein paar Kiefern am Rande und moosbedecktem Boden. Es war der Rand eines frisch abgestochenen Grabens.

A_0 9 cm Trockentorf, der weiterhin bis 15 cm stark wird, oben Nadelstreu, unten dichte, dunkelbraune Torfmasse. Alte Baumwurzeln der Fichten breiten sich darin flach aus.

A_1 ca. 17 cm grauer mittelkörniger Sand, weißliche Körner, dazu etwas grauer Humus, in den untersten Centimetern etwas dunkler; wenig Wurzeln.

A_3 10 cm dunkler, ein wenig fester, stark humoser Sand, eckig bröckelnd. Enthält noch ziemlich viel Würzelchen.

BG_1 ca. 9 cm harter kaffeebrauner Sand, in k n o l l i g e Stückchen zerfallend, sehr e i s e n h a l t i g bei nach unten abnehmender Humusbeimengung. Struktur grobflaserig parallel zur Oberfläche. Noch Wurzelfasern.

G_2 50 cm und mehr: Loser Sand, aus dem G r u n d w a s s e r aussickert. Oben stark rostig, jedoch gleichmäßig rötlich-gelb, nach unten reiner gelb mit leichtem Stich ins Grünliche, zu unterst bunter und weniger rostig, in C übergehend. Keine Wurzeln.

Diese Art von Bodenentwicklung neigt zur Ausscheidung von R a s e n e i s e n e r z im BG-Horizont. Die Talsandfläche der Linn-Au ist hier nur um 1—2 m gegen den Sander abgesetzt. Dies genügt, um dem letzteren bei sonst hohem Grundwasser einen trockenen Rand zu geben.

II. DIE BÖDEN DER ALTDILUVIALEN GEESTLANDSCHAFT

Zur altdiluvialen Geestlandschaft sollen hier auch die von den Ablagerungen der Warthe-Eiszeit eingenommenen Flächen gerechnet werden (vgl. die geologische Karte), obwohl sie zwar beträchtlich älter und „reifer" als die jungglazialen Böden sind, aber streng genommen noch dem jüngeren Teil des Diluviums angehören. Der mineralische Grund, auf dem sie sich entwickelt haben, war bereits in hohem Grade verwittert und ausgelaugt, als die Periode anbrach, in der sich ihr heutiges Profil herausbildete, und unterschied sich dadurch grundsätzlich von dem frischen Ausgangsstoff der Böden des Jungglazialgebietes, war aber andererseits viel weniger gealtert als die saale- und elstereiszeitlichen Flächenanteile. Das zeigt sich besonders nach der Tiefe hin, also im Untergrund, in dem die Entwicklung nicht so tief wie in dem saaleeiszeitlichen hinabreicht.

Die altdiluvialen Geestböden bieten insofern ein besonderes Interesse, als sie uns zeigen, wohin auch die Entwicklung der jungdiluvialen Böden im Laufe gehörig langer Zeit unter der Einwirkung der Naturkraft gelangen wird.

Dem Klima, dem Pflanzenverein und ihrem Alterszustand entsprechend sind die L e h m b ö d e n des alten Diluviums durchweg leichter und stärker versauert als diejenigen der östlichen Grundmoränenlandschaft. Vor ihrer Nutzung durch den Menschen sind sie lange Zeit hindurch Urwaldböden gewesen, auf denen die Eiche die herrschende Baumart war. Die heute noch vorhandenen ausgedehnten Waldungen sind zwar größtenteils aus solchen Naturwäldern hervorgegangen, haben aber dabei tiefgreifende Bestandsveränderungen erfahren, besonders durch die Einführung von Rotbuche und

Fichte. Über die Wirkung solcher Veränderungen auf das alte Bodenprofil sind in der Literatur einige Beispiele gebracht, auf die verwiesen sei. Hier möge nur das Profil eines zwar recht sauren, in seiner Struktur aber gesunden Eichenwaldbodens auf Geschiebelehm im Jagen 47 b der Oberförsterei Barlohe zwischen Rendsburg und Hohenwestedt Platz finden, das 1929 aufgezeichnet wurde. Nach Dr. HECK's Untersuchungen gehört die Stelle zum Bereich der Warthemoränen. Der Bestand war aus 120jährigen gutwüchsigen Eichen mit einem Unterwuchs von Himbeeren und Flattergras (Milium effusum) zusammengesetzt.

A_0 1 — 2 cm Streu in guter Zersetzung mit einem überreichen Wurzelfilz der Bodenflora.

A_2 3 cm Bleichsand, stark humos, in feuchtem Zustand dunkel violettgrau mit weiß leuchtenden Quarzkörnern, gut durchwurzelt. (PH 3,6).

B_1 45 — 50 cm kaffeebrauner schwach lehmiger Sand, von Rost und Humus gleichmäßig gefärbt, nach unten etwas heller, nach oben dunkler und stärker humos; locker gekrümelt, Haupt-Wurzelraum der Bäume. Regenwürmer darin. (PH 4,0).

B_2 mit 30 cm nicht durchgraben: Gelbbrauner lehmiger Sand bis sandiger Lehm, kräftiger Rost in Punkten und Schichtenschweifen, ganz geringe Humusspuren, wenige kleine Wurzeln, aber viele nadelstichartige Poren von Wurzelfäserchen. Unten etwas verhärtete Stellen. Einzelne Steine. Vermutlich kommt weiter unten Sand. (PH 4,0).

Es möge nun ein Profil aus dem Bereich der saaleeiszeitlichen Moräne (Geschiebelehm mit Brodelboden) von einer ebenen Weide nördlich von Westerland auf Sylt folgen:

A_1 10 cm lagenweise heller und dunkler gefärbter humoser Sand, Ausläufer der von den Dünen ausgehenden Flugsanddecke. Unterpartie durchweg etwas heller, doch kein ausgeprägter Bleichsand. Wurzeln.

A_2 30 cm kaffeebrauner, gleichmäßig humoser, schwach bindiger und ein wenig feuchter, ziemlich feiner Sand. Wurzelfasern.

B_1 allmählich aus A_2 sich entwickelnder, 20 cm starker, schwach bindiger, rostbrauner feinsandiger Boden mit dunkleren Humusflecken und erdiger Struktur; noch Wurzelfasern.

B_2 70 — 110 cm sandiger Lehm mit Brodelstrukturen, so daß sandigere und lehmige Partien unregelmäßig miteinander wechseln. Die sandigen und kiesigen Partien bilden schräg aufrechte Falten und Nester im Lehm. Letzterer hat grobe, unregelmäßige Bröckelstruktur. Rost, der dem Ganzen eine gelbbraune Färbung gibt, bildet auch rötliche und kräftig orangefarbige Bänder im Sand. Dazwischen erscheinen auch fahlgraue Partien. Etwas Humusstoff findet sich bis unten hin.

T

Zusammensetzung von Sa

	Körnung									
	Kies-Teile	Sand-Teile						Tonhaltige Teile		
	über 2 mm	1—2 mm	0,5—1,0 mm	0,2—0,5 mm	0,1—0,2 mm	0,05—0,1 mm	zusammen	Staub 0,01—0,05 mm	Feinstes unter 0,01 mm	zusammen
Älterer diluvialer Geschiebesand, Heideland bei Itzehoe										
A_2, 12—19 cm Tiefe	3,2	5,2	14,8	24,4	19,6	10,8	74,8	16,8	5,2	22,0
A_3, 40—50 cm Tiefe	4,8	1,0	19,6	27,2	15,2	14,0	80,0	10,8	4,4	15,2
A_3 (B_1) 68—75 cm Tiefe	4,8	7,6	36,1	32,4	12,4	2,8	91,6	2,0	1,6	3,6
B, 100—110 cm Tiefe	4,8	11,6	47,6	26.4	8,4	0,8	94,8	0,4	0,0	0,4
Älterer diluvialer Geschiebesand, Kulturboden, Schmabek bei Itzehoe										
A, 5—10 cm Tiefe	2,8	1,6	9,2	26,8	20,0	16,4	74,0	12,8	10,5	23,2
B, 50—60 cm Tiefe	12,4	2,0	10,8	31,6	18,8	12,0	75,2	6,8	5,6	12,4
B, 110—120 cm Tiefe	7,6	4,0	11,6	44,4	18,4	4,0	72,4	4,0	16,0	20,0
B, 150—160 cm Tiefe Älter. Diluvialsand	1,6	2,0	30,0	46,0	10,8	2.0	90,8	2,8	4,8	7,6

6

…den des älteren Diluviums

	Chemischer Bestand													
	In konzentrierter kochender Salzsäure lösen einzelne bestimmte Bestandteile sich innerhalb einer Stunde:													
	Kalkerde	Magnesia	Kali	Natron	Kieselsäure	Schwefelsäure	Phosphorsäure	Kohlensäure	Humus	Stickstoff	Hygroskopisches Wasser	Glühverlust außerdem	in Salzsäure unlöslich	PH
2	0,03	—	—	—	1,59	0,09	0,06	Spur	4,41	0,16	1,83	1,30	—	3,8
3	0,03	—	—	—	1,97	0,05	0,07	Spur	0,95	0,09	1,25	1,51	—	4,1
7	0,04	—	—	—	0,95	Spur	0,06	Spur	Spur	Spur	0,23	0.72	—	4,2
4	0,07	—	—	—	0,68	Spur	0,11	Spur	Spur	Spur	0,16	0,49	—	4,9
	—	—	—	—	—	—	—	—	3,62	—	—	—	—	—
4	0 ,02	0,03	0,09	0,07	1,72	Spur	0,03	Spur	0,40	0,02	0,17	0,99	93,92	—
	—	—	—	—	—	—	—	—	0,48	—	—	—	—	—
3	0,04	0,08	0,10	0,02	0,68	Spur	0,03	Spur	0,38	0,01	0,27	0,82	96,89	—

B_3 (C) horizontal gebankter, rostbrauner sandiger Lehm, noch ½ m tief aufgeschlossen. Die darunter folgende Grundmoräne ist tief entkalkt.

Die S a n d b ö d e n der altdiluvialen Geest, deren Ackerkrume durch den Pflug aus Bestandteilen des natürlichen, humosen A-Horizontes und des ehemals darunter vorhandenen Bleichhorizontes zusammengemischt zu sein pflegt, haben dadurch meistens eine eigenartige „Pfeffer-und-Salz"-Farbe bekommen. Als Beispiel eines solchen Bodens aus saaleeiszeitlichem Gebiet mit B r o d e l s t r u k t u r e n diene folgendes, 1929 an der Südseite des Dorfes Ladelund südöstlich von Tondern aufgezeichnete Profil: Rand einer 3 m tiefen Kiesgrube in fast ebenem, ganz schwach südwärts geneigtem Ackerland:

A_1 18 cm gepflügte Krume, in feuchtem Zustande schwärzlichbraun, strukturlos, sandig, mit wenigen Steinchen; durchwurzelt.

A_2 25 — 30 cm schwarzbrauner, humushaltiger Sandboden, in dem nach unten rotbraune Rostfarbe immer leuchtender hervortritt; noch wurzelreich.

B_1 40 cm rostiger gelbbrauner scharfer Sand mit sehr wenig grauem Humus und wenig Wurzeln.

B_2 20 — 25 cm Kies, durch Eisenmanganerz zu braunschwarzem Konglomerat verbacken. Sendet schräge Rippen nach oben bis an A_2, zwischen denen Taschen von lockerem Sand und kiesigem Sand verbleiben. In den Rippen aus Kieskonglomerat sind die Steinchen senkrecht gestellt, B r o d e l b o d e n.

B_3 horizontal geschichteter rostiger loser Kies.

Da die Sohle des Aufschlusses sich nur wenig über dem derzeitigen (Oktober) Grundwasserstand befindet, kann angenommen werden, daß das Eisenmanganerz unter Grundwasserwirkung entstanden ist. Es verdeutlicht nur die Taschen, die an anderer, höherer und vollkommen trockener Stelle der Grube aus losem Material von ähnlicher Lagerform bestehen.

Leider fehlt eine agrikulturchemische Untersuchung dieses Bodens, wie es überhaupt zur Zeit, wo dies geschrieben wird, in Schleswig-Holstein noch allzusehr an profilmäßig genau festgelegten Bodenanalysen mangelt, so daß eine vollständige Charakteristik der meisten Bodentypen gegenwärtig noch unmöglich ist. Um diese Lücke wenigstens etwas auszufüllen, seien hier aus den von der Geologischen Landesanstalt ausgeführten Analysen einige wiedergegeben, die sich auf altdiluviale Sandböden beziehen und deren h o c h g r a d i g e A u s l a u g u n g beleuchten. (Tabelle 6).

Das Profil des H e i d e - G e s c h i e b e s a n d e s bei Itzehoe ist nördlich dieser Stadt an der Chaussee nach Hohenwestedt aus einer Heidefläche entnommen, die dem unter Naturschutz gestellten Kratt an der Ostseite der Bismarckhöhe gegenüberliegt. Im Aufnahmejahr 1929 befand sich dort eine Heidevegetation mit vereinzelten jungen Kiefern, ziemlich viel Aira caespitosa (Schmiele) zwischen der Calluna-Heide, auch etwas Renntierflechte und Bärlapp, aber es fehlten die kleinen Eichenkratt- (Kümmereichen-) horste fast gänzlich.

A_0 Spuren von Heidehumus.

A_1 —

A_2 22cm ziemlich humoser, schwach lehmiger, mittelkörniger Sand, graubraun, mit mäßigem Gehalt an weiß hervorscheinenden Körnern, gut durchwurzelt, von klumpiger Struktur, dabei ziemlich homogen aber nach unten bräunlicher werdend und allmählich übergehend in

A_3 (B_1) 55—60 cm etwas deutlicher anlehmiger Sand mittelkörnig, mit abwärts verschwindendem Humusgehalt. Gleichmäßig verteilter Rostgehalt bestimmt unten die Färbung. Struktur undeutlich leicht klumpig. Oben humose Flecken und gute Durchwurzelung, die unten fehlt.

B grober kiesiger Sand, gelbbraun, mit braunen, dichten, lehmartigen Roststreifen, zwischen denen der Sand lose ist. Keine Wurzeln.

Das Profil ist durchaus kein Heidesandprofil, trotz des Callunawuchses, sondern seiner Beschaffenheit nach noch das Profil eines dürftigen Eichenbodens; es unterscheidet sich nur wenig von dem ärmlichen Boden des Eichenkratts, dessen Profil der Vollständigkeit halber hier hergesetzt sei:

Ebener Boden, Krüppeleichen, Gras, etwas Moos, am Rande Heidekraut; das auch Lichtungen zwischen den einzelnen kleinen und größeren Eichenhorsten einnimmt.

A_0 2—3 cm Eichenlaubstreu ,unten dicht geschichtet, aber keinen Trockentorf bildend, in Mazeration begriffen, braun.

A_1 4—6 cm dichter Wurzelfilz, humusreich, mit teils losem, dunkel-aschgrauem, teils klumpigem, kaffeebraunem Sand von mittlerer Körnung, der abwärts sich aufhellt. (PH 3,3).

A_2 30 cm brauner, etwas humoser schwach anlehmiger mittelfeiner Sand, sehr reich durchwurzelt (auch fingerstarke Wurzeln), gleichmäßig rosthaltig, locker gekrümelt. (PH 4,5).

B_1 20 cm gelber, schwach anlehmiger und gleichmäßig rosthaltiger krümeliger Sand mit sehr wenig Wurzeln und ganz schwachem Humusgehalt. (PH 4,1).

B_2 stark rostiger, verdichteter kiesiger Sand, rötlich-graugelb mit helleren sandigen Mitteln; nicht weiter aufgegraben. Bemerkt sei, daß sich in B_1 eine wenig ausgeprägte kleine Geröllsohle zeigt.

Man erkennt, daß dieser Krattboden noch leidlich günstigen Eichenwaldbodencharakter besitzt, den die eindringende Heide erst sehr wenig nach ihrer Art umgewandelt hat.

III. DIE MARSCHBÖDEN

Die wichtigste Marschbodenart ist der Klei (Marschton), die landfest gewordene Form des Schlicks (frischen Seeschlammes), der sich im Gezeitenbereich der Nordsee und der ihr angeschlossenen Flußmündungen in großen Mengen zu Boden geschlagen hat. Er ist teils mineralischen, teils organischen Urspunges. Die mineralischen Bestandteile sind Ton und feiner Sand. Der Feinsand besteht größtenteils aus Quarz, enthält aber immerhin auch basenhaltige Mineralien wie Feldspat, Glimmer und dunkelfarbige Körner eisenreicher Verbindungen, vermag also durch Verwitterung im Boden zu dessen Nährstoffgehalt ein Geringes beizutragen. Der Ton ist zu einem großen Teil von den Flüssen herbeigetragen, und zwar teils als feine Schlammtrübe, teils in halbgelöster Form und dann durch die Einwirkung des Meersalzes ausgeflockt und absatzfähig gemacht. Ein sehr großer Teil ist aber kein Neustoff, sondern im Haushalt der Küstengewässer wieder und wieder gebrauchter Altstoff, am Meeresboden aufgewirbelt, auf den Watten vorübergehend gespeichert, in Insel- und Festlandsteile eingelagert, wieder ausgespült und auf und ab getrieben, bis er endlich unter Deichschutz zur Dauerruhe gelangt ist. Die organischen Bestandteile sind Humusstoffe aus den Landgewässern, Abbaustoffe der reichen Kleinlebewelt im Flachwasser der Meeresteile, besonders des überreichen tierischen und pflanzlichen Planktons, Kot von Schnecken, Muscheln, Krebsen, Seesternen, Fischen, Vögeln und anderem Getier usw. Eine wichtige Rolle spielen für den späteren Fertigboden die Kalkteilchen, die ihm ebenfalls nicht als chemischer Neustoff, sondern als Altmaterial von Muschelschalen, die die Fische zerkaut oder der Sand und die Wellen zerschlissen haben, zugeführt werden. Infolge dieser Zutat beträgt der Kalkgehalt des Marschtons etwa 2%, in Ausnahmefällen bis gegen 9%. Die Flußmarschen sind im allgemeinen kalkärmer, aber humusreicher und schwerer, die Seemarschen leichter, kalkreicher und humusärmer; jene haben dunkle, blaugraue, diese lichtere mittelgraue Farbtöne. Im großen betrachtet sind bei beiden Arten von Marschland die ufernahen Flächen ein wenig höher als die geestnahen, auch pflegen letztere besonders tonig, sumpfig und oft anmoorig oder mit Moor überzogen zu sein. Das beruht nicht allein auf ursprünglich geringerer Absatzmächtigkeit im uferfernen Überschwemmungsgelände, sondern ebenso sehr oder mehr noch auf Entkalkung, Verdichtung und Setzung dieser ältesten Marschanteile, die oft sehr an schlechter Entwässerung und gestauter Bodennässe mit all ihren ungünstigen Folgen, wie Versäuerung und Ertragsminderung zu leiden haben.

Wir begegnen hier den Folgeerscheinungen einer natürlichen Entwicklung, Reifung und Alterung unserer Marschböden, von denen die ältesten wohl schon ein Jahrtausend den Neubildungskräften der Natur entzogen, die jüngsten aber erst vor wenigen Jahren oder Jahrzehnten aus der Taufe gehoben und der Entwicklung von der profillosen Bodenart zum erntetragenden Boden überantwortet sind. Diese Entwicklung verschlechtert, sofern ihr nicht der Bauer entgegenwirkt, im Laufe der Zeit den Basen- und Lufthaushalt des Bodens, besonders durch Auslaugung der Oberkrume und Verdichtung (Bildung einer Knick- oder Stört-Schicht) des B- bezw. BG-Horizontes. Eine Reihe nach dem Eindeichungsalter geordneter Profile möge das veranschaulichen:

1. Außendeich des Sönke Nissen-Kooges; Salzgras- Schafweide, fein überschlickt:

A 10 cm schwach krümelnder, schwach humoser, durchwurzelter schmieriger Klei, graubraun, einzelne Rostflecken. Mäßig kalkhaltig.

CG 45 cm blaugrauer hellerer Klei in mageren sandigen und feinsandig tonigen Schichten mit groben Rostflecken, bis unten durchwurzelt. Mäßig kalkhaltig.

C (Schichtwechsel) schwarzer toniger Feinsand, bei Benetzung mit Salzsäure mäßig aufbrausend und dabei kräftigen Geruch nach Schwefelwasserstoff abgebend. Nicht weiter aufgegraben.

2. Sönke Nissen-Koog eingedeicht 1923—25, Bodenprofil 1933 auf einem Acker gegenüber dem Hause des Ansiedlers Eggers entnommen:

A 20 cm milde kalkhaltige Feinerde, in trockenem Zustand hellgrau, wenig humos, rundlich-plattig zerkrümelbar.

CG 75 cm grauer toniger Feinsand, in waagerechten Schichtchen abwechselnd reiner sandig und tonig, mit Wurzelfasern, Rostflecken und waagerechten Rostüberzügen, in scharfe Stückchen zerbröckelnd; erheblich kalkärmer als A, an den starken Rostüberzügen sogar kalkfrei. Dann Grundwasser.

3. Karolinenkoog, eingedeicht 1801, Acker bei Pfahlershof an der Westseite von Chaussee, Bahn und altem Eiderlauf; Profil 1927:

A 0—45 cm schwach humose feinsandige Erde, bräunlichgrau, in der Krume stellenweise blaugrau, schwach kalkhaltig. wird 11—12 Zoll tief gepflügt.

CG 95 cm grauer ziemlich reiner Sand mit gelbbraunen Rostflecken, besonders um alte Wurzelspuren, durchweg mäßig kalkhaltig, unten mit stark korrodierten Muschelschalen. Bei 140 cm Gesamttiefe kommt Grundwasser.

4. Reußenkoog, eingedeicht 1788. Ackerstück an der Südseite des Weges zum Sönke Nissen-Koog bei etwa ²/₃ der Weglänge:

A 25 cm tonig-sandige Feinerde, graubraun, weichschichtig, Struktur undeutlich plattig parallel zur Oberfläche. Mäßig humos, kalkhaltig. Regenwürmer.

CG grauer wenig toniger Feinsand, schwach schichtig, rostfleckig, undeutlich scharfeckig zerbröckelnd, ohne Humus, aber mit viel braunem Rost; noch Poren von Wurzelfasern. Bei 61 cm Bodentiefe Grundwasser.

5. Alter Bordelumer Koog, vermutlich 1489 eingedeicht. Weide an der Südseite des Weges zum Sönke Nissen-Koog, ungefähr in der Koogsmitte, Profil 1933:

A_1 20 cm graubraune lehmige Feinerde, kalkfrei, wurzelreich, rundlich-eckig krümelnd.

A_2 (B) 14 cm, dieselbe, etwas mehr braun, mit einzelnen Rostflecken.

BG 55 cm toniger kalkfreier Feinsand, in grobe eckige Stücke zerbröckelbar, von Rostflecken durchsetzt mit Stichporen, Wurzeln und Wurmgängen, nicht humos. Regenwürmer z. Zt. (März 1933) in Bodentiefen bis mehr als 90 cm.

CG fester grauer schmierender kalkhaltiger Klei.

6. Flehde in Norderdithmarschen, sehr alter Koogsboden. Grabung 1927 im Acker 300 m östlich vom Hofe des Hans Erp:

A 26 cm „Bauerde", dunkel-graubrauner sehr toniger Klei, schwer zu pflügen, ist gekalkt.

BG 30 cm stark rostgeflammter, dichter, undurchlässiger Klei, „Dwog" oder „Unerde" genannt, gilt als unfruchtbar und schädlich für den Acker, wenn er in größerer Menge an die Oberfläche gepflügt wird.

C grauer, schwach glimmerhaltiger Feinsand, mit Salzsäure nur mäßig brausend. Geht abwärts in „Blausand" über, der in Pütten zum Mergeln gegraben wird. Ein Pütt wurde von 3 Mann im Tagwerk 9 : 9 Fuß im Quadrat und 12 Spitt (je 28 cm) tief hergestellt. In der Nähe hatte H. Erp noch 1925 pütten lassen, doch hatte der Blausand nur 0,3—0,5 % Kalk, wirkte aber doch günstig.

Dies letzte Beispiel zeigt den Wert der Melioration des gealterten, luftarmen und verdichteten Kleibodens mittelst des darunter liegenden frischeren Blausandes, der vor allem die physikalische Beschaffenheit, aber auch die chemische Leistungsfähigkeit des Kleis verbessert und eine Wirkungsdauer von etwa 5 Jahren (Höchstwirkung etwa 20 Jahre) erzielt. Namentlich verbessert sie das Gefüge (Krümelung) und das Pufferungsvermögen des Bodens und setzt dessen Bearbeitungswiderstand herab. Der Boden wird entsäuert und befähigt, säuernde Einflüsse elastisch abzuwehren (Pufferung). Bei Besandungsdicken von 4—5 cm (400—500 cbm/ha) mittelst der neuerdings angewandten Blausandmaschinen hat man durchschnittlich 38,7% Ernteseigerung beobachtet. Der Blausand ist in den Marschen weit verbreitet; an der Unterelbe kennt man ihn unter dem Namen „Fiel" (Wilstermarsch).

IV. MOORBÖDEN

Die Moorböden sind gewissermaßen zeitlos. Man findet sie, gewöhnlich unter anderen Schichten begraben, hie und da schon im Diluvium, ferner schon im ältesten Alluvium und dann ebenfalls zumeist tief von jüngeren Bodenmassen eingedeckt; endlich aber haben sie, als klimatische und grundwasserbedingte Bildungen überall in unserem Lande möglich, eine weite Verbreitung im Randgebiet der Marschen und in allen Tälern und Senken der alten und jungen Geest. Ein großer, vielleicht der größte Teil unserer Moore ist bereits zur Brenntorfbereitung abgebaut. In den uferfernen Marschgebieten, in denen es vor 600—1000 Jahren ausgedehnte Moordecken auf dem Kleiboden gab, sind diese in jahrhundertelanger unverdrossener Arbeit so gründlich abgeräumt, daß oft nur noch Ortsnamen oder Moorreste unter den Warfen von ihrem ehemaligen Dasein Zeugnis ablegen. Es fehlte dort ja das Holz. Im Halliggebiet hat man aus Brennstoffnot sogar unter dem Klei lagernde Torfschichten hervorgegraben, im Watt freilich auch den salzadsorbierenden Torf zur einträglichen Salzbrennerei gewonnen.

Eine landwirtschaftliche Nutzung der Moore hat zuerst bei den Niedermooren eingesetzt, die man in Wiesen umwandelte. Die Kultivierung der Hochmoore, auf denen man auch Äcker und Weiden anzulegen vermag, ist eine Errungenschaft des neunzehnten Jahrhunderts, das als Voraussetzung dafür die künstliche Düngung hervorgebracht hatte. Die H o c h m o o r e bestehen ja in ihrer Hauptmasse — oben der lockere jüngere, darunter der verdichtete ältere Moostorf — aus höchst nährstoffarmen Torfarten, die sich zwar in einen ackerbaulich brauchbaren physikalischen Zustand bringen lassen, chemisch aber so gut wie alles an Zutaten brauchen, um die Anbaugewächse ernähren zu können. Das Wasser, das ihren hohen Aufbau ermöglicht hat, war ja kein nahrreiches Fluß- oder Bachwasser, sondern reinstes Himmelsnaß. Ganz anders die N i e d e r m o o r e. Die Pflanzen, aus deren Moder sie entstanden sind, trugen normale mineralische Nährstoffmengen in sich, die sie dem fließenden Wasser und dem Boden entnommen hatten und bei ihrer Verwesung zum größten Teil dem Torfe einverleibten. Viele Niedermoore, die durch Verlandung flacher Seen oder Buchten oder aus der in Quellsümpfen wuchernden Vegetation entstanden, haben dabei auch beträchtliche Gehalte an Kalk mitbekommen und besitzen oft eine Grundlage von Kalkfaulschlamm, Wiesenkalk oder Kalktuff; auch ihr Gehalt an Eisen- und Phosphorverbindungen kann recht ansehnlich sein. Im Gegensatz zu den stofflich eintönigarmen Hochmooren weisen so die Niedermoore je nach Lage und Umgebung eine große Variationsbreite ihres chemischen Bestandes auf. Meistens sind sie auch ziemlich reich an Hölzern der verschiedensten Art (Erlen, Eichen, Weiden, Birken), während in den Hochmooren Hölzer (Kiefer, Birke) zu den Seltenheiten gehören. Wohl aber kommt Niedermoortorf, namentlich Schilf- und Bruchwaldtorf, sehr oft als tiefste Anfangsschicht der Hochmoore vor.

Zu den anmoorigen Böden rechnet man alle diejenigen, die entweder aus einer Mischung von Humus mit Sand-, Lehm- oder Tonteilchen bestehen oder unter einer ziemlich reinen und unvermischten Torfkrume schon in geringerer Tiefe als 20—30 cm mineralischen Untergrund aufweisen. Auch der Darg, eine Durchwachsung von mehr oder minder reinem Schilftorf mit Klei, gehört streng genommen nicht zu den echten Moorböden. Die Geologische Landesanstalt bezeichnet auf ihren geologischen Spezialkarten die anmoorigen Böden meistens mit dem Namen Moorerde. Einige von ihr analysierte Böden dieser Grenztypen aus dem oberen Gezeitenbereich der Gewässer im Marschhintergrunde lauten folgendermaßen:

Tabelle 7

Bodenart: Meßtischblatt: Fundort:	Moorerde Meggerdorf Sorgeniederung	Darg Meggerdorf Meggerkoog	Moorerde Friedrichstadt NO-Ecke des Lunden. Moores
Hygroskop. Wasser: (Trocknung bei 105 Gr.)	11,75 %	10,60 %	6,98 %
Glühverlust:	55,65 %	49,67 %	26,40 %
Humus:	51,29 %	46,39 %	22,98 %
Kohlensäure:	—	0,25 %	—
Eisenoxydul:	—	3,43 %	—
Gesamtschwefel:	—	0,67 %	—
Schwefelsäure (SO_3):	—	0,54 %	—
Kalk- und Magnesiakarbonat:	—	—	—
Acidität (PH):	4,7 %	4,8 %	5,2 %

V. DER SCHLESWIG-HOLSTEINISCHE BODEN IN DER REICHSBODENSCHÄTZUNG

Im Vorhergehenden ist der Begriff „Boden“ nach bodenkundlichen und geologischen Gesichtspunkten behandelt worden. Indem nun die neue Reichsbodenschätzung auf Grund des Gesetzes vom 16. Oktober 1934 den Boden nach seinen natürlichen Ertragsbedingungen in ein System der Ertragsfähigkeit einordnet, muß sie zuerst die Aufgabe lösen, seine Beschaffenheit genau zu beschreiben und zu bewerten. Denn die Bodenbeschaffenheit ist neben den anderen natürlichen Ertragsbedingungen, nämlich der Geländegestaltung und dem Klima, die wichtigste.

Hierbei hat man aus der beschreibenden Bodenkunde vor allen Dingen die Feststellung des Bodenprofils durch Aufgrabungen und Handbohrungen (nach Bedarf bis etwa 1,70 m tief) übernommen. Darin liegt ein großer Fortschritt gegenüber der alten Güteschätzung oder „Bonitierung“, die ein Bodenprofil als organische Entwicklungseinheit noch nicht kannte. Aus der Profilbeobachtung ist dann der weitere Schritt zu Feststellung der Entwicklungsstufe des Bodens, seiner „Zustandsstufe“ getan und damit auch die schätzungsmäßige Beschreibung des Bodens unter den unser modernes Naturerkennen beherrschenden Entwicklungsgedanken gestellt. Das ist noch durch einige summarische Herkunftsbezeichnungen des Bodens erweitert, die bekunden, ob es sich um Felsverwitterungsstoff (V), Schwemmland (Al), Windstaubboden (Löß) (Lö), oder eiszeitlichen, irgendwie aus Gletscherschutt geformten Boden handelt (Diluvialboden, D). Die schleswig-holsteinischen Böden gehören durchweg den Entstehungsgruppen D und Al an; V und Lö scheiden bei uns aus.

Die Beschreibung des Bodenaufbaus geschieht in möglichst einfacher, dem Verständnis und der praktischen Erfahrung des Landwirts angemessener Ausdrucksweise. Landwirte sollen ja selbst bei der Schätzung mitwirken, und Landwirte sollen die Schätzungsergebnisse verstehen und prüfen, sobald sie für ihre Gemeinde während einer bestimmten Einspruchsfrist öffentlich ausliegen. Man findet deshalb keinen der beliebten bodenkundlichen Fachausdrücke wie „Podsolboden“, „podsoliger Boden“, „rostfarbiger Waldboden“, „Grundwasserpodsol“, „Gleyboden“ usw., unter denen der Landwirt sich nichts vorstellen kann. Wohl aber ist der Boden sehr genau nach seiner Körnung beschrieben, die der Landwirt zwischen den Fingern feststellen kann, nach seiner Schwere oder Magerkeit, seinem rohen oder humosen Zustand, seiner vielsagenden Färbung, seiner Frische, seinen Beimischungen von Kies, Steinen, Eisenschuß, Knick, Ortstein usw. und nach seinen Wasserverhältnissen. Dies alles findet durch sinnreiche, leicht erlernbare Buchstabenbezeichnungen seinen Ausdruck. Die Grundlage bleibt aber immer die Körnung, für die es beim Ackerland 9, beim Grünland 5 Gruppen gibt. Diese sind vom Leichten zum Schweren fortschreitend

beim Ackerland:

S (Sand), Sl (anlehmiger Sand), lS (lehmiger Sand), SL (stark lehmiger Sand), sL (sandiger Lehm), L (Lehm), LT (schwerer Lehm), T (Ton), Mo (Moor);

beim Grünland:

S (Sand), lS (lehmiger Sand), L (Lehm), T (Ton), Mo (Moor).

Für die Kennzeichnung des Ackerlandes sind sodann 7 Zustandsstufen vorgesehen. In diesen sprechen sich die Veränderungen aus, die der Boden im Zeitenlauf durch die Einwirkungen des Klimas unter Mitwirkung der Pflanzen- und Tierwelt sowie des Grundwassers und der Geländegestaltung gegenüber seinem Urzustande erlitten hat. Dabei kommt natürlich auch die Mitwirkung der Anbaupflanzen und der meistens jahrhundertealten menschlichen Bearbeitung zur Geltung. Wir können diese, für die Bodenbewertung so wichtigen Zustandsstufen nicht besser beschreiben, als es in dem vom Reichsfinanzministerium 1935 heraugegebenen „Schätzungsrahmen mit Erläuterungen“ auf S. 6—8 mit folgenden Sätzen geschieht:

„Die Alterungs- und Entwicklungsstufen zeigen bei allen Entstehungsgruppen im wesentlichen dieselben Merkmale. Die Merkmale der Alterungsstufen sind in der Hauptsache das Ergebnis von Auswaschung und Auslaugung; in der Regel zeigen sie eine mehr oder weniger starke Verarmung (Versandung, Entkalkung und Bleichung) der oberen Bodenschicht und eine Verdichtung oder deutliche Schichten-(Horizont-)Bildung des Untergrundes. Die Merkmale der Entwicklungsstufen sind: Zunehmende Boden- und Krumenbildung auf dem unaufgeschlossenen Untergrund. Somit berühren sich die Entwicklungs- und die Alterungsstufen in der besten Stufe.

Stufe 1: Fehlen scharfer Grenzen in der oberen Bodenschicht, insbesondere allmählicher Übergang von der humusreichen Krume zu dem mehr oder weniger humus- und kalkhaltigen Untergrund; keinerlei Rostflecke und keine Anzeichen von Versäuerung; gute Krümelstruktur auch in größerer Tiefe.

Grundwasserböden, die der Stufe 1 entsprechen, kommen nur als seltene Ausnahmen vor oder sind als solche wegen ihres Schwarzerdecharakters bei tief abgesenktem Grundwasser nicht mehr erkennbar.

Im allgemeinen wird es sich danach — abgesehen von den besten Marschböden — bei der Stufe 1 um echte Schwarzerden handeln, die entsprechend ihrer Eigenart nur als sandige Lehm- oder als Lehmböden vorkommen, da weder die leichteren Böden infolge ihrer Durchlässigkeit noch die schwereren Böden infolge ihrer Untätigkeit die Vorbedingungen für die Entstehung eigentlicher Schwarzerden bieten.

Stufe 3: Krume weniger humushaltig als bei Stufe 1, weniger guter Übergang zum Untergrund, der vielfach schon fahle Flecke und eine graue Färbung aufweist; erste Anzeichen von Auswaschungen mit beginnender Versäuerung und Zunahme der Entkalkungstiefe.

Bei Grundwasserböden zeigt diese Stufe noch eine verhältnismäßig mächtige Übergangsschicht zwischen der Krume und dem Bereich des schwankenden Grundwassers (Grundwasserhorizont).

Stufe 5: Scharfes Absetzen der Krume, meist infolge Auftretens einer Bleichzone; erste Anzeichen einer Verdichtung des Untergrundes und beginnende Rostfärbung; häufig zunehmende Entkalkung und Versäuerung. Bei Lehmböden in der Regel ein roher und untätiger Untergrund.

Die Grundwasserböden dieser Stufe haben nur noch eine schwache Übergangsschicht über dem rostigen und fleckigen, meist bindigen oder verdichteten Grundwasserhorizont.

Stufe 7: Scharfe Grenze zwischen Krume und Untergrund mit mehr oder weniger stark ausgeprägter Bleichzone; in der Regel starke Entkalkung und Versäuerung; im Untergrund ausgesprochene Verdichtung und Rostfärbung; bei Sandböden vielfach Orterde oder Ortseinbildung, bei Lehmböden schluffige und lettige Schichten.

Bei Grundwasserböden liegt unmittelbar unter der Krume der stark eisenschüssige, meist lettige Grundwasserhorizont; in besonders ungünstigen Fällen Raseneisensteinbildungen.

Aus der Beschreibung der Zustandsstufen ergeben sich ohne weiteres die Merkmale der dazwischenliegenden Stufen 2, 4 und 6."

Für die Stufen des Ackerlandes auf Moor gelten folgende Kennzeichen:

„Stufe 3: Bestes, gut zersetztes, in der Krume vererdetes, nicht saures Moor mit günstigem Grundwasserstand.

Stufe 5: In der Krume noch gut zersetztes Moor über roherem und schwach torfigem Untergrund bei weniger günstigen Grundwasserverhältnissen.

S t u f e 7: Rohes, torfiges, auch in der Krume wenig zersetztes saures Moor; in der Regel nährstoffarm und mit ungünstigen Wasserverhältnissen.

Die Merkmale der Stufen 4 und 6 ergeben sich danach sinngemäß."

Bei der Schätzung des G r ü n l a n d e s spielen nicht so sehr die Eigenschaften des mineralischen Bodengemenges, als vielmehr die Grundwasserverhältnisse die maßgebende Rolle. Wie oben gesagt, begnügt man sich deshalb zur Kennzeichnung der ersteren mit fünf Unterscheidungen der Bodenart; dazu treten drei Zustandsstufen, indem unter Ausfall der ersten, für Grünland nicht in Betracht kommenden Stufe des Ackerlandes eine erste Grünlandstufe gebildet wird, die ungefähr den Stufen 2 und 3, eine zweite, die ungefähr 4 und 5, und eine dritte, die etwa 6 und 7 des Ackerlandes entspricht. Diese 3 Stufen werden mit I, II und III notiert. Die sehr wichtigen Wasserverhältnisse werden durch besondere „W a s s e r - s t u f e n" bzw. Feuchtigkeitsgrade (5) bemessen, über welche der Schätzungsrahmen folgendes besagt:

„S t u f e 1 : Frische gesunde Lagen mit gutem Süßgräserbestand.

S t u f e 3 : Feuchte Lagen, aber noch keine stauende Nässe; weniger gute Gräser mit nur geringem Anteil an Sauergräsern. Trockene Lagen mit noch verhältnismäßig guten, aber härteren Gräsern.

S t u f e 5 : Ausgesprochen nasse bis sumpfige Lagen mit stauender Nässe; schlechte Gräser mit starkem Hervortreten der Sauergräser. Sehr trockene, dürre Lagen (häufig scharfe, leicht ausbrennende Südhänge) mit weniger guten und harten Gräsern."

(Die Stufen 2 und 4 gliedern sich sinngemäß dazwischen.)

Außer diesen Wasserverhältnissen, die teils Eigenschaften des Bodens und der Lage, teils aber auch solche des Klimas (Niederschläge) sind, verlangt beim Grünland auch die klimatische Wärme und ihre jahreszeitliche Besonderheit Berücksichtigung, weil sie für den Graswuchs ein wichtiger allgemeiner Faktor ist. In den Schätzungsrahmen sind deshalb noch 3 K l i m a s t u f e n , a, b und c eingeordnet. Stufe a umfaßt eine durchschnittliche J a h r e s w ä r m e von 8,0 Grad C und darüber, Klimastufe b eine solche von 7,9—7,0 und c von 6,9—5,7 Grad C. In Gebirgslagen, die ja in Schleswig-Holstein fehlen, kann noch eine Stufe d mit 5,6 und weniger Celsiusgraden gebildet werden.

Die Bewertung der Acker- und Grünlandsböden geschieht nun mit Hilfe je einer Zahlentafel, in welcher den verschiedenen Bodenarten nach ihren Zustandsstufen bzw. nach Klima- und Wasserstufen bestimmte Gruppen von W e r t z a h l e n zugeordnet sind. Diese Zahlen bringen die Unterschiede in dem bei gemeinüblicher und ordnungsmäßiger Bewirtschaftung erzielbaren Reinertrag zum Ausdruck und sind unter Annahme mittlerer klimatischer Verhältnisse und ziemlich ebener Geländegestaltung ausgerichtet nach dem besten deutschen Boden (einer Spitzenwirtschaft in der Magdeburger Gegend); er hat die Wertzahl 100. Wenn demgemäß ein holsteinischer Boden etwa die Wertzahl 60 (Bodenzahl) zu bekommen hätte, aber eine ungünstigere Geländegestaltung oder besondere klimatische Nachteile aufwiese, so können dafür Abzüge gemacht und vielleicht eine endgültige Wertzahl (Ackerzahl) 55 geschätzt werden.

Soviel zur allgemeinen Erläuterung. Zur leichteren Überwindung der Vergleichsschwierigkeiten mit dem maßgebenden Reichsspitzenbetrieb hat der Reichsschätzungsbeirat in allen Landesteilen M u s t e r s t ü c k e als Stützpunkte eingeschätzt, und im Anschluß daran haben die Landesschätzungsbeiräte noch zahlreiche weitere ausgewählte Musterstücke in den einzelnen Gegenden des Landes vorweggeschätzt, ehe die Schätzungsausschüsse in den Gemeinden ihre Tätigkeit aufnahmen. Diese haben in Schleswig-Holstein ungefähr 80 % der Bodenfläche geschätzt. Wie sehen nun die Ergebnisse aus?

Machen wir uns zunächst m i t d e r F o r m b e k a n n t, i n d e r d i e B o d e n b e o b a c h t u n g e n a u f g e z e i c h n e t s i n d. Ein Beispiel aus der Geest und eins aus der Marsch möge das belegen, und zur Verdeutlichung der Beziehungen zwischen der praktischen Kennzeichnung des Bodencharakters bei der Schätzung und seiner rein wissenschaftlichen Umschreibung seien beide Bezeichnungsweisen hier einmal nebeneinander gesetzt.

1. G e e s t b o d e n

a) B e z e i c h n u n g d u r c h d e n S c h ä t z u n g s a u s s c h u ß	b) W i s s e n s c h a f t l i c h e P r o f i l b e s c h r e i b u n g
rh'' gb S 1,5—2 (roher, sehr schwach humoser gebleichter Sand, 1,5—2 dcm stark)	A_1: 15 cm durchgepflügte Krume, grauer mittelfeiner schwach humoser Sand, lose, scharf abgegrenzt.
gb br'' S 1,5—2 (gebleichter, sehr schwach brauner Sand, 1,5—2 dcm stark)	A_2: 10 cm mehr gelbbräunlicher, noch ziemlich heller grauer Sand, lose (Mischboden aus Krume, ehemaligem Bleichsand und etwas B).

gb'—br S 2,5—3 (leicht gelber bis brauner Sand, 2,5—3 dcm stark)

B_1: ca. 10 cm brauner bis gelbbrauner heller und etwas dunkler gefleckter und gebänderter Mittelsand, mäßig dicht, in sehr unvollkommenem Stadium der Ortstein- (Ortsand-) bildung. Pflanzenwurzeln.

S — tS (Ne) bei 11 (Sand bis toniger Sand, nesterweise, bei 11 dcm Tiefe)

(G)B_2: gelber, bräunlich geaderter Mittelsand, besser feucht, mit rostigen Adern; bei 110 cm Gesamttiefe kam im Bohrstock ein sehr sandiger, fahl-grünlichgrauer Lehm (Geschiebelehm?) zum Vorschein. Auf diesem erhält sich die Sickerfeuchtigkeit, daher GB-Horizont.

Bewertung und Gesamtbezeichnung:

S 5 D 15/17. (Sand fünfter Zustandsstufe mit der Bodenzahl 15, Ackerzahl 17; günstige Feuchtigkeit.)

2. Marschboden

a) Bezeichnung durch den Schätzungsausschuß

b) Wissenschaftliche Profilbeschreibung

H'sch Ma 1,5—2 (schwach humose schwere Marsch, 1,5—2 dcm stark)

A: grauer schwach humoser Ton, 15 cm, durchwurzelt, trokken, rundlich gekrümelt (Krümel ziemlich hart), wenig rosthaltig.

ei sch — tMa 2—3 (eisenschüssige tonige schwere Marsch, 2—3 dcm)

BG_1: 15 cm grauer Ton mit kräftigen Rostausscheidungen, trocken, Struktur grobstengelig, mit groben eckigen, von Stichporen durchsetzten Krümeln; weniger Graswurzeln als in A.

ei' r t Ma, mo Ma bei 8 (schwach eisenschüssiger roher toniger Marschboden, bei 8 dcm Tiefe moorige Marsch)

BG_2: feuchter Ton, von BG_1 wesentlich nur durch die Feuchtigkeit und damit zusammenhängende Plastizität und Dichte unterschieden. Wenige Wurzeln und Poren, ohne Struktur.

Gesamtbeurteilung:

T II a 3 — 53. (Ton zweiter Zustandsstufe in Klimastufe a, und Wasserstufe 3, Wertzahl 53.)

Man sieht, daß bei beiden Böden vom Schätzungsausschuß die gleiche Zahl von Schichten unterschieden sind, wie der Bodenkundler Profilhorizonte unterschieden hat, und daß Charakteristik und Abgrenzung derselben recht gut, wenn auch nicht völlig übereinstimmen. Bodenkundlich würde der Ackerboden zu den podsoligen Böden mit leichtem Grundwassereinfluß in der Tiefe, der Marschboden zu den mäßig ausgelaugten Grundwasserböden zu rechnen sein.

Nunmehr seien in der Bezeichnungsweise der Reichsbodenschätzung auf Grund der bisherigen Arbeit derselben folgende durchschnittliche Mindest- und Höchstwerte (Bodenzahlen) typischer holsteiner Böden genannt:

Bodengattung	durchschnittliche Mindestwerte	durchschnittliche Höchstwerte
1. gute junge Marsch	SL 2 Al = 75	L 2 Al = 90
2. alte, knickige Marsch	LT 5 Al = 50	L 4 Al = 65
3. dieselbe, nach Blausandmelioration: nachhaltige Werterhöhung etwa 15—25% gegenüber 2, im allgemeinen umso größer, je schwerer und dünnerdiger die Mutterbodenschicht ist; es kommt ferner sehr auf die Stärke der aufgetragenen Blausandschicht an		
4. altdiluvialer Geschiebelehm	SL 4 D = 50	L 4 D = 60
5. altdiluvialer Geschiebesand	S 4/5 D = 20	Sl 4 D = 30
6. trockener Sander (Vorsand)	S 5 D Wa — = 15	S 4 D Wa — = 20*)
7. feuchter Sander (Vorsand, Talsand)	S 5 D Wa gt = 20	S 4 D Wa gt = 30**)
8. jungdiluvialer Geschiebelehm	sL (SL) 3 D = 60	L 3 D = 70
9. derselbe, schwarzerdeartig	sL 2 D = 70	L 2 D = 80
10. Endmoränenboden	sl 4 Dg = 25	SL 4 Dg = 45***)

(derselbe, wenn allzu hängig und steinig dann Grünland, und zwar lS II und III a 3 mit 35 bis 40)

An Ertragsgüte stehen also unsere besten jungen Marschböden, die ein vorzügliches Ackerland abgeben, allen anderen voran. Es folgen die schwarzerdeartigen Geschiebemergelböden des östlichen

*) Wa — bedeutet: Wasserverhältnisse ungünstig,
Wa + dagegen günstig.

**) in der Regel aber Grünland, dann S II a 3 (2) 25 bis 30.

***) Dg bedeutet grobe Bodenart diluvialer Herkunft.

Holsteins und Fehmarns und dann die übrigen jungdiluvialen Geschiebemergelböden, hinter denen die alten lehmigen Geestböden der westlichen Landschaften erheblich zurückbleiben; diese sind sogar etwas weniger gut als die alten, schon durch Knickbildung des Untergrundes verschlechterten Marschböden, die sich durch Blausand — wo solcher vorhanden ist — erheblich im Werte steigern lassen. Die ärmsten Böden sind die trockenen eintönigen Sande der großen Vorsandflächen des jungdiluvialen Gletschers in den mittleren Landesteilen, die größtenteils Heide gewesen sind und es teilweise noch sind. Unsere anmoorigen Böden, die ja meist als Grünland genutzt werden, erreichen die Wertzahl 55, die zur Puffigkeit neigenden Hochmoor-Grünlandsböden nur etwa 20.

F. Ergänzungen und Hinweise

Es ist für manchen Leser von Interesse, aus der umfangreichen geologischen und bodenkundlichen Literatur Schleswig-Holsteins hier einige Hinweise zu erhalten. Zusätzlich sind einzelne Ergänzungen zum Text angebracht.

I. LITERATUR ZUR GEOLOGIE.

1. KRÜMMEL, O.: Die deutschen Meere. — (Veröffentlichungen des Instituts für Meereskunde und des geographischen Instituts an der Universität Berlin, H. 6, Berlin 1904, Verl. Mittler & Sohn)

2. Vergl. „Die Entstehung der Nord- und Ostsee". — (Freies Bildungswesen der Stadt Altona, Jahrg. 1920, H. 12/13)

3. Eine umfassende Behandlung des deutschen Bodens und seiner Geologie findet der Leser in folgenden Büchern:

   BUBNOFF, S. v.: Einführung in die Erdgeschichte. — (Verl. Gebr. Bornträger, Berlin 1941)

   BÜLOW, K. v.: Geologie für Jedermann, eine erste Einführung in geologisches Denken, Arbeiten und Wissen. — (Kosmos, Frankh'sche Verlagsbuchhandlung, Stuttgart 1942)

   HENNIG, E.: Geologie Großdeutschlands. — (Verl. F. Enke, Stuttgart 1942)

   KAYSER, E.: Lehrbuch der Geologie. — (Verl. F. Enke, 7. bis 8. Aufl. Stuttgart 1923, gänzlich neu bearbeitete Auflage durch R. BRINKMANN 1940)

   SCHNEIDER, O.: Grundbegriffe der Geologie, eine methodische Einführung. — (Verl. F. Enke, 3. Aufl. Stuttgart 1941)

   SEIDLITZ, W. v.: Grundzüge der Geologie von Deutschland. — (Verl. G. Fischer, Jena 1933)

   Schilderung des Lebens und seiner erdgeschichtlichen Entwicklung behandeln:

   ABEL, O.: Lebensbilder aus der Tierwelt der Vorzeit. — (Verl. G. Fischer, 2. Aufl. Jena 1927)

   MÄGDEFRAU, K.: Paläobiologie der Pflanzen. — (Verl. G. Fischer, Jena 1942)

4. Aus dem Bereich der Geologie Schleswig-Holsteins sei auf folgende neuere Schriften verwiesen:

   GRIPP, K.: Geologie von Hamburg und seiner näheren und weiteren Umgebung. — (Ges. der Freunde des vaterländ. Schul- und Erziehungswesens, Hamburg; Verl. C. Boysen, Hamburg 1933)

HECK, H.-L.:	Überblick der geologischen Geschichte Schleswig-Holsteins. — (Landesbrandkasse, Kiel 1932)
PRATJE, O.:	Geologischer Führer für Helgoland und die umliegenden Meeresgründe. — (Samml. geologischer Führer 23, Verl. Gebr. Bornträger, Berlin 1923)
RICHTER, KONR.:	Die Eiszeit in Norddeutschland. — (Deutscher Boden IV, Verl. Bornträger, Berlin 1937)
STRUCK, R.:	Die Oberflächenformen Schleswig-Holsteins und ihre Entstehung. — (Verl. F. Westphal, Lübeck 1932)
WAHNSCHAFFE, F. & SCHUCHT, FR.:	Geologie und Oberflächengestaltung des norddeutschen Flachlandes. — (4. Aufl. Stuttgart 1921)
WETZEL, W.:	Geologischer Führer durch Schleswig-Holstein. (Verl. Gebr. Bornträger, Berlin 1929)
Derselbe:	Bau und Boden Schleswig-Holsteins. — Erdgeschichte der heimatlichen Umwelt in einzelnen Bildern. — (Landschaft und Volkstum in Schleswig-Holstein III, Verl. Jul. Bergas, Schleswig 1937)

Eine Zusammenstellung der älteren geologischen Literatur findet sich in:

HEIN, CHR.:	Die Literatur zur Geologie Schleswig-Holsteins seit 1889. — (Schriften d. naturwissen. Ver. Schleswig-Holstein, Bd. 15, H. 1 Kiel 1910)
5. MARBLE, J. B.:	Berechnung geologischer Zeiten durch chemische Analyse. — (Natur und Volk, Bd. 65. Frankfurt a. M. 1935)
6. BARSCH, O. & REICH, H.:	Ergebnisse seismischer Untersuchungen in Nordwest-Deutschland. — (Sitz.-Ber. d. pr. geol. L.-A., H. 4. Berlin 1929)
7. REICH, H.:	Magnetische Störungskarte, Blatt Kiel 1 : 300 000. — (Pr. geol. L.-A., Berlin 1932)
8. Derselbe:	Der Untergrund von Schleswig-Holstein nach den Ergebnissen seismischer Refraktionsmessungen. — (Zeitschr. f. Pumpen- u. Brunnenbau 1937)
ZWERGER, R. v.:	Zum heutigen Stand der geophysikalischen Aufnahme Deutschlands. — (Geolog. Rundschau, Bd. 32. Stuttgart 1941)
9. STILLE, H.:	Grundfragen der vergleichenden Tektonik. — (Verl. Gebr. Bornträger, Berlin 1924)

10. HAACK, W.: Die Gesteinsscholle von Schobüll bei Husum — ein Devonvorkommen in Schleswig-Holstein. — (Zeitschr. d. deutsch. geol. Ges., Bd. 78. Berlin 1926)

Derselbe: Die Devonscholle von Schobüll bei Husum, Nachprüfung und neue Beobachtungen. — (Cbl. Min. etc., Abt. B 1933)

HECK, H.-L.: Paläozoische triassische und tertiäre Ablagerungen im südwestlichen Schleswig. — (Jb. pr. geol. L.-A., Bd. 56, Berlin 1935)

11. Ausführliches über die Gesteine und geschichtliche Entwicklung Schleswig-Holsteins findet man in:

HECK, H.-L., SCHOTT, W. & ZWERGER, R. v.: Der Untergrund von Schleswig-Holstein. — (Abh. d. Reichsamts f. Bodenf., N. F., H. 209. Berlin 1943)

12. Zu der Erkenntnis, daß es sich bei den roten salzführenden Schichten nicht um Zechstein, sondern um Rotliegendes handelt, sind zu gleicher Zeit unabhängig voneinander die nachstehenden Forscher gelangt, worüber sie berichtet haben:

HAACK, W.: Das Salzgebirge von Stade und Nordhannover, ein Rotliegend-Zechsteinsalzstock. — (Jb. pr. geol. L.-A., Bd. 56, Berlin 1935)

Derselbe: Das Rotliegende von Stade in Hannover. — (Geologie und Lagerstätten Niedersachsens, I: Das Paläozoikum in Niedersachsen. Verl. G. Stalling, Oldenburg 1941)

LOTZE, FR.: Das rote Salzgebirge von Lieth bei Elmshorn unterpermisch. — (Cbl. Min. etc., Abt. B. 1936)

13. ERNST, W.: Über das Perm von Lieth bei Elmshorn. — (Mitt. Mineral.-Geol. Staatsinstitut, H. 12. Hamburg 1931)

14. FREBOLD, H.: Fauna, stratigraphische und paläogeographische Verhältnisse des ostgrönländischen Zechsteins (Meddelels. om Grönland, H. 84. Kopenhagen 1941)

15. Die neueste Zusammenstellung über den Erzgehalt des Kupferschiefers stammt von:

RICHTER, GERH.: Geologische Gesetzmäßigkeit in der Metallführung des Kupferschiefers. — (Archiv f. Lagerstättenforsch., N. F. 73. Reichsamt für Bodenf. 1941)

In den Abbildungen 1 bis 4 zeichnet dieser Forscher die Metallgehalte im Kupferschiefer zwischen dem Flechtinger Höhenzug, dem Harz, dem Thüringer Wald und dem Richelsdorfer Gebirge auf. Danach beträgt der Gehalt an Kupfer bis 25 kg/cbm, Zink bis 35 kg/t. Blei bis 25 kg/t und Silber bis 260 gr/t. Außer diesen kommen noch

Vanadium, Molybdän, Nickel, Chrom, Kobalt und einige andere vor. Insgesamt enthält der Kupferschiefer bei Mansfeld etwa 7% Metalle.

16. Die wichtigsten natürlichen Kalisalze sind der Carnallit (Chlorkalium +Chlormagnesium), der Sylvinit (Sylvin [Chlorkalium] + Steinsalz [Chlornatrium]), das Hartsalz (Gemenge von Sylvin, Steinsalz und Kieserit [Magnesiumsulfat]) und das Kainit (Chlorkalium und Magnesiumsulfat). Das wichtige Gemenge Carnallit + Steinsalz + Kieserit wird auch als „Hauptsalz" bezeichnet. Der Salzhandel stuft die Preise der natürlichen und künstlichen Salze nach folgenden Kaligehalten ab:

1. Carnallit mit 9, 10 oder 11% Kali.
2. Kainit-Hartsalz und Sylvinit mit 12, 13, 14, 15% Kali.
3. Kali-Düngesalz mit 20, 21, 22, 31, 32, 40, 41, 42% Kali.
4. Chlorkalium mit 50 bis 53% Kali; abgestuft nach Zehntel-Prozenten.
5. Schwefelsaures Kali mit 48 bis 54% Kali; abgestuft nach Zehntel-Prozenten.
6. Schwefelsaure Kalimagnesia mit 26 bis 29% Kali; abgestuft nach Zehntel-Prozenten.

17. SCHOTT, W.: Das Perm und seine Erdölführung in Schleswig-Holstein und Hannover. — (Jb. Reichsamt f. Bodenf. 1942, Bd. 63. Berlin 1943)

18. Näheres über die Salzquellen Schleswig-Holsteins findet man in:

FACK, M. W.: Das Vorkommen von Salz in der Provinz Schleswig-Holstein. — (Schriften d. naturw. Ver. f. Schleswig-Holstein, Bd. 6. Kiel 1885)

HECK, H.-L.: Das Grundwasser im Zusammenhang mit dem geologischen Bau Schleswig-Holsteins. — (Pr. geol. L.-A., Berlin 1932)

19. LOTZE, FR.: Steinsalz und Kalisalze, Geologie. – (Die wichtigsten Lagerstätten der „Nichterze" 3. Gebr. Bornträger, Berlin 1938)

20. GRIPP, K.: Über den Gipsberg in Segeberg und die in ihm vorhandene Höhle. — (Jb. d. Hamb. wissenschaftl. Anstalt, Hamburg 1933)

21. Siehe unter 12

22. HECK, H.-L.: Zechstein im nahen Untergrund der Eiderstedter Marsch. — (Jb. pr. geol. L.-A., 54. Berlin 1933)

23. ZWERGER, R. v.: Bau des Untergrundes des östlichen Eiderstedt auf Grund der Schwerestörungen im Bereich der Meßtischblätter Tönning, Simonsberg und Husum. — (Beitr. z. angew. Geophysik, Bd. 8. Leipzig 1939)

24. GAGEL, C.: Über die stratigraphische Stellung und die Beschaffenheit der roten Permschichten Norddeutschlands. —(Jb. pr. geol. L.-A., 46. Berlin 1925)

25. „Deutsches Erdöl" von
BENTZ, A., HERMANN, R., KRAISS, A., STUTZER, O.
Verl. F. Enke, Stuttgart 1931)

26. MEYN, R. A.: Die Ölkreide bei Heide in Holstein. — (Als Manuskript gedruckt. Hamburg)

MEYN, L.: Die holsteinische Ölgrube bei Heide in Dithmarschen. — (Als Manuskript gedruckt. Itzehoe 1876)

27. RIEDEL, L.: Zur Paläogeographie der Kreide in Nordwestdeutschland. — (Jb. Reichsamt f. Bodenf., Bd. 61. Berlin 1941)

28. KOERT, W.: Geologische und paläontologische Mitteilungen über die Gasbohrung von Neuengamme. — (Jb. pr. geol. L.-A., Berlin 1911)

29. BROHM: Helgoland in Geschichte und Sage. — (Cuxhaven 1906, Rauschenplat)

SCHMIDT-THOME, P.: Der tektonische Bau und die morphologische Gestaltung von Helgoland. — (Abhandl. naturw. Ver. Hamburg, N. F. 1. 1937)

30. Ursprünglich saßen an deren Stelle Gipsknollen, die dann durch das Grundwasser ausgelaugt wurden. Die Kalkspatkristalle sind neue Ausscheidungen aus dem kalkhaltigen Grundwasser.

31. HAACK, W.: Der Untergrund der Lüneburger Heide unter Berücksichtigung der neuesten Bohrungen. Skizze der Stratigraphie und Tektonik. — (Abh. d. naturw. Ver. Bremen, Bd. 31. 1939)

32. SCHRÖDER, H.: Ein Stegocephalenschädel von Helgoland. — (Jb. pr. geol. L.-A., Bd. 33. 1912)

33. STAESCHE, K. & WOLFF, W.: Ein neuer Stegocephalenfund auf Helgoland. — (Jb. pr. geol. L.-A., 54. 1933)

34. LEPSIUS, R.: Geologische Karte des Deutschen Reiches i. M. 1 : 500000 in 27 Blättern: Sektion 1, Schleswig

35. HECK, H.-L.: Ein zerstörtes „Helgoland" im Watt vor St. Peter? — (Jb. des Heimatbundes Nordfriesland, Bd. 22. Husum 1935)

36. Auf eine untermeerische Verbindung eines solchen Schelfrestes mit der heutigen Insel Helgoland deutet, wie

WASMUND, E.: Der unterseeische Rücken von „Südstrand" zwischen Helgoland und Eiderstedt. — (Geologie d. Meere und Binnengewässer, Bd. 1. Verl. Gebr. Bornträger, Berlin 1937)

zeigt, vor allem die —15 m Tiefenlinie hin.

37. BROCKAMP, B.: Sind die Eisenerzgeschiebe von Ahrensburg bei Hamburg eine Lokalmoräne? — (Zeitschr. f. prakt. Geologie, Bd. 51. Verl. W. Knapp, Halle 1943)

ERNST, W.: Über die Ahrensburger Geschiebesippe im norddeutschen Diluvium. — (Zeitschr. f. Geschiebeforsch. und Flachlandsgeol., Bd. 14. Leipzig 1938)

GRIPP, K.: Eine geologische Reise durch Stormarn; Heimatbuch Stormarn — Der Lebensraum zwischen Hamburg und Lübeck. — (P. Hartung K.-G., Hamburg 1938)

38. BROCKAMP, B.: Zum Bau des tieferen Untergrundes in Nordost-Deutschland. — (Jb. Reichsamt f. Bodenf., Bd. 61. Berlin 1941)

39. „Zur Entstehung deutscher Eisenerzlagerstätten". — (Archiv f. Lagerstättenforsch., H. 75. Reichsamt f. Bodenf., Berlin 1942)

40. STOLLEY, E.: Die Kreide Schleswig-Holsteins. — (Mitt. aus dem mineral. Institut der Univers. Kiel, Bd. 1. 1891)

Derselbe: Über die Gliederung des norddeutschen und baltischen Senon. — (Archiv f. Anthropologie und Geologie Schleswig-Holsteins, Bd. 11. Kiel 1897)

40a. WETZEL, W.: Die Entstehungsgeschichte verschiedener Arten von Kreidefeuersteinen. — (Z. Deutsch. Geol. Ges. 89, 1937)

40b. BENTZ, A. u. Mitarbeiter: Geotektonische Karte von Nordwestdeutschland 1 : 100 000. — (Braunschweig 1947)

41. JESS, A.: Die Kreide von Osterby bei Eckernförde. — (24. Jahresber. d. nieders. geol. Vereins, Hannover 1932)

42. STAESCHE, K.: Die Gliederung des nordwestdeutschen Tertiärs auf Grund von Mikrofossilien. (Jb. pr. geolog. L.-A., Bd. 58. Berlin 1938)

STAESCHE, K. & HILTERMANN, H.: Mikrofaunen aus dem Tertiär Nordwestdeutschlands. — (Abh. Reichsamt f. Bodenf., N. F. 201. Berlin 1940)

43. ANDERSEN, S. A.: Die Verbreitung der eozänen vulkanischen Ascheschichten in Dänemark und Nordwestdeutschland. — (Zeitschr. f. Geschiebeforsch., Bd. 14. Berlin 1938)

WIRTZ, D.: Das Alttertiär in Schleswig-Holstein. — (Neues Jb. f. Mineral. usw. B., Bd. 81. 1939)

44. GRIPP, K.: Über das marine Altmiozän im Nordseebecken. — (Neues Jb. Min. usw., Bd. 41. Stuttgart 1915 — Darin auch eine Karte der miozänen Meeresgrenzen)

THIELE, S.: Die Stratigraphie und Paläogeographie des Jungtertiärs in Schleswig-Holstein. — (N. Jb. Min. usw. Bd. 58. 1941 — Hierin mehrere Karten über die Verteilung von Land und Meer während des Jungtertiärs)

45. ANDRÉE, K.: Die Herkunft des Nordseebernsteins. — (Forsch. u. Fortschr., Bd. 18. Berlin 1942)

WETZEL, W.: Miozäner Bernstein im Westbaltikum. — (Zeitschr. deutsch. geol. Ges., Bd. 91. 1939)

46. STAESCHE, K.: Zur Gliederung des obermiozänen Glimmertons. — (Jb. pr. geol. L.-A., Bd. 51, I. 1930)

46a. WETZEL, W.: Die koprogenen Beimengungen mariner Sedimente und ihre diagenetische und lithogenetische Bedeutung. — (N. Jb. Miner., Bd. 78, 1937)

47. HECK, H.-L.: Marines Pliozän in Schleswig-Holstein und der „Bredstedter Ton". — (Jb. Reichsamt f. Bodenf., Bd. 63. 1942. — Hierin eine Karte über die Verbreitung des pliozänen Meeres und der sonstigen pliozänen Ablagerungen)

48. GRIPP, K.: Marines Pliozän und Hipparion gracile KAUP vom Morsumkliff auf Sylt. — (Zeitschr. deutsch. geol. Ges., Bd. 74. 1922)

49. HECK, H.-L.: Zur Verbreitung des Pliozäns in Schleswig-Holstein. — (Zeitschr. deutsch. geol. Ges., Bd. 87. 1935)

50. ALLUVIUM.— Handbuch der vergleichenden Stratigraphie Deutschlands. — (Verl. Gebr. Bornträger, Berlin 1931)

WOLDSTEDT, P.: Das Eiszeitalter, Grundlinien einer Geologie des Diluviums. — (Verl. F. Enke, Stuttgart 1929)

51. SPITALER, R.: Chronologie des Eiszeitalters. — (Abh. der deutsch. Akad. d. Wiss. in Prag. Verl. F. Kraus, Reichenberg 1942)

52. HECK, H.-L.: Geologische Karte des Deutschen Reiches 1 : 25 000, Erläuterungen zu den Blättern Wobbenbüll, Hattstedt Viöl und Jübek. — (Reichsamt f. Bodenf. 1943)

53. KOCH, E.: Beiträge zur Geologie des Untergrundes von Hamburg und Umgebung. — (Mitt. Min.-Geol. Staatsinst., Bd. 9. Hamburg 1927)

WOLFF, W.: Das Diluvium der Gegend von Hamburg. — (Jb. pr. geol. L.-A., Bd. 36. 1915)

54. Eine Zusammenstellung der alten Interglazialfundpunkte und neuere Kenntnisse stammen von

GRAHLE, H.-O.: Die Ablagerungen der Holstein-See (marines Interglazial I), ihre Verbreitung, Fossilführung und Schichtenfolge in Schleswig-Holstein. — (Abh. pr. geol. L.-A., N. F. 172. Berlin 1936)

55. HECK, H.-L.: Der altinterglaziale Haffsee bei Bredstedt in Nordfriesland. — (Geologie d. Meere und Binnengewässer, Bd. 7, H. 1. 1943)

56. WOLFF, W.: Geologisch-agronomische Karte der Umgebung von Bredstedt in Nordfriesland nebst Erläuterungen. — (Pr. geol. L.-A., 1913),

außerdem siehe Nr. 55

57. GRIPP, K. u. BECKER, W.: Untersuchungen über den Aufbau und die Entstehung der Insel Sylt. II. Mittel-Sylt. — (Westküste II, Kiel 1939)

58. CARLÉ, W.: Die Lagerungsstörungen in den Kieselgurgruben von Ohe (Lüneburger Heide). — (Abh. d. naturw. Ver. Bremen, Bd. 31. 1939)

59. GRIPP, K.: Beiträge zur Geologie von Spitzbergen. — (Abh. d. naturw. Ver. Hamburg, Bd. 21. 1927)

GRIPP, K. u. SIMON, W. G.: Experimente zum Brodelbodenproblem. — (Cbl. f. Min. usw. B. 1933)

60. BAHR, A.: Frostgestauchte Böden im westlichen Schleswig-Holstein. — (Zeitschr. deutsch. geol. Ges., Bd. 44. 1934)

HECK, H.-L. & GRAHLE, H.-O.: Die neuartige geologische Übersichtskartierung von Schleswig-Holstein. — (Jb. pr. geol. L.-A., 59. 1939)

RANGE, P.: War Deutschland drei- oder viermal vom Inlandeis bedeckt? — (Zeitschr. deutsch. geol. Ges. 78, Mon. Ber. 151—156, Berlin 1927)

61. HECK, H.-L.: Die Eem- und ihre begleitenden Junginterglazial-Ablagerungen bei Oldenbüttel in Holstein. — (Abh. pr. geol. L.-A., N. F. 140. Berlin 1932)

Derselbe: Junginterglazial und Zeitlichkeit der Trans- und Regressionen des Eem-Meeres in Schleswig-Holstein. — (Sitz.-Ber. pr. geol. L.-H., H. 7. Berlin 1932)

NORDMANN, V.: La Position stratigraphique des Dépôts d'Eem. — (Danm. geol. Unders., II Raekke, Nr. 47. Kopenhagen 1928)

TOTDMANN, E. M.: Ergebnisse einer Eembohrung südlich von Husum. — (Mitt. Mineral. Geol. Staatsinst. Hamburg XIV, 1933)

WOLFF, W.: Ein neuer Fundpunkt der sogenannten Eemfauna in Nordfriesland. — (Zeitschr. deutsch. geol. Ges., 70. 1918)

Derselbe: Über weitere Vorkommen der interglazialen Eemfauna im nordwestdeutschen Küstengebiet. — Ebenda 75. 1932)

62. DITTMER, E.: Das nordfriesische Eem. Ein Beitrag zur Geschichte der junginterglazialen Nordsee. — (Kieler Meeresforsch. IV. 1941)

GRIPP, K. & DITTMER, E.: Die Entstehung Nordfrieslands. — (Die Naturwissenschaften 29. Berlin 1941)

63. SCHÜTRUMPF, R.: Das Interglazialprofil von Lauenburg an der Elbe (Kuhgrund II) im Lichte der Pollenanalyse. — (Mitt. aus dem Geol. Staatsinstitut XVI. Hamburg 1937)

64. FIRBAS, FR.: Über die Flora und das interglaziale Alter des Helgoländer Süßwassertöcks. — (Senckenbergiana, Bd. 10. Frankfurt a. M., 1928)

65. GRIPP, K. & BEYLE, M.: Das Interglazial von Billstedt (Öjendorf). — (Mitt. aus dem Geol. Staatsinstitut Hamburg, Bd. 16. 1937)

KOLUMBE, E. & BEYLE, M.: Neue Interglaziale aus Schleswig-Holstein und Hamburg. — (Ebenda, Bd. 17. 1940)

66. GOTTSCHE, C.: Die Endmoränen Schleswig-Holsteins (mit Übersichtskarte). — (Mitt. geogr. Ges. in Hamburg, Bd. XIII. 1897)

STRUCK, E.: Der baltische Höhenrücken in Holstein. — (Mitt. geogr. Ges. in Lübeck, 1904)

RANGE, P.: Das Diluvialgebiet von Lübeck und seine Dryastone. — (Zeitschr. Naturwiss. 76, 1903)

67. EGGERS, W.: Die Oberflächenformen der jungeiszeitlichen Landschaft im südlichen Schleswig und nördlichen Holstein. — (Veröff. Schleswig-Holst. Univ.-Ges. 42, Schr. Balt. Komm. Kiel 21. Verl. F. Hirt, Breslau 1934)

SIMON, W. G.: Geschiebezählungen und Eisrandlagen in Südost-Holstein. — (Mitt. geogr. Ges. u. naturhistor. Mus., 39. Lübeck 1937)

WOLDSTEDT, P.: Die „Äußere" und die „Innere" Baltische Endmoräne in der westlichen Umrandung der Ostsee. — (Cbl. f. Min., Abt. B Nr. 2, 1925)

68. RANGE, P.: Die Drumlin-Landschaft bei Oldesloe in Holstein. — (Jb. pr. geol. L.-A., 54. Berlin 1934)

69. HESEMANN, J.: Geschiebeuntersuchungen in Schleswig-Holstein. — (Jb. pr. geol. L.-A., 57. 1936)

KORN, J.:	Die wichtigsten Leitgeschiebe der nordischem kristallinen Gesteine im norddeutschen Flachlande. Ein Führer für den Sammler kristalliner Geschiebe. — (Pr. geol. L.-A., Berlin 1927)
70. TODE, A.:	Urgeschichte von Schleswig-Holstein, Hamburg und Lübeck. — (Verl. J. J. Augustin, Glückstadt 1933)
SCHWANTES, G., GRIPP, K. u. BEYLE, M.:	Nordisches Paläolithikum und Neolithikum. — (Mitt. a. d. Museum f. Völkerkunde in Hamburg, 13. 1938)
71. HESEMANN, J.:	Das Glazialdiluvium Dänemarks, Hollands und Norddeutschlands vom geschiebekundlichen Standpunkt aus. — (Geol. Rundschau 22. 1931)
MADSEN, V.:	Übersicht über die Geologie von Dänemark. — (Kopenhagen 1928)
72. GRIPP, K.:	Eider und Elbe, ein erdgeschichtlicher Vergleich, vorgeschichtlich ergänzt und verständlich dargestellt. — (Verl. K. Wachholtz, Neumünster 1941)
Derselbe:	Ausbildung und Gliederung des Schmelzwassergürtels. — (Forsch. u. Fortschr., Bd. 17. 1941)
73. Derselbe:	Die Entstehung des Travetals. — (Altonaische Zeitschr., Bd. 4. Verl. H. Lorenzen, Altona 1935)
74. RUST, A. u. Mitarbeiter:	Das altsteinzeitliche Rentierjägerlager Meiendorf. — (Verl. K. Wachholtz, Neumünster 1937)
Derselbe:	Die alt- und mittelsteinzeitlichen Funde von Stellmoor. — (Ebenda 1943)
75. FRIEDRICH, P.:	Geologie der Umgebung von Lübeck. — (Jb. pr. geol. L.-A., 1911)
76. WEBER, C. A.:	Über Litorina- und Prälitorinabildungen in der Kieler Förde. — (Engler's botan. Jahrbücher, Bd. 35. 1904)
77. TAPFER, E.:	Meeresgeschichte der Kieler und Lübecker Bucht im Postglazial. — (Geologie d. Meere u. Binnengewässer, Bd. 4. 1940)
78. DITTMER, E.:	Schichtenaufbau und Entwicklungsgeschichte des dithmarscher Alluviums. — (Westküste, Bd. 1. Kiel 1938)
79. GRIPP, K.:	Über eine nacheiszeitliche Hebung der Insel Sylt. — (Zeitschr. deutsche geol. Ges., Bd. 90. 1938)

80. WETZEL, W.: Trischen, eine Studie zur Geologie der Gegenwart. — (Nordelbingen, Bd. 3. Flensburg 1924)

81. BUSCH, A.: Neue Beobachtungen im Rungholt-Watt im Jahre 1935. — (Die Heimat 1936)

DELFF, CHR.: Nordfrieslands Werden und Vergehen. — (Nordelbingen, Bd. 10. Heide 1934)

MUUS, R.: Rungholt. — (II. Auflage. Itzehoe 1928)

82. GRIPP, K.: Entstehung und künftige Entwicklung der Deutschen Bucht. — (Forsch. u. Fortschr., Bd. 19. 1943)

83. HECK, H.-L.: Die prädiluviale Grundfläche in Schleswig-Holstein. — (Jb. pr. geol. L.-A., Bd. 59. Berlin 1939)

außerdem siehe Nr. 11

84. HAAS, H. J.: Erdbebenerscheinungen in Schleswig-Holstein. — (Arch. Antropol. u. Geol. 5. 1913)

85. PETERSEN, G.: Das Raseneisenerz in der Gegend westlich von Flensburg und dessen Gewinnung. — (Heimat 33. 1923)

86. LAMCKE, K.: Mineralogische und chemische Untersuchungen an Erzseifen der deutschen Nord- und Ostseeküsten. — (Geol. Rundschau 29. 1938)

WASMUND, E.: Die Schwermineralallagerstätten der deutschen Küsten. — (Ebenda 1938)

WEYL, R.: Marine Erz-Granatseifen der schleswig-holsteinischen Küsten und ihre Regelmäßigkeiten in der Korngrößen- und Mineralverteilung. — (Zeitschr. f. Geschiebeforsch., Bd. 13. 1937)

87 WASMUND, E.: Gewinnung von „Bleichton" (Walkerde) im alttertiären Tarras am Fehmarnsund. — (Schrift. naturw. Ver. Schleswig-Holstein, 20. 1933)

88. Derselbe: Steinfischerei durch Taucher vor der schleswig-holsteinischen Ostseeküste. — (Geologie d. Meere u. Binnengewässer, Bd. 2. 1937)

89. ZUNKER: Bodenbemergelung in Schleswig-Holstein. — (Der Kulturtechniker 1929)

90. FRIEDRICH, P.: Die Grundwasserverhältnisse der Stadt Lübeck und ihrer Umgebung. — (Lübeck 1917)

HECK, H.-L.: Grundwasserverhältnisse und geologischer Bau im schleswig-holsteinischen Marsch- und Nordseeinselgebiet. — (Sitz.-Ber. d. pr. geol. L.-A., H. 6. Berlin 1931)

Derselbe: Das Grundwasser im Zusammenhang mit dem geologischen Bau Schleswig-Holsteins, — (Pr. geol. L.-A., 1932)

KOCH, E.: Die Grundwasserträger des Niederelbegebietes — (Gas- und Wasserfach, 37. 1928)

SCHEFFEL: Grundwassernachweis für die Wasserversorgung des Nordseebades Wyk a. Föhr. — (Ebenda, 73. 1930)

STRUCK, R.: Die Lübecker Mulde und ihre Grundwasserverhältnisse. — (Festschr. 9. Verb.-Tag deutsch. Brunnenbauer 1922)

91. HECK, H.-L.: Versalzungen von Grundwässern in Schleswig-Holstein, deren Umfang und Ursachen. — (Berlin 1943, Reichsamt f. Bodenf.)

Derselbe: Der Grundwasserschatz Schleswig-Holsteins — ein Wegweiser zur Wassererschließung für jedermann. — (Hamburg 1948, Cram, de Gruyter u. Co.)

Derselbe: Grundwasser-Atlas Schleswig-Holsteins. — (Hamburg 1948)

Derselbe: Die Grundwassernot in Schleswig-Holstein. — (Naturw. Ver. Schleswig-Holstein, Kiel 1948)

92. KLUT, H.: Untersuchung des Wassers an Ort und Stelle. — (3. Aufl. Berlin 1916)

93. KELLER, H.: Gespannte Wässer. — (Verl. Knapp, Halle 1928)

OLSHAUSEN: Flut und Ebbe in artesischen Tiefbrunnen in Hamburg. — (Journal f. Gasbel. u. Wasservers., Jg. 47, H. 18/19. München u. Berlin 1904)

94. MAGENS, C.: Die Grundwasserstandsbewegungen beim Bau der Eiderschleuse bei Nordfeld. — (Westküste II, 1939)

95. HECK, H.-L.: Die hydrogeologischen Grundlagen für die künftige Wasserwirtschaft in Schleswig-Holstein. — (Gas- & Wasserfach 89, H. 5. München 1948)

II. Literatur zur Bodenkunde.

DÜCKER, A.: Die Windkanter des norddeutschen Diluviums in ihren Beziehungen zu periglazialen Erscheinungen und zum Decksand. — (Jb. pr. geol. L.-A., Bd. 54. 1933. S. 487—530.)

Derselbe: Fossile Bodenfrosterscheinungen (Brodelboden) in Schleswig-Holstein. — (Die Heimat, August 1934, Neumünster.)

ENGELBRECHT, TH. H.: Bodenanbau und Viehstand in Schleswig-Holstein. — (Kiel 1905—07.)

GRIPP, K. u. SIMON, W.: Experimente zum Brodelbodenproblem. — (Cbl. f. Min. usw., Abt. B, Nr. 8. 1933. S. 433—440)

Dieselben:	Die experimentelle Darstellung des Brodelbodens. — (Die Naturwissenschaften 1934, 22. Jg., H. 1, S. 8—10.)
HESMER, H.:	Die Entwicklung der Wälder des nordwestdeutschen Flachlandes. — Zeitschrift für Forst- und Jagdwesen, Jg. 64, H. 10. 1932.)
LAATSCH, W.:	Dynamik der deutschen Acker- und Waldböden. — (Dresden und Leipzig 1938, Verlag Th. Steinkopff.)
MAGER, F.:	Entwicklungsgeschichte der Kulturlandschaft des Herzogtums Schleswig in historischer Zeit. (Veröffentlich. d. schlesw.-holst. Univers.-Ges., Nr. 25, II — Schriften der Baltischen Kommission zu Kiel, Bd. XVII. Flensburg, Verlag Heimat und Erbe.)
MÜCKENHAUSEN, E.:	Die Bodenbildung der Nordseemarschen. — (Abh. d. naturw. Ver. Bremen, Bd. 30, H. 1/2. 1937. S. 66—78.)
NAGEL, W.:	Physikalische und chemische Zustandsänderungen des Sorptionskomplexes der Nordseemarschböden durch Blausandmelioration. — (Diss., Halle 1934.)
RASMUSSEN, CHR.:	Landgewinnung für die bäuerliche Siedlung in Schleswig-Holstein. — (Schr. d. Stud.-Ges. für bäuerliche Rechts- und Wirtschaftsordn., Reihe B, Bd. 5, Stuttgart 1940. Verl. f. nat. Lit.)
RATHJENS, H.-H.:	Dreijährige Versuche über die Blausandmelioration in den Nordseemarschen. — (Diss., Halle 1936.)
RICHTER, KONR.:	Gefüge und Zusammensetzung des norddeutschen Jungmoränengebietes. — (Beiheft zur Zeitschrift für Geschiebeforschung. 1933. — Abh. aus d. geol.-pal. Inst. d. Univers. Greifswald XI. S. 1—63.)
SCHÜTRUMPF, R.:	Die paläobotanisch-pollenanalytische Untersuchung. — (In „Das altsteinzeitliche Rentierjägerlager Meiendorf", Neumünster 1937, Verl. K. Wachholtz. S. 10—42.)
SEKERA, F.:	Der bäuerliche Bodengesundheitsdienst. — (Mitt. f. d. Landwirtschaft, H. 21/23. 1943.)
TÜXEN, R.:	Über einige nordwestdeutsche Waldassoziationen von regionaler Verbreitung. — (Jb. d. Geogr. Ges. zu Hannover für 1929, Hannover 1930.)
Derselbe:	Wald- und Bodenentwicklung in Nordwestdeutschland. — (Ber. über d. 37. Wanderversamml. d. Nordwestdeutsch. Forstvers. zu Hannover 1932.)

Derselbe: Ist die Buche die Nährmutter des deutschen Waldes? — (Forstarch. 1932.)

Derselbe: Pflanzensoziologie und Bodenkunde in ihrer Bedeutung für die Urgeschichte. — (Urgeschichtsstudien beiderseits der Niederelbe, Hildesheim 1939.)

WEERTH, E.: Klima- und Vegetations-Gliederung in Deutschland. — (Mitt. aus d. Biol. Reichsanst. für Land- und Forstwirtsch., H. 33, Dez. 1927.)

Derselbe: Weitere Untersuchungen zur klimatischen Bedingtheit unserer Forstgehölze I u. II. — (Arbeiten d. Biol. Reichsanst. für Land- u. Forstwirtschaft, Berlin-Dahlem, Bd. 20, H. 4 u. 21, 2, 1933/34.)

Westküste, (Arch. f. Forsch., Technik u. Verwalt. in Marsch u. Wattenmeer. Jg. 1 u. 2, Heide 1938/40, verschiedene Aufsätze.)

WOLFF, W.: Die Bodenbildungen Schleswig-Holsteins und ihr Verhältnis zu den geologischen Bodenarten. — (Jb. pr. geol. L.-A., Bd. 51, 1930. S. 141—173. M. Bodenkarte u. 6 Taf. Abb.)

Derselbe: Erklärungen zur Bodenkarte von Schleswig-Holstein (mit Karte und Abb.). — (Die Ernährung d. Pflanze, Bd. 31, H. 11/12, 1935. Kalisyndikat, Berlin. S. 210—213.)

G. Rückblick auf Erdgeschichte

I. Al

Zeit	Gliederung	Nordsee	Bir
+ 1000	Gegenwart	Schlick der Watten, Küstenzerstörung, Marscheneindeichung	Flugsande u Strandsande, absätze, Rase ocker
Christ. Geb.	Subatlantikum	Aufschlickung; jüngerer Moostorf auf älterem Klei	Auswaschung stei Jünger
— 1000 — 2000	Subboreal	Älterer Moostorf	Nur langsam älteren Moore Brau
— 3000 — 4000 — 5000	Atlantikum	Mächtige Schlick- und Blausandablagerungen	Älterer Moost Ma
— 6000 — 7000	Boreal	Torf unter dem Schlick, zumeist auf Talsand	Beginn der T den am Gr
— 8000 — 9000	Praeboreal	Land bis zur — 40 m Linie	Ältes Talsand-U
— 10 000 — 18 000	Subarktischer Übergang		Talsande, spät, subarktischer

·blagerungen in Schleswig-Holstein

(Holozän)

	Ostsee		Zeugen des Lebens
·lerdünen, ·d' Fluß- ·n, Eisen- ·f	Mya — Meer	„Kultur — Zeit“ (Umgestaltungen durch den Menschen)	
·en: Ort- ·orf	Limnaea-phase	Buche	Moorleichen Minderung der Großtierwelt und auch der kleineren Wirbeltiere durch den Menschen
tum der ·orizont“),	Zunahme des Brackwassers infolge Hebung der Sunde und Belte		Verkümmerung der Ostsee-Mollusken
· in den	Litorina-Meer Überflutung der — 16 m-Linie	Eichenmischwald	Küchenabfallhaufen, Siedlungsplätze bei Eckernförde Ostrea edulis häufig in der Ostsee bis zur Kieler Förde Starke Ausbreitung der Weichtiere und des Rotwildes
·g, Mud- Seen	Ancylus-See Überflutung der — 25 m-Linie	Birke Kiefer Hasel	Haupteinwanderung der Weichtiere
	Yoldia-Meer		Riesenhirsch und Renntier sterben aus; Elch, Bison, Auerochse Wolf, Fuchs u. a. erscheinen
·ngen	Beltartige Entwässerungsrinnen	Waldlose Tundra	
·one und ·)Torf	Eis-See Inlandeis		Kulturfunde von Stellmoor Kulturfunde von Meiendorf

II. Diluvi

Gliederung (vgl. hierzu S. ☐)	Geologische Vorgänge
Weichsel-Eiszeit	Pommersches / Frankfurter / Brandenburger } Endmoränen-Stadium (nur im Osten Schleswig-Holsteins)
Jüngstes Interglazial	In Binnengewässern Verlandungen; Niederungsmoore. — Die Nordsee dringt als Eem-Meer weit bis in das Landinnere (Eider-Förde) und nimmt auch von Teilen des Ostseegebietes Besitz
Warthe-Eiszeit	Nach kurzer Unterbrechung nochmaliger Vorstoß des Inlandeises bis zur Westküste
	Periglaziale und interstadiale Einwirkungen
Saale-Eiszeit	Hauptausdehnung des Inlandeises (- Hauptvereisung); seine Ablagerungen bilden zumeist die Oberfläche der alten Geest im Westen des Landes
Ältestes Interglazial	Auffüllungen der Seen. — Als Holstein-See hat die Nordsee im Süden und Westen der Provinz fossilhaltige Schichtenfolgen hinterlassen
Elster-Eiszeit	Erstmalige Vergletscherung Schleswig-Holsteins

›istozän)

Ablagerungen	Lebewelt
Bereiche des Eises Bildungen Grund- und Endmoränen: ɟel, Tone, Sande, Kiese, Blockpackungen; rhalb des Eisrandes: Becken- und Sanderschichten, Fließ-›n, Flottsande (Löß), Talausfüllungen	Lebewelt zumeist verdrängt, einzelne Arten der Fauna und Flora jedoch nahe dem Eise verblieben, z. B. das Mammut (Elephas primigenius), der Riesenhirsch (Megaceros giganteus), Renntier, Auerochse, Wisent, Lemming, Murmeltier, Biber u. a. m.; unter den Pflanzen vor allem Moose, Zwergbirken (Betula nana), kriechende Weiden (Salix polaris, S. herbacea) und Dryas octopetala (Silberwurz).
›asserabsätze: Tone, Sande und Gyttjen ablagerungen: Mudden und Torfe ·esschichten: Sande und graue rüne Tone, z. T. mit reicher Fauna	Bezeichnende Interglazial-Pflanzen in unseren Breiten: Brasenia purpurea, Dulichium spathaceum, Trapa natans. — Lusitanische Mollusken des Eem-Meeres: Tapes senescens, Divaricella divaricata, Gastrana fragilis, Haminea navicula u. a. Unter dem Großwild das Nashorn (Dicerorhinus hemitoechus)
ıgmächtige Grund- und End-ınenbildungen, bisher wenig verwittert	Lebewelt verdrängt
›stböden (Brodelböden) und Kieselgurablagerungen	Tier- und Pflanzenwelt kurzfristig südlich der Elbe anwesend
ründig verwitterte Moränen großer Mächtigkeit, Vorschüttsande und Beckentone	Lebewelt völlig und weit verdrängt.
ɜ und Faulschlamme in Seen; e und rote Tone sowie Sande Meeresbildungen (aufgearbeitete Schollen häufig)	Unter den marinen Mollusken sind häufig Saxicava arctica, Cyprina islandica, Ostrea edulis. Die Tanne hat weitere Verbreitung.
Lauenburger Ton ıdmoränenreste auf Sylt, in :friesland und in tiefen begra-n Tälern Hamburgs erhalten	Lebewelt völlig verdrängt.

III. ...

Gliederung				Nordwestliches
PLIOZÄN (zutage anstehend z. B. in den Kliffs auf Sylt, in Gruben bei Eggerstedt u. a.)	Oberes		fluviatil	Quarzsande (zu d… dischen Gerö… Quarzkiese Kaolintone (Braunkohlen)
			limnisch	humose tonige … und magere glimmer… (Wirbeltier-Reste…
	Unteres		marin	oberer (grauer) S… stein-Horizo… magere Tone unterer (brauner… steinhorizont… sandstein) (Turgit-Erz) Konglomerat (To…
MIOZÄN (Tagesaufschlüsse z. B. bei Reinbek, Morsumkliff, Sönnebüll, Gram)	Oberes			Glimmersande Glimmerton
	Mittleres	Reinbeker Stufe		sandige Tone
		Obere Braunkohlensande		sandige Tone
		Hemmoorer Stufe und Hamburger Ton		magere bis fette
	Unteres	Untere Braunkohlensande		magere bis fette
		Vierländer Stufe („Urnordsee“)		Tone

rtiär

Schleswig-Holstein			Leitfossilien
	Südöstliches		
: nor-	fluvialtil	(Verklingende Kaolin-Bildung) Quarzsande Quarzkiese Kaolintone (Braunkohlen)	
d- sand- ionit- öllen)	terrestrisch	(Beginnende Kaolin-Bildung) Ablagerungen unbekannt	(Meeres-Säugetiere) Corbulamya complanata Mactra arcuata Nassa reticosa (Hipparion gracile)
	marin	Glimmersande Glimmerton	Aquilofusus semiglaber Aquilofusus glabriculus Aquilofusus eximius Dentalium badense u. a. m.
		Sande und Tone	Aquilofusus festivus Aquilofusus abruptus
	limnisch	Sande und Braunkohlen mit humosen Tonen	
	marin	tonige Feinsande und magere Tone	Nassa turbinellus Turritella subangulata Turritella tricarinata communis Cardium hanseatum
	limnisch	Sande mit Braunkohlen und humosen Tonen	
	marin	Feinsande (Holsteiner Gestein) und Tone	Nassa meyni Turritella geinitzi

IV. A

Gliederung			Schleswig- Nördliches
OLIGOZÄN	Oberes		fehlt
	Mittleres		Septarien-Ton, aufgeschlossen in den Ziegeleigruben bei Innien
	Unteres		graue Mergel und kalkige Tone, zu unterst ein Konglomerat
EOZÄN	Oberes		graue Mergel mit Kalksand-steinen
	Unteres	4	kalkarme Tone mit Mergelbänke Verkieselungen (Heiligenhafer Tarras -- grüner kalkfreier Ton (: am Strand auf Fehmarn anste
		3	kalkhaltige rote Tone und Mergel Reitbrook
		2 1	graugrüne kalkfreie Tone mit Tuff:
PALÄOZÄN	Oberes		kalkhaltige und kalkfreie Tone s (Basiskonglomerat aus grüngerin
	Unteres		fehlt

är

Südliches	Leitfossilien	
laukonitische Tone und tonige Sande	Cominella bolli Vaginella tenuistriata	
eptarien-Ton, im unteren Teil sandig	Leda deshayesiana Fusus multisulcatus Fusus rotatus Creseis maxima	
onige Sande (Gashorizont Reitbrook), Grünsande, Konglomerate und Sandsteine		
laukonitische Kieselgesteine mit Kalksandsteinen (Gashorizont Reitbrook)		(Gliederung beruht auf Mikro-Fossilien)
aukonitischen Sandsteinen, in) 'on),	Pecten corneus Nummuliten Radiolarien und Diatomeen Xanthopsis leachi	
Ton), α—β Sand-Ölhorizont		
n, Mergeln und Faserkalken		
gel ıersteinen)		

V. Kreide

a. Obere Kreide

Gliederung	Ablagerungen in Schleswig-Holstein	Leitfossilien
Dan	fehlt (3. Aufstieg einzelner Salzstöcke)	
Senon Emscher Turon Cenoman	Im Süden als jüngste Schichten glaukonitische Kalksteine (Reitbrooker Schichten)[1] sonst überwiegend Schreibkreide mit nach unten zunehmenden rötlichen und schwarzgrauen Mergelkalken (Turon), weißen Kalksteinen (Turon + Cenoman)[2] und grünlichgrauen Mergelsteinen (tieferes Cenoman). Große Aufschlüsse bei Lägerdorf; in geringer Tiefe bei Osterby, Hemmingstedt, Pahlhude u. a. m.	Scaphites constrictus Actinocamax quadratus, A. granulatus Inoceramus involutus, I. koeneni u. a. Inoceramus schloenbachi, I. lamarcki, I. labiatus Acanthoceras rhotomagensis, Schloenbachia varians

b. Untere Kreide

Gliederung		Ablagerungen in Schleswig-Holstein	Leitfossilien
Gault	Oberer	rötlicher weißfleckiger Kalk, graue Kreide, an der Basis ein Konglomerat (mit Phophorit-Geröllen)	Neohibolites ultimus Neohibolites minimus
	Mittlerer	fehlt (2. Aufstieg der permischen Salzmassen)	
	Unterer	gelbe bis rötliche Kalke, mergelige bituminöse dunkelgraue Tonschiefer (= Töck; Skitgatt bei der Helgoländer Düne)	Neohibolites ewaldi Hoplitides weissi
Neokom	Oberes Mittleres	grünlichgrauer Tonmergelsteine[2])	Lyticoceras noricum
	Unteres	Brauneisenstein-Konglomerat, oolithische Eisenerze	

[1]) Ölhorizont bei Reitbrook [2]) Ölhorizont bei Heide

VI. Jura*)

Gliederung		Ablagerungen in Schleswig-Holstein	
Malm		Überwiegend Festlands-Zeit; Ablagerungen unbekannt (1. Aufstieg der permischen Salzmassen)	
Dogger			
Lias		Elbe-Gebiet	Südöstliches Holstein
	ζ ε δ γ β	marine graue bis dunkelgraue, teils kalkige Tonsteine mit Feinsandlagen (α), Sandschmitzen (γ) und Posidonienschiefern (ε)	wahrscheinlich in gleichartiger Ausbildung wie südlich der Elbe, jedoch marin erst beginnend mit der Zone des Psiloceras johnstoni (grauer kalkfreier Tonstein)
	α		limnisch-terrestrischer bräunlich-grauer kalkfreier, zu unterst feinsandiger Tonstein

*) Die Geschiebesippe der Jura-Gesteine aus der Umgebung von Ahrensburg-Elmenhorst-Nusse ist nicht einheimisch, sondern von weither glazial verfrachtet worden. Sie umfaßt Gesteine der Lias-Zonen δ—ζ mit Leitammmoniten wie Amaltheus margaritatus, A. spinatus, Harpoceras acutum, Lytoceras cornucopiae, Harpoceras elegans, Dactylioceras subcommune D. compressum, Grammoceras striatulum, Harpoceras affine u. a. m.

VII. Trias

Gliederung		Ablagerungen in Schleswig-Holstein
Keuper (nur erbohrt)	Oberer	Wechsellagerung von hellgrauen, meist kalkigen Feinsandsteinen und grünlichgrauen glimmerigen Tonmergelsteinen (= Zone des Oberrätsandsteins) grauer kalkartiger Tonstein (= unterer Oberrätschiefer) dunkelgraue kalkfreie feinschichtige Tonsteine, z. T. mit Sandsteinlagen und Pflanzenhäcksel (= Mittelrät) grauer Tonmergelstein (= Unterrät)
	Mittlerer	bunte, vorwiegend grünlichgraue dolomitische Tonsteine (= Steinmergel) rotbraune Tonsteine (= Rote Wand), darin im Süden 200 m Steinsalz bunte Tonsteine mit vielen Feinsandlagen; darin Fischschuppen und Muschelreste; darunter dunkel- bis rötlichgraue Sandsteine (= Schilfsandstein-Zone) bunte Tonsteine und Anhydritlagen (= Gipskeuper)
	Unterer	bunte, teils dolomitische Tonsteine mit Anhydritknollen, grauen Feinsandsteinlagen mit z. T. verkohlten Pflanzenresten (= Lettenkohle)
Muschelkalk (Mehrfach erbohrt; bei Helgoland anstehend im Wittkliff)	Oberer	graue Tonmergelsteine in Wechsellagerung mit glaukonitischen Kalksteinen; darin rosafarbene Anhydritknollen mit dünnen Feinsandschlieren. Gelegentlich angereicherte Fischreste, Myophoria sp., Ceratites sp.
	Mittlerer	Wechsellagerung von grauem und bräunlichem Dolomit, Anhydrit und grauen-grünlichgrauen sowie bräunlichen Tonsteinen; darin ein Steinsalzlager erbohrt
	Unterer	hellgraue bis grünlichgraue flaserige Mergelsteine und Kalke mit Pleuromya sp., Myophoria orbicularis (= Orbicularisschichten) (Unterster Teil unbekannt)
Buntsandstein (Helgoland)	Oberer	rotbunte bis gelbliche, z. T. schiefrige Tongesteine, darin ein Salzlager
	Mittlerer	vorwiegend tonige Gesteine mit Ooidkörnchen, fast durchweg kalkig; Vorkommen von Fischresten, Knochen und Schädelstücken von Sauriern
	Unterer	rote Tonsteine, zu oberst mit feinkörnigen Rogensteinen nebst dünnen Feinsandlagen mit Anhydritknauern. Fossilien: Avicula murchisoni, Estherien

<table>
<tr><td colspan="4">VIII. Perm
(vielfach erbohrt; Tagesaufschlüsse: Lieth b. Elmshorn, Segeberger Kalkberg)</td></tr>
<tr><td colspan="2">Gliederung</td><td>Schichtenfolge</td><td>Salzfolge</td></tr>
<tr><td rowspan="3">Zech-
stein</td><td>Oberer</td><td>obere Zechsteinletten (rote Tonsteine)
jüngere Salzfolge
Hauptanhydrit bzw. Plattendolomit
grauer Salzton
ältere Salzfolge
Basalanhydrit</td><td>3.
(Niedersachsen-Serie)</td></tr>
<tr><td>Mittlerer</td><td>Stinkschiefer (bituminöse feinschichtige Kalke)
Anhydrit mit karbonatischen Einlagerungen und Dolomitpartien (= Hauptdolomitenregion[1])
Anhydrit, kalkfrei bzw. kalkarm
Anhydrit mit Kalkschlieren
Anhydritknotenschiefer bzw. Blasenschiefer[1])
Blasenkalk</td><td>2.
Staßfurt-Serie)</td></tr>
<tr><td>Unterer</td><td>Zechsteinkalk[1])
Kupferschiefer*) (mit Fischen)
Zechsteinkonglomerat*) (toniger Kalksandstein)</td><td>1.
(Werra-Serie)</td></tr>
<tr><td colspan="2">Rotliegendes</td><td colspan="2">Roter Tonmergelstein oder Feinsand und toniger Kalksandstein
Bänderschiefer (mit Fischen)
Roter Tonmergelstein
Haselgebirge (Gemenge von mächtigen roten bis braunroten fossilfreien Tonmergel- oder Tonsteinen mit meist klarem Steinsalz)</td></tr>
<tr><td colspan="4">Anstehende ältere Gesteine sind bisher in Schleswig-Holstein nirgends erbohrt worden</td></tr>
<tr><td colspan="4">*) fehlt im Nordwesten Schleswig-Holsteins</td></tr>
</table>

[1]) Ölhorizont bei Heide

Abbildung 1

Roter Ton des Rotliegenden. — Lieth bei Elmshorn, Ziegelei „Roter Lehm".

Abbildung 2

Gipsbruch am Segeberger „Kalkberg" (vor Anlegung der Freilichtbühne).

Abbildung 3

Abrasionsplatte des Buntsandsteins am Fuße der Helgoländer Westküste, von einer diagonal zum Schichtstreichen laufenden Kluft durchsetzt.

Abbildung 4

Weiße Schreibkreide mit Feuersteinschichten, aus denen Grundwasser sickert und Eisenocker absetzt. — Lägerdorf bei Itzehoe.

Abbildung 5

Das Morsum-Kliff auf Sylt. — Vorn die dunkle Felsnase aus pliozänem Limonitsandstein, hinten der weiße Kaolinsand, auf den links eine Scholle von dunklem obermiozänem Glimmerton durch eiszeitliche Gletscher aufgeschoben ist. — Links das Watt bei Ebbe.

Abbildung 6

Interglazialer Meereston. — Tongrube bei Rensing.

Abbildung 7

Steingewinnung aus der Endmoräne der Warthe-Vereisung. — Bahrenfeld bei Altona.

Abbildung 8

Eiszeitlicher Taschen-(Brodel-)Boden bei Viöl.

Abbildung 9

Interglaziale Torfschicht im Steilufer der Elbe, Tinsdahl bei Schulau. — Unterer Teil des Abhangs Geschiebemergel (Warthe-Vereisung?), darüber der Torf, bedeckt mit Sand (Wanderschutt des Jungglazials).

Abbildung 10

Wallberg („Os") bei Neuenkirchen südöstlich Ratzeburg. — Läuft am Neuenkirchener See entlang und stellt die Sandfüllung eines Stromkanals im Inlandeise dar.

Abbildung 11

Natürliche Blockbestreuung auf frisch umgebrochenem Heideland bei Ahrensburg.

Abbildung 12

Der Düppelstein, ein Riesenfindling.

Abbildung 13
Ortstein und Bleicherde im Talsand der Schlei bei Missunde.

Abbildung 14
Torfschicht im Hochmoor bei Bokelholm.

Abbildung 15

Wanderdüne und Watt bei Hörnum (Sylt), rechts auflaufende Flut.

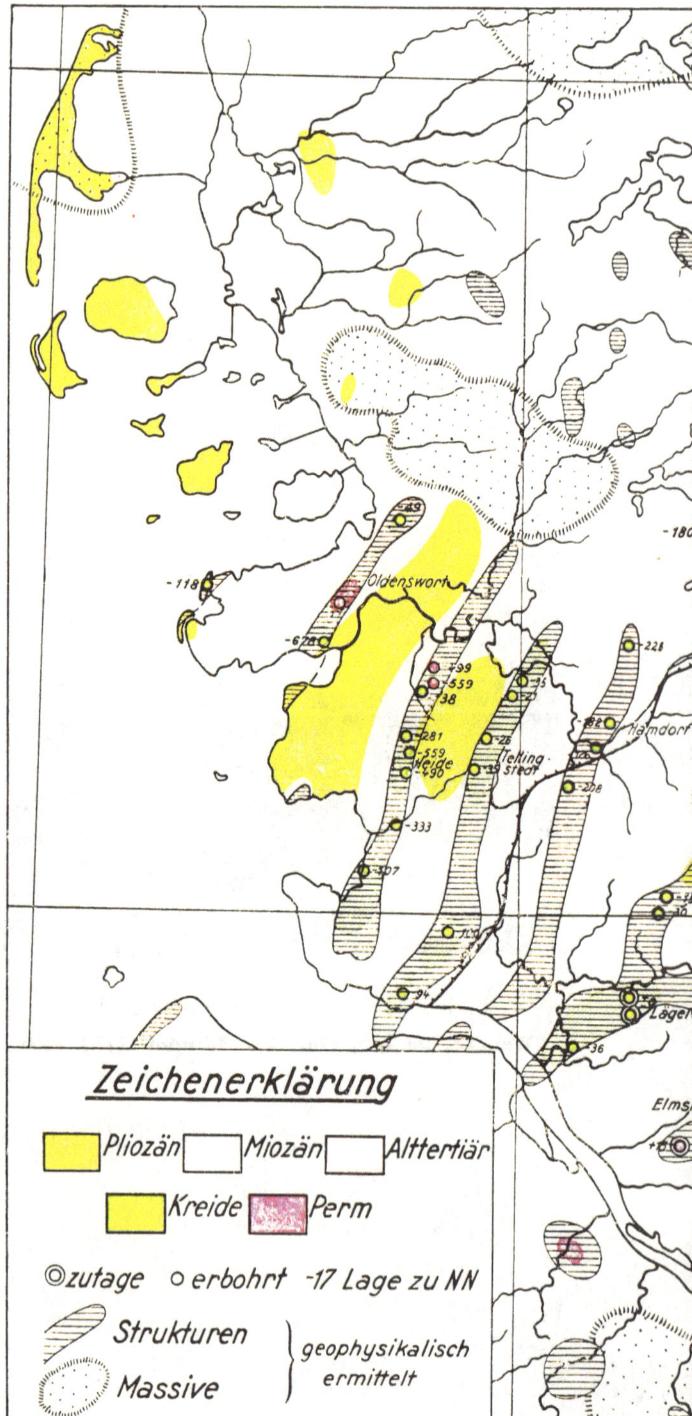

Verlag: Cram, de Gruyter & Co., Hamburg

Karte 1

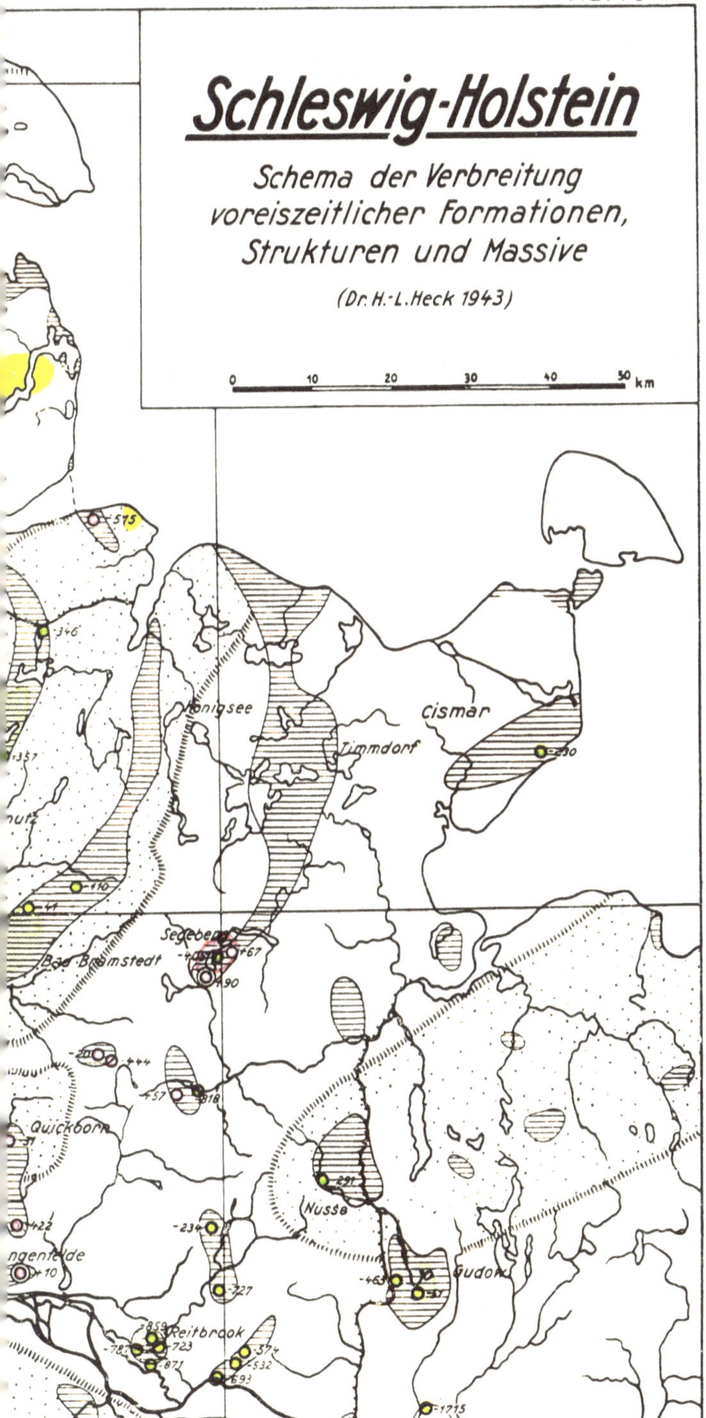

Gez. von Eugen Manikowski

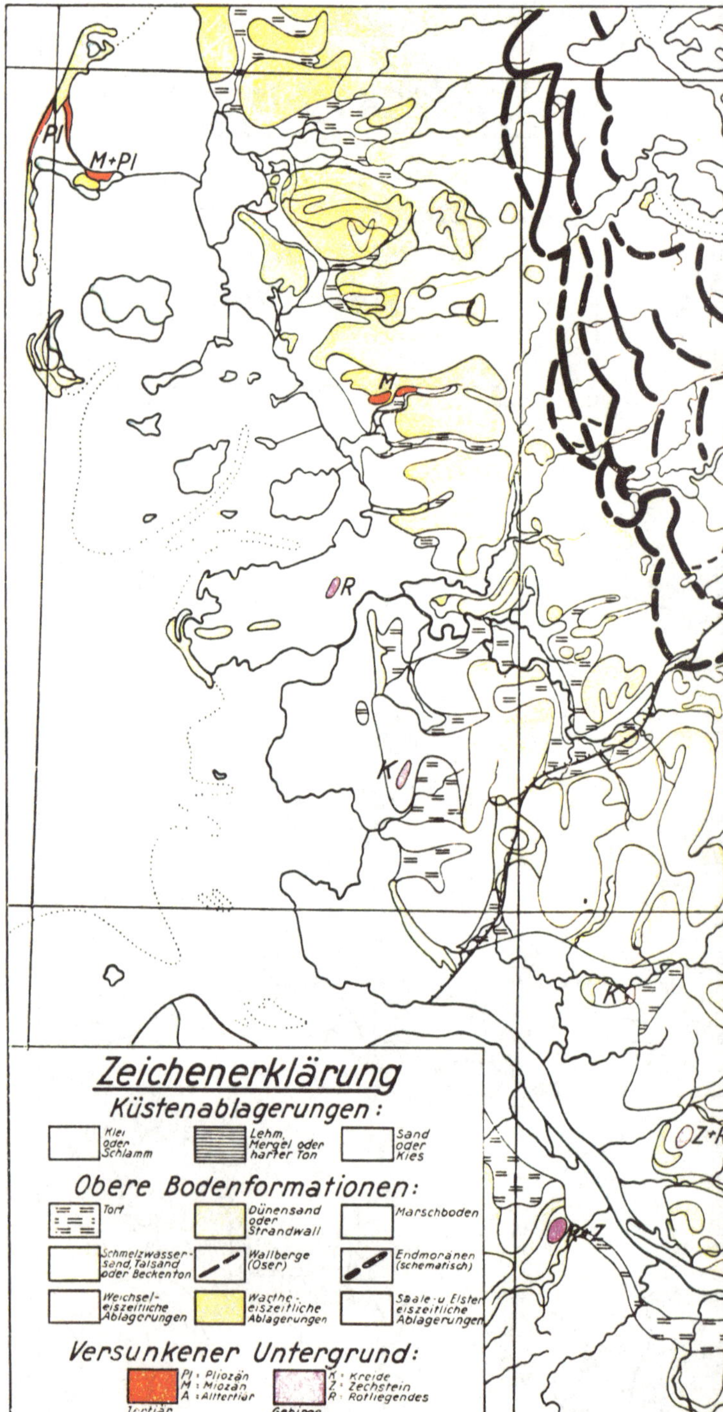

Verlag: Cram, de Gruyter & Co., Hamburg

Karte 2

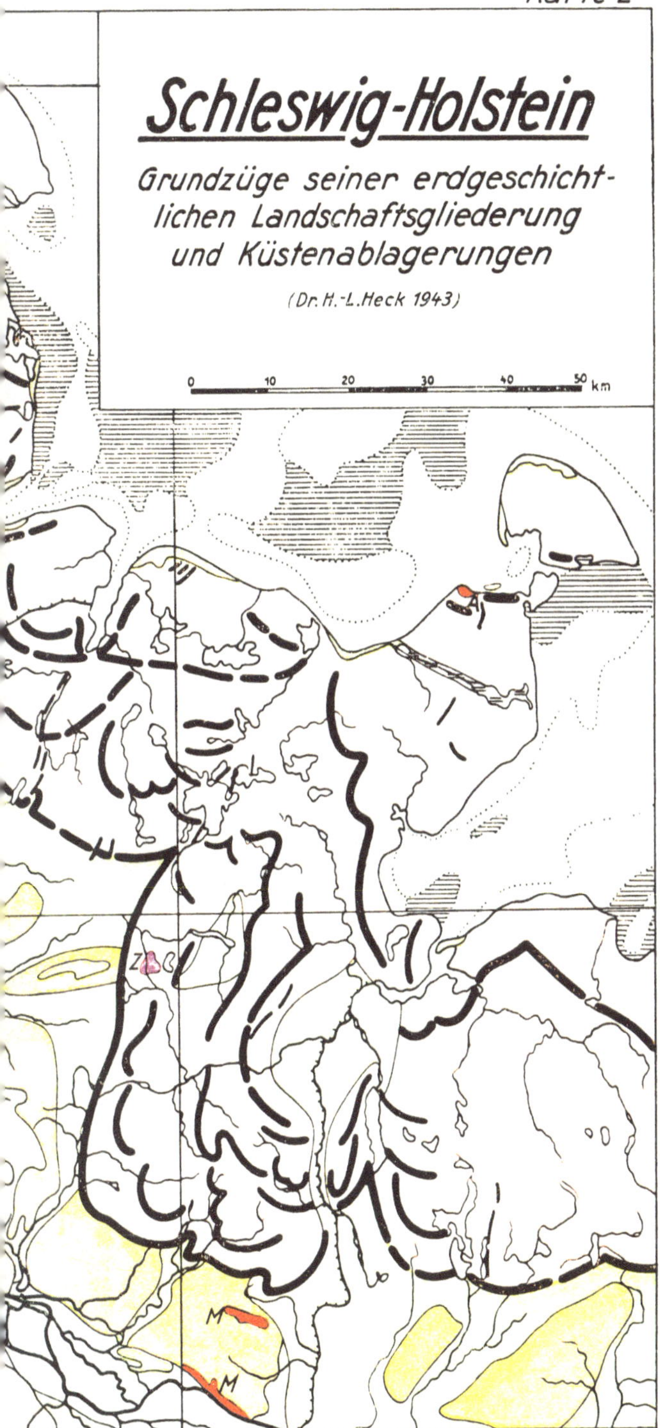

Gez von Eugen Manikowski

MIX
Papier | Fördert gute Waldnutzung
FSC® C083411

Zeitfracht Medien GmbH
Ferdinand-Jühlke-Straße 7
99095 Erfurt, Deutschland
produktsicherheit@kolibri360.de